U0201512

"十三五"国家重点出版物
出版规划项目

现代生物质能高效利用技术丛书

广州市科学技术协会
广州市南山自然科学学术交流基金会
广州市合力科普基金会
资助出版

Efficient Utilization Technology of Modern Biomass Energy

生物质能资源

袁振宏　等编著

RESOURCES OF BIOMASS ENERGY

化学工业出版社
·北　京·

本书为“现代生物质能高效利用技术丛书”中的一个分册，从整体上介绍了生物质能资源，包括生物质资源与生物质能源的概念，以及生物质资源的种类，逐章介绍了各种生物质资源的资源量和空间分布、利用现状和能源化利用潜力分析，涵盖了农作物秸秆资源、畜禽粪便资源、林业剩余物资源、能源植物资源及其他生物质资源。

本书具有较强的技术性和针对性，可供从事资源转化与能源利用等领域的科研人员、技术开发人员和管理人员参考，也可供高等学校能源工程、资源科学与工程、环境科学与工程及相关专业师生参阅。

图书在版编目（CIP）数据

生物质能资源/袁振宏等编著. —北京：化学工业出版社，2020.6

（现代生物质能高效利用技术丛书）

ISBN 978-7-122-36395-4

Ⅰ.①生… Ⅱ.①袁… Ⅲ.①生物能源-能源利用 Ⅳ.①TK6

中国版本图书馆 CIP 数据核字（2020）第 040534 号

责任编辑：刘兰妹 刘兴春　　装帧设计：尹琳琳

责任校对：王素芹

出版发行：化学工业出版社

（北京市东城区青年湖南街 13 号 邮政编码 100011）

印　　装：北京新华印刷有限公司

787mm×1092mm 1/16 印张 15¼ 字数 320 千字

2020 年 7 月北京第 1 版第 1 次印刷

购书咨询：010-64518888

售后服务：010-64518899

网　　址：http://www.cip.com.cn

凡购买本书，如有缺损质量问题，本社销售中心负责调换。

定　　价：88.00 元

《生物质能资源》

编著人员名单

王　飞　王　琼　王　闻　王治元　孔晓英　邢　涛
吕鹏梅　朱顺妮　许　洁　庄新姝　陈小燕　孙永明
李　颖　张　宇　杨玲梅　杨改秀　罗　文　尚常花
胡克勤　赵立欣　姚宗路　袁振宏　甄　峰

前言

PREFACE

化石资源是当今人类社会发展的主要支柱，但其是不可再生的，大量地消耗必将导致资源的快速枯竭，同时会带来严重的环境污染。日益增长的资源需求和有限的化石资源储量之间的矛盾使得化石资源衍生的化工品价格不断上涨，严重影响国民经济和国民生产生活。对此，采用化工和生物技术将可再生的生物质能资源转化为包括能源在内的各种化工品，可以逐步降低对化石资源的依赖度，并缓解化石资源带来的环境污染，将会引起一场历史性的工业革命，从而奠定了可持续新型循环社会的基础。

生物质能资源，是指可利用的、可再生的有机物质，包括农作物、树木等植物及其残体，畜禽粪便，有机废弃物等。我国拥有丰富的生物质能资源，据测算，我国生物质能资源的总能源潜力为7.56亿吨标煤，而实际利用量仅为0.354亿吨标煤，利用率不到5%。大量生物质能资源被闲置，未得到充分利用，不仅造成了资源的浪费，而且也带来了环境污染。生物质能资源利用是我国生物质产业发展的关键环节，农林剩余物是我国生物质资源的重要组成部分，全面摸清其原料资源状况和分布特征，是发展生物质产业的重要基础。

本书是生物质能领域内一本实用性强、内容新颖全面的著作。该书从整体上介绍了生物质能资源，包括生物质资源与生物质能源的概念，以及生物质资源的种类，逐章介绍了各种生物质资源的资源量和空间分布、利用现状和能源化利用潜力分析，涵盖了农作物秸秆资源、畜禽粪便资源、林业剩余物资源、能源植物资源及其他生物质资源。本书的特色之处在于它涵盖了全球许多类型的资源，首次对各种生物质资源进行了系统的描述。本书具有较强的技术性和针对性，可供从事资源转化与能源利用等领域的科研人员、技术开发人员和管理人员参考，也可供高等学校能源工程、资源科学与工程、环境科学与工程及相关专业师生参阅。

本书由袁振宏等编著，编著者主要来自中国科学院广州能源研究所和农业规划设计研究院的科研人员，具体编著分工如下：第 1 章由许洁、王琼和庄新姝编著；第 2 章由姚宗路和赵立欣、王飞编著；第 3 章由邢涛、甄峰和孙永明编著；第 4 章由罗文、杨玲梅、王治元和吕鹏梅编著；第 5 章由李颖、杨改秀、胡克勤和孔晓英编著；第 6 章由尚常花、陈小燕、王闻和朱顺妮编著。全书最后由袁振宏和张宇统稿并定稿。

限于编著者水平和编著时间，书中难免有疏漏和不足之处，恳请读者批评指正。

编著者

2020 年 5 月

第 1 章 生物质能资源概述 001

1.1 概念 002
1.1.1 生物质 002
1.1.2 生物质资源 002
1.1.3 生物质能源 005
1.2 生物质资源种类 016
1.2.1 农作物秸秆 016
1.2.2 畜禽粪便 018
1.2.3 林业剩余物 022
1.2.4 能源植物资源 024
1.2.5 其他生物质资源 029
参考文献 031

第 2 章 农作物秸秆资源 033

2.1 资源量和空间分布 034
2.1.1 资源量估算方法 034
2.1.2 资源种类和数量 039
2.1.3 资源空间分布 039
2.1.4 理化特性 040
2.2 资源利用现状 049
2.2.1 肥料化利用 049
2.2.2 饲料化利用 050
2.2.3 能源化利用 050
2.2.4 基料化利用 050
2.2.5 原料化利用 051
2.3 能源化利用潜力分析 053
2.3.1 利用原则 053
2.3.2 潜力分析 053
参考文献 054

目录 CONTENTS

第 3 章 畜禽粪便资源 057

3.1 资源量和空间分布 058
3.1.1 资源量估算方法 058
3.1.2 资源种类和数量 074
3.1.3 资源空间分布 076
3.1.4 理化特性 077
3.2 资源利用现状 080
3.2.1 肥料化利用 082
3.2.2 能源化利用 092
3.2.3 饲料化利用 098
3.2.4 其他利用 100
3.3 能源化利用潜力分析 100
3.3.1 利用原则 100
3.3.2 潜力分析 107
参考文献 113

第 4 章 林业剩余物资源 117

4.1 资源量和空间分布 118
4.1.1 资源量估算方法 118
4.1.2 资源种类和数量 122
4.1.3 资源的空间分布 125
4.1.4 理化特性 129
4.2 资源利用现状 131
4.2.1 原料化利用 131
4.2.2 基料化利用 132
4.2.3 能源化利用 134
4.2.4 肥料化利用 141
4.2.5 其他利用 142
4.3 能源化利用潜力分析 142
4.3.1 利用原则 142
4.3.2 潜力分析 143

参考文献 149

第 5 章 能源植物资源 153

5.1 资源种类和资源量 154
5.1.1 纤维素类能源植物 154
5.1.2 油酯类能源植物 158
5.1.3 非粮淀粉类能源植物 160
5.1.4 糖类能源植物 162
5.1.5 能源微藻 168
5.2 边际土地资源分析 170
5.2.1 我国土地资源状况 170
5.2.2 可利用边际土地面积与分布 171
5.2.3 开发利用现状及潜力分析 173
5.3 能源植物开发潜力分析 176
5.3.1 纤维素类生物质资源能源化应用潜力 176
5.3.2 油脂类生物质资源能源化应用潜力 176
5.3.3 非粮淀粉类生物质资源能源化应用潜力 177
5.3.4 糖类生物质资源能源化应用潜力 178
5.3.5 能源微藻生物质资源能源化应用潜力 179
参考文献 179

第 6 章 其他资源 183

6.1 农产品加工剩余物 184
6.1.1 资源量 184
6.1.2 利用现状 187
6.1.3 潜力分析 195
6.2 生活垃圾 195
6.2.1 资源量 195
6.2.2 利用现状 198
6.2.3 潜力分析 204
6.3 工业有机废水 206
6.3.1 资源量 206

6.3.2 利用现状 208
6.3.3 潜力分析 213
6.4 市政污泥 216
6.4.1 资源量 216
6.4.2 利用现状 219
6.4.3 潜力分析 226
参考文献 228

附录
农作物秸秆含水量试验方法 230

索引 232

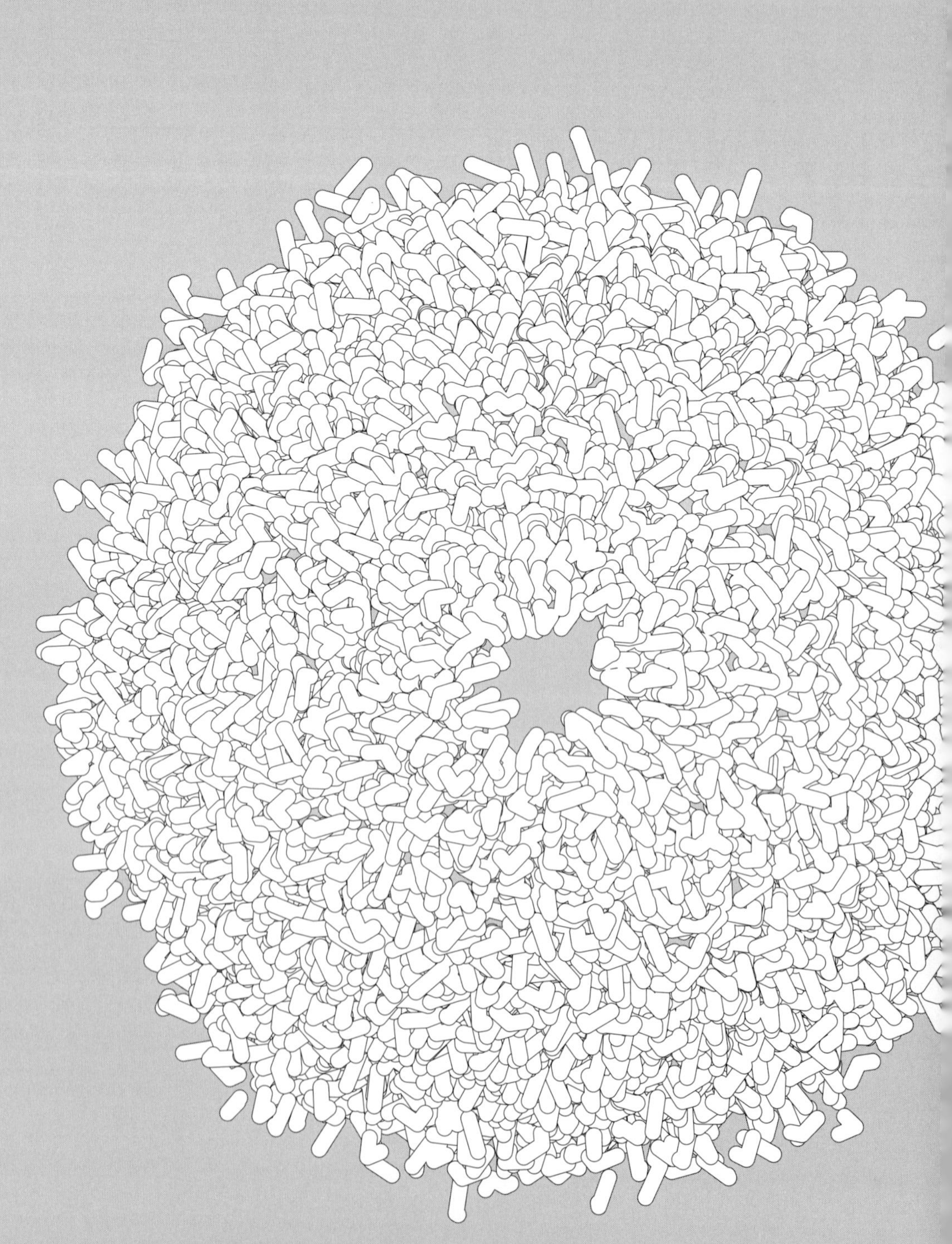

第1章

生物质能资源概述

1.1 概念

1.2 生物质资源种类

参考文献

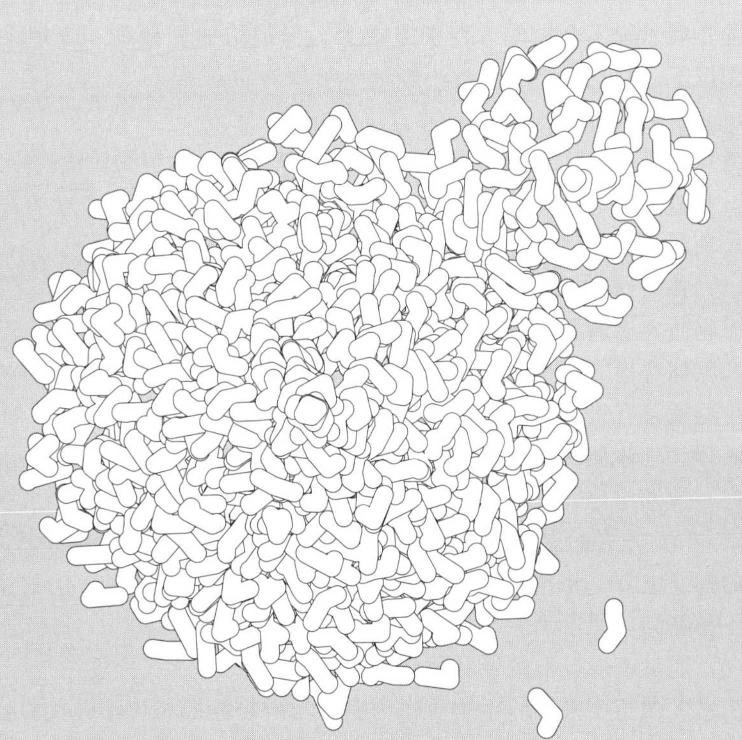

1.1 概念

1.1.1 生物质

生物质（biomass）是地球上最广泛存在的物质，包括所有植物、动物和微生物，以及由这些生命体排泄和代谢的有机物质。生物质能来源于太阳能，生物质是太阳能的有机能量库[1]。植物或光合生物通过光合作用吸收二氧化碳，固定太阳能生产碳水化合物（生物质）和氧，可以被自然界的各种生命体作为能源和碳源加以利用，最终生成二氧化碳和热能，释放到大气中，构成了自然界的碳循环。

1.1.2 生物质资源

1.1.2.1 生物质资源特点

生物质资源具有以下特点[2]。

（1）可再生

生物质资源可通过光合作用再生，只要有阳光照射，光合作用就不会停止，生物质能也就永远不会枯竭。特别是在大力提倡植树、种草、合理采樵、保护自然环境的情况下，自然界将会源源不断地供给生物质资源。

（2）蕴藏量巨大

地球上存在数量巨大的生物质，陆地地面以上总的生物质量换算为能量约为 3.3×10^{22}J，是世界能源年消耗量的 80 倍以上。生物质每年的净产量换算为能量接近世界能源年消耗量的 10 倍。

（3）普遍性、易取性

生物质资源遍布全球，分布不分国家、地区，廉价、易取。

（4）储存性、替代性

生物质是有机资源，原料本身或其液体、气体燃料产品可以储存。由生物质生产的液体、气体燃料可部分或全部替代化石能源。

（5）挥发组分高，炭活性高，易燃

在 400℃左右的温度下，可释出大部分挥发组分，而煤在 800℃时才释放出 30%左右的挥发组分。将生物质转换成气体燃料比较容易实现。生物质燃烧后灰分少，而且不易黏结，便于消除。

（6）能量密度较低的低品位能源

从密度的角度来看，生物质作为燃料与矿物能源相比不具优势。

1.1.2.2 生物质资源分类

世界上生物质资源数量庞大，形式繁多，通常包括：木材及林产加工业废弃物、农业废弃物、畜禽粪便和工业生产有机废水及生活污水，城镇固体有机垃圾及能源植物。生物质的种类繁多，其组成也多种多样，根据应用的不同可以将其分为木质纤维素类（lignocellulosic biomass）、淀粉和糖类、油脂类、畜禽粪便类、城市有机垃圾类。

（1）木质纤维素类生物质

木质纤维素类生物质主要包括木材类和农作物秸秆类，在生物质能中的利用为生产固体成型燃料、生物质液体燃料，直燃或者气化发电等。在木质纤维素类原料的生物质能转化过程中，其主要利用的是该类原料细胞壁中的纤维素、半纤维素和木质素。这三大组分相互交联、组合、支撑，构成了细胞壁的重要成分[3]，如图 1-1 所示。

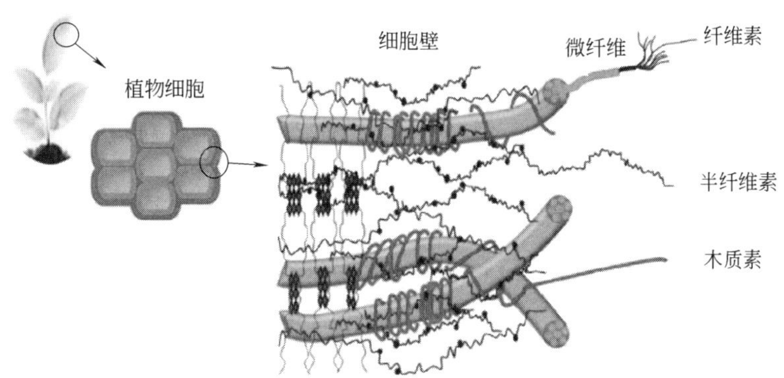

图 1-1　木质纤维素原料细胞壁中纤维素、半纤维素和木质素的构成

纤维素是生物圈中最丰富的有机物质，是植物细胞壁的主要成分，由 β-D-吡喃葡萄糖通过 β-1,4-糖苷键连接而成（和淀粉的 α-1,4 连接方式不同）的线性葡聚糖[4]。β-1,4-糖苷键连接使得纤维素中每个残基相对于前一个残基翻转 180°，而相邻、平行的伸展链在残基环面的水平向通过链内和链间的氢键网形成片层结构，片层之间即环面的垂直向靠其余氢键和环的疏水内核间的范德华力维系。这样若干条链聚集成紧密的有周期性晶格的分子束，称为微晶（crystallite）或者胶束（micelle）。多个这样的胶束平行共处于线状的微纤维（microfibril）中，胶束间是疏松无序的多糖链。纤维素不仅具有致密的空间结构，而且还分为结晶区和非结晶区（也称为无定形区），造成了纤维素通过酸、碱水解利用较为困难。与纤维素由单一葡萄糖组成不同，半纤维素是杂多糖链，包括木聚糖、木葡聚糖、甘露聚糖、阿拉伯聚糖、半乳聚糖和阿拉伯半乳聚糖等，而且半纤维素除了含有长短不一的主链外，还有结构各异的侧链，半纤维素的水解利用较为简便。半纤维素贯穿于纤维素和木质素之间，将两者紧密连接在一起。木质素是一种广泛存在于植物体中，无定形的、分子结构中含有氧代苯丙醇或其衍生物结构单元的芳香性高聚物，是支持植物细胞和躯干的重要物质，不含可发酵糖。

(2) 淀粉和糖类生物质

淀粉和糖类生物质是一类主要含有碳水化合物的生物质原料。淀粉是植物生长期间以淀粉粒（granule）形式储存于细胞中的储存多糖，主要存在于植物的种子、块茎和块根中，为各类生理活动提供能量。淀粉类生物质包括甘薯、木薯等薯类和高粱、玉米、谷子、大麦等粮谷类，是生物质液体燃料，尤其是燃料乙醇的主要原料[5]。天然淀粉一般含有两种组分——直链淀粉和支链淀粉，两者比例为（20%～25%）∶（75%～80%）。直链淀粉是由D-葡萄糖分子通过α-1,4-糖苷键连接而成的线形分子；支链淀粉存在分支，约每25～30个葡萄糖范围就有1个分支点，分支点存在α-1,6-糖苷键的连接。淀粉中葡萄糖的α-1,4键合方式与纤维素中葡萄糖的β-1,4键合方式截然不同，前者极易被水解发酵，后者结合更紧密。糖类生物质原料包括甘蔗、甜菜和甜高粱等含糖作物，通过压榨等方式将糖品提取，并利用糖品制备燃料乙醇等生物质液体燃料[6]。

(3) 油脂类生物质

油脂类生物质包括油料能源作物和废弃动植物油脂。油料能源作物富含能源植物油，有木本、草本和藻类，主要油料作物油脂成分分析如表1-1所列。

表1-1 主要油料作物油脂成分分析 单位：%

品种		月桂酸	肉豆蔻酸	棕榈酸	硬脂酸	花生酸	十六碳烯酸	油酸	亚油酸	亚麻酸	二十碳烯酸	特殊脂肪酸
木本植物	油茶	—	0.8	10.6	1.7	—	—	77.333	9.167	0.267	—	—
	黄连木	—	0.013	20.867	1.5	0.567	1.2	46.4	29.367	0.007	—	—
	山桐子	—	0.007	12.8	3.3	—	2.867	9.2	71.133	0.467	—	—
	光皮树	0.007	0.067	16.533	1.767	—	0.973	30.5	48.5	1.6	—	—
	棕榈	19.5	18.6	27	12.3	—	—	22.6	—	—	—	—
	桉	—	—	5.5	2.4	0.7	—	12.8	78.5	—	—	—
	续随子	0.01	—	5.8	1.9	0.3	1.1	70.25	16.2	2	—	—
	白檀	—	—	20.733	0.873	—	—	48.233	30.167	—	—	—
	油桐	0.167	0.007	5.733	2.567	—	0.007	16.4	22.067	0.3	—	—
	乌桕	—	27.4	13.7	1.37	—	—	9.59	21.92	26.06	—	—
	无患子	—	—	4.75	1.52	6.14	—	55.62	6.88	1.15	21.83	—
	麻疯树	0.09	—	17.25	7.42	0.22	—	40.31	32.69	0.4	0.23	—
	文冠果	—	—	10.4	2.6	—	—	31.81	42.36	—	6.08	—
	核桃	—	—	4.69	—	0.43	—	1.43	31.85	49.54	—	—
草本作物	蓖麻	—	—	0.72	0.64	—	—	2.82	0.27	—	—	蓖麻酸 90.85
	油菜籽	—	0.04	3.567	1.133	0.007	0.14	14.5	15.467	13.6	—	—
	大豆	—	—	13	2.9	—	—	19.35	58.05	6.7	—	—

注：每种原料除了油脂外，还有淀粉、木质纤维素或其他组分，因此相加总和不等于100%。

部分木本和草本油料作物主要利用其富含油脂的种子，如麻疯树、山桐子树、光皮树、无患子等。另一部分油料作物可以直接从树干、茎叶等机体中获取含有烃类化合物的液体（类似石油），也被称为“石油植物”或“烃类能源植物”，如桉树、绿玉树、油楠、霍霍巴、马尾松、续随子等。除此之外，还有一大类产油微藻，油脂占细胞干重的比例超过 20%，大部分属于绿藻纲（Chlorophyceae）和硅藻纲（Bacillariophyceae）。

废弃动植物油脂主要来源于家庭服务业和食品加工业，一般分为 3 类：

① 食品生产经营和消费过程中产生的不符合食品卫生标准的动植物油脂，如菜酸油和煎炸老油；

② 从剩余饭菜中经过分离得到的油脂，俗称泔水油；

③ 在餐具洗涤过程中流入下水道，经油水分离器或隔油池分离处理后产生的动植物油脂，俗称地沟油。废弃动植物油脂的游离脂肪酸含量及饱和脂肪酸含量均非常高，后者达 26%～50%。油脂类生物质主要用于生产生物燃料，如生物柴油。

（4）畜禽粪便类生物质

畜禽粪便主要指畜禽养殖业中产生的一类农村固体废物，包括猪粪、牛粪、羊粪、鸡粪、鸭粪等。

（5）城市生活垃圾类生物质

城市生活垃圾类生物质属于城市固体垃圾（MSW），是人类日常生活和生产所排放的固体废弃物，主要包括厨余垃圾、废纸、废塑料、废纤维、碎玻璃、废金属、炉渣、有机物等，成分非常复杂。与能源利用有关的有机垃圾处理技术主要包括填埋、热解和焚烧等，其基本原理分别与沼气发酵、生物质气化和直接燃烧相同，只是在具体工艺上有所区别。

1.1.3 生物质能源

生物质作为能源利用由来已久。人类自从发现火开始就以生物质能的形式利用太阳能来做饭和取暖，但是在漫长的时间里，总是通过直接燃烧的方式利用其热量。现阶段，生物质能约占全球能源供给的 10%，其中约 2/3 的生物质资源应用在发展中国家。我国作为人口众多的农业国家，生物质能源在能源结构中占有相当重要的地位。

生物质能是可再生的，在能源分类中将其划在新能源中。

能源的大体分类如表 1-2 所列[2]。

现阶段世界能源消费受经济发展和人口增长的影响，世界一次能源消费量不断增加，能源消费结构趋向优质化，未来伴随能源消费的持续增长和能源资源分布集中度的日益增大，能源资源的争夺将日趋激烈，同时化石能源对环境污染和全球气候的影响将越来越严重。当今世界各国都在为获取充足的能源而努力，其中可再生能源的开发和利用尤为重要。生物质能源作为可再生能源中的重要组成部分，主要形式包括生物质液体燃料、生物质发电、生物燃气、生物质燃料等。

表 1-2　能源分类

类别		常规能源	新能源
一次能源	可再生	水能	生物质能、太阳能、风能、潮汐能、海洋能
	非再生	原煤、原油、天然气	油页岩、核燃料
二次能源	焦炭、煤气、电力、氢气、蒸汽、酒精、汽油、柴油、煤油、重油、液化气、木炭、沼气、气化气		

注：1.一次能源是指从自然界取得后未经加工的能源，它有 3 个初始来源，即太阳光、地球固有的物质和太阳系行星运行的能量。

2.二次能源是指经过加工与转换而得到的能源。

3.新能源一般是指在新技术基础上加以开发利用的能源，与之对应的传统能源是指已被人们广泛利用的能源。

① 生物质液体燃料主要包括燃料乙醇、生物柴油、生物丁醇、新型生物燃料(平台化合物、液体烃类等)，主要通过木质纤维素类生物质、淀粉和糖类生物质、油脂类生物质获得。

② 生物质发电包括生物质气化发电、生物质燃烧发电、城市生活垃圾焚烧发电、气化燃料电池发电以及燃料电池发电。

③ 生物燃气俗称沼气，主要是甲烷和氢气，通常通过畜禽粪便和有机垃圾的厌氧发酵方式得到。

④ 生物质燃料包括将生物质直接作为燃料，以及将其制备为成型固体燃料，后者是一种较为成熟的生物质颗粒制备技术，作为燃料供给锅炉燃烧，主要利用的是木质纤维素类生物质。

除此之外，生物质的利用方式其实非常繁多，包括但不限于木质素制备减水剂，畜禽粪便制备肥料等，这里主要介绍几种主流能源形势。

1.1.3.1　生物质液体燃料

表 1-3 是 2007～2015 年全球生物质液体燃料（燃料乙醇和生物柴油）融资的资金类型。

表 1-3　2007～2015 年全球生物质液体燃料（燃料乙醇和生物柴油）融资的资金类型　　单位：亿美元

资金类型	2007 年	2008 年	2009 年	2010 年	2011 年	2012 年	2013 年	2014 年	2015 年
研发投入	10.5	10.9	24.3	20.3	20.1	18.5	20.5	16.5	16.0
股票市场	26.1	7.5	2.4	3.5	7.2	3.2	13.0	5.6	2.9
风险投资和私募股权	17.3	16.8	8.4	7.7	8.1	9.7	3.0	5.4	5.2
项目融资	229.0	150.2	68.6	69.5	67.9	40.9	20.3	19.7	6.7
合计	282.9	185.4	103.7	101.0	103.3	72.3	56.8	47.2	30.8

由表 1-3 可以看出，全球生物质液体燃料融资额自 2007 年后基本处于下降趋势，2015 年全行业的融资额较 2007 年下降了 89.1%。来自股票市场、风险投资和私募股权、项目融资的资金均持续呈现萎缩趋势；来自研发投入的资金于 2007～2009 年呈上涨态势，但是 2009～2015 年又持续下降。2015 年研发投入占到总行业融资额的 51.9%，生物质液体燃料从资本市场中获取资金的能力正在下降。近年来全球石油

及天然气价格持续下滑，页岩油研发取得突破，均对生物质液体燃料的发展造成冲击，使得投资者热情受挫，产业发展缓慢[7,8]。

目前燃料乙醇和生物柴油一样，与原油行业密切挂钩，因此其研发和融资容易受到原油市场波动的影响。同时，第一代燃料乙醇由于政策原因，目前投资热情在下降，而第二代纤维素燃料乙醇利用植物细胞壁的纤维素和半纤维素产糖，目前还存在技术壁垒，我国只有几个示范工程，尚不能投入商业应用[8]。

虽然作为原油的直接替代品，木质纤维素生物质制备燃料乙醇和生物柴油的发展受限，但是长远来看，随着各种生物质能利用技术的不断进步，以及各新兴市场国家对生物质能发展的重视，生物质能预计将会得到更为广泛的利用[7]。“十三五”期间，我国将进一步加大对新能源的支持力度，就发展空间而言，生物质能源在我国具有很大的发展潜力。

(1) 燃料乙醇

生物质液体燃料中的燃料乙醇是一种重要的清洁能源，是生物质最重要的利用途径之一[9]。燃料乙醇可以直接作为动力燃料或者掺杂在汽油中作为燃油改善剂。对于乙醇专用发动机的汽车，乙醇加入量为85%～100%；对于汽油发动机的汽车，汽油中乙醇加入量在5%～22%。燃料乙醇作为一种能源，不仅能够克服化石燃料短缺带来的能源危机，更为重要的是，乙醇和汽油性质不同，在燃烧时可以大大减少微粒颗粒污染和氮氧化物的排放，兼具重要的经济及社会意义[10]。

燃料乙醇生产方法分为发酵法和化学合成法。

1) 发酵法

发酵法是最传统的乙醇制备手段。第一代燃料乙醇是以玉米、薯类、小麦等淀粉类作物或者甜菜、甘蔗类糖类作物为原料，经过原料蒸煮、糖化剂制备、糖化、酵母制备、发酵、蒸馏等工艺制得。该方法工艺成熟，在中国、美国、巴西等国已经开展多年。但是，由于这些原料同时也是人类生产生活的必需品，因此第一代乙醇的生产引发了一系列的社会和舆论问题。非粮作物生产乙醇，即第二代燃料乙醇越来越受到重视。利用木质纤维素的纤维素和半纤维素为原料，糖化后经微生物发酵生产乙醇是一种非常有前景的方法，在全球范围内的研究已有几十年的历史，但目前效率仍不及第一代乙醇[8]。科技人员做了大量努力，如开发新颖高效的酶产品，研究高温液态水等温和高效的预处理手段，研发新型的发酵过程强化技术等。

2) 化学合成法

化学合成法以乙烯为原料生产乙醇，目前工业上采用的合成法主要是乙烯直接水合法，即将乙烯在浸渍有磷酸的固体催化剂上进行水合反应，所得乙醇溶液通过精馏提纯得产品乙醇。除了该途径，还有一条开发中的路线，即通过合成气或 CO_2+H_2O 合成乙醇。

燃料乙醇在我国尚处于起步阶段，作为新能源具有广阔的市场空间。按照理想需求的话，我国燃料市场将需要大量的燃料乙醇，在目前已有国家核准的202.5万吨供应能力基础上，预计2020年至少还将有约800万吨的燃料乙醇供需缺口（仅以乙醇汽油计）。

（2）生物柴油

生物柴油是生物质另一条重要的利用途径。生物柴油的原料极其丰富，包括植物油（草本植物油、木本植物油、水生植物油），动物油（猪油、牛油、羊油、鱼油等）和工业、餐饮业废油（动植物油或脂肪酸）等。这些油脂中占主要成分的甘油三酯与醇在催化剂存在下反应，可以制得主要成分为长链脂肪酸甲酯的液体燃料，其性能与普通柴油非常相似，是优质的化石燃料替代品。

生物柴油对于国计民生具有重要的意义。首先，发展生物柴油有利于稳定油价；其次，生物柴油产业有利于废油回收，目前我国生物柴油的主要原料就是废油脂，将废油脂经过催化加工生产重归工业应用，极有利于环保的发展和市场的稳定；再次，生物柴油产业还可以同生态保护以及植树造林结合起来，不仅利于荒山绿化及边际土地利用，还能产生经济价值，因此已有很多企业计划开发能源林种植。

生物柴油制备过程中，原料成本占生物柴油制备成本的75%，原料供给是实现生物柴油产业可持续发展的关键所在。除了传统的林油、地沟油等原料外，科技工作者发现多种微藻具有自身合成油脂的能力，可作为制备生物柴油的重要原料。在已报道的产油微藻种类中，绿藻和硅藻平均总脂含量分别为其细胞干重的25.5%和22.7%，是理想的生物柴油原料。微藻油主要是中性脂质或者甘油三酯，可通过提取后与短链醇类转酯化生成生物柴油。目前制约微藻生物柴油的关键在于产油微藻的选育，以及微藻油的低成本提取和增产。

生物柴油的研究在国际上引起广泛重视，国内外已有数家相关企业投产。目前，生物柴油工业化的生产方法包括常规酸碱催化、生物酶法以及超临界法。我国对生物柴油的研发非常重视，2009年中国海洋石油总公司6万吨/年生物柴油生产装置在海南省正式试车运行，生产的生物柴油产品已于2010年11月在海南省的12家中石油加油站试销售。此外，国内多家研究单位和学者在生物柴油方面进行深入研究。2014年虎门港与清华大学签署合作框架协议，计划在虎门港建一个20万吨的酶法生物柴油的生产基地，后期会发展到40万吨生物柴油及其深加工产品的规模。中科院广州能源所在生物柴油方面进行了多年的研究，已联合企业建成10万吨级生物柴油示范工程，同时，近年来该单位在微藻制备生物柴油方面取得突破。国外的生物柴油研发和生产也在如火如荼地进行，日本Daiki Axis公司，美国Piedmont生物燃料公司、Ever Cat公司，丹麦诺维信公司等开展了生物柴油的研发和生产，美国OriginOil公司、SolarMagnatro燃料公司、Aurora生物燃料公司、Cellana公司，日本DENSO公司，澳大利亚Muradel公司及美国能源部国家可再生能源实验室等科研机构对于微藻生物柴油非常重视。

（3）生物丁醇

丁醇是重要的化工原料，也是继燃料乙醇后又一种极具开发前景的新一代液体燃料。和乙醇相比，丁醇性质更接近烃类（见表1-4），与汽油和柴油的调和配伍性更好，能量密度与燃烧值更高，是研究热点之一。纽约州立大学刘世界课题组曾利用丙酮丁醇梭菌ATCC824发酵糖枫树的高温液态水水解液产丁醇，美国农业部Nasib Qureshi团队自2003年对多种生物质如玉米秸秆、柳枝稷和麦秆的稀酸水解液进行丁醇发酵。

表1-4　乙醇、丁醇和汽油性质比较

项目	汽油	乙醇	丁醇
含氧量/%	0.00	34.80	21.60
相对密度(20℃)	0.74	0.78	0.81
能量密度/(MJ/L)	32.50	21.30	27.00
沸点/℃	32.00～210.00	78.00	117.70
闪点/℃	40.00	35.00～210.00	35.00
低热值/(MJ/kg)	42.70	—	26.80
蒸发潜热/(MJ/kg)	0.18	0.93	0.58
理论空燃比	14.80	9.00	11.20
RON(研究法辛烷值)	90.00～100.00	109.00	113.00
MON(马达法辛烷值)	80.00～90.00	90.00	97.00

(4) 新型生物燃料（平台化合物、液体烃类等）

现在，生物质产业朝更加多元化的方向发展。由于全球石油资源仍是短缺态势，利用生物质制备生物质基化学品，取代石油基化学品的研发越来越受到重视。生物质原料可以采用多种路线和途径制备液体燃料和化学品。复杂繁多的路线意味着多种可能的产物和路径。整体上可以归纳出三条转化基本路径，即气化与费-托合成相组合的生产路线、直接热解制生物油及提质的生产路线以及生物燃料平台化合物生产路线。

在气化与费-托合成相组合的生产路线中，生物质首先气化制备合成气，然后可按3条路线生产生物燃料：

① 通过水煤气变换反应制氢；

② 通过甲醇合成反应制甲醇，甲醇再制造汽油；

③ 通过费-托合成反应生产烷烃。

研究表明，在该路径中，生物质有大量能源流失，并且由于气化得到的气流通常含有一定污染物，在后续反应之前需要多重步骤来去除。

直接热解制生物油及提质的生产路线中，快速裂解产生物油是一个商业化的成熟技术，但是生物油组分分布广泛，化学成分非常复杂，从而导致其黏度大、化学稳定性差、腐蚀性强，直接利用受限。生物油可通过多种方式提质，如通过加氢脱氧生成芳烃，通过沸石分子筛催化断键制备芳烃、轻质烷烃和焦炭。但是由于生物油成分复杂，提质后仍然是复杂的混合物，因此需要进一步的研究使得提质定向化进行。

生物燃料平台化合物生产路线是一种在水热环境中，选择性转化生物质三大组分生成糖类和木质素单体，进而将其定向转化为目标产物的方法。水解法可以在相对温和的条件下进行生物质转化，产物选择性较高。

木质纤维素类生物质的转化过程主要是利用其纤维素、半纤维素和木质素三大组分。其中，纤维素和半纤维素由于富含糖类，在水热催化转化中首先解聚为C_6糖

以及 C_5 糖，然后在此“糖平台”上进一步衍生出各种化学品。平台化合物指的是在“糖平台”上衍生出的具有高附加值的化合物（high value-added platform chemicals），如糠醛、5-羟甲基糠醛、乙酰丙酸等。其中，糠醛具有良好的热固性、耐蚀性和物理强度，并可衍生出多种化学品和燃料，如呋喃、甲基呋喃、四氢呋喃、呋喃酸和糠醇等。5-羟甲基糠醛可通过简单的缩合和氢解反应转化为呋喃类生物燃料，用来替代石油燃料，并可作为单体合成具有光学特性和生物降解特性的高分子材料。乙酰丙酸作为平台化合物可制备乙酰丙酸酯、γ-戊内酯、2-甲基四氢呋喃等燃料添加剂，也可用于手性试剂、生物活性材料、聚合物、润滑剂等领域。因此，糠醛、5-羟甲基糠醛和乙酰丙酸是三种重要的生物质基平台化合物。

1）纤维素“糖平台”及其衍生的平台化合物

纤维素由脱水葡萄糖单元通过 β-1,4-糖苷键连接而成，通过水解纤维素中的糖苷键，可以把纤维素转化为葡萄糖。纤维素可经过稀酸水解生成葡萄糖单体，进而发酵制备纤维素乙醇，这是纤维素乙醇中除了预处理—酶解—发酵外研究最多的一种途径。另外，以葡萄糖为平台，经过催化转化反应还可以得到一系列具有高附加值的化学品。

图 1-2 列出了利用纤维素制备高附加值化学品的路线。

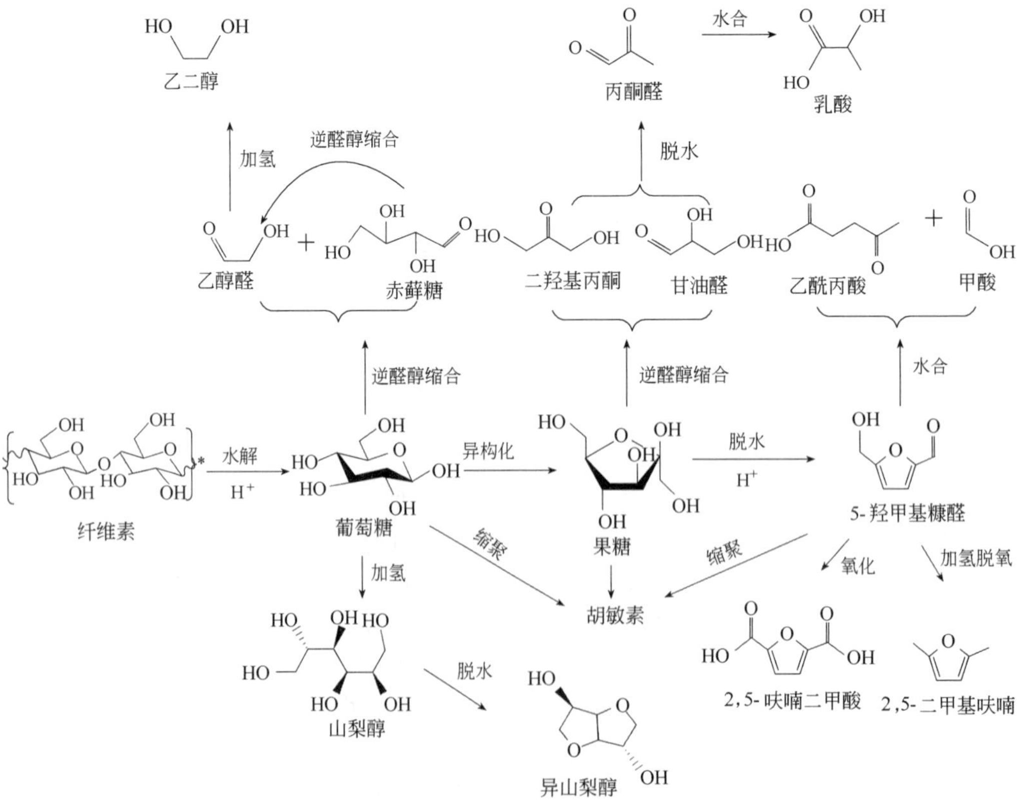

图 1-2 利用纤维素制备高附加值化学品的路线

葡萄糖经加氢反应可以转化为己糖醇（山梨醇和甘露醇）；葡萄糖经过逆醛醇缩合反应可以得到乙醇醛，对乙醇醛进行加氢可以得到乙二醇；葡萄糖经异构化反应可转化为果糖，果糖发生逆醛醇缩合反应得到甘油醛和二羟基丙酮，甘油醛及二羟基丙酮均可通过脱水及重排反应转化为乳酸；果糖脱去三分子水可以转化为 5-羟甲基糠醛（5-HMF）。5-羟甲基糠醛可以经过水合反应转化为乙酰丙酸，经过氧化反应转化为 2,5-呋喃二甲酸（FDCA），经过加氢脱氧反应转化为 2,5-二甲基呋喃（DMF）。

2）半纤维素“糖平台”及其衍生的平台化合物

半纤维素作为植物细胞壁的重要组成部分，由不同类型的单糖组成，包括木聚糖、木葡聚糖、甘露聚糖、阿拉伯聚糖、半乳聚糖和阿拉伯半乳糖等，其中木聚糖是含量最丰富的一种。通过水热处理等方法，可以获得种类丰富的各种半纤维素小分子衍生糖，如低聚木糖、木糖、阿拉伯糖、半乳糖、葡萄糖等。这些衍生糖在食品、药品、饲料等方面有广阔的应用空间，如低聚木糖可以促进双歧杆菌增殖，预防龋齿，提高人体免疫力；甘露糖可以促进伤口愈合，抑制肿瘤的生长。另外，以 C_5 糖（主要是木糖）为平台，经过催化转化反应还可以得到一系列具有高附加值的化学品。其中，糠醛作为重要的平台化合物可以制备多种重要的化学品。

图 1-3 所示为糠醛平台化合物制备液体燃料和化学品的路径。

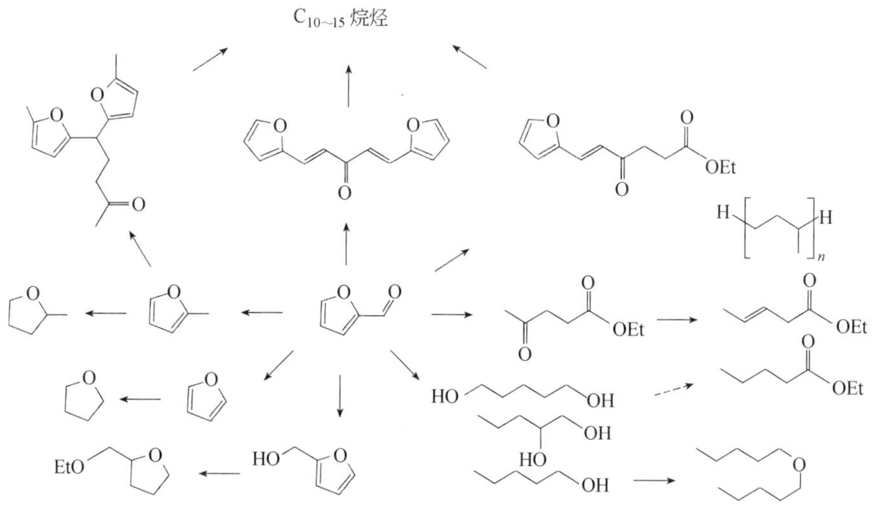

图 1-3　糠醛平台化合物制备液体燃料和化学品的路径

糠醛可以经过加氢反应转化为 2-甲基呋喃（2-MF）和 2-甲基四氢呋喃（2-MTHF），还可以深度加氢开环生成二醇（如 1,2-戊二醇）或者醇（如戊醇），经过重整制备 2-呋喃甲醇（2-FAlc）和乙酰丙酸酯（EL），经过脱羰反应制备呋喃或者四氢呋喃（THF），经过和丙酮羟醛缩合转化为亚糠基丙酮［4-(2-furyl-)3-buten-2-one］，进而通过加氢脱氧制备长链烷烃，还可以和乙酰丙酸缩合，进而加氢转化为长链烷烃。

1.1.3.2 生物质发电

(1) 生物质气化发电

生物质气化严格来讲属于生物质热解的一种，不同的是气化在热解的过程中加入了气化剂，而热解是严格的惰性气氛。热解在工业上也称为“干馏”，是在不向反应器内通入氧气、水或空气的条件下，间接加热使含碳有机物发生热化学分解。生物质中通常含有70%～90%的挥发分，其挥发分含量是影响其热解产物分布的决定性因素，挥发分越高焦炭的产率就越低。当物料中的H/C原子比较高时挥发性产物主要以燃气的形式存在，即燃气的量较大；当O/C原子比较高时，挥发性产物主要以焦油的形式存在。另外，生物质中的水分也会影响产物分布。除了生物质本身的物理化学特性对其热解特性有影响，热解温度也是控制热解反应的重要参数。热解温度不仅指的是反应的最终温度，还包括升温速率、停留时间，这些参数均对生物质热解的最终产物有重要影响。生物质气化技术的一般工艺过程主要包含进料系统、气化反应器（气化炉）、气体净化系统和气化气处理系统（如发电系统）四大组成系统。根据气化剂的不同，气化可分为空气气化、水蒸气气化、氧气气化、水蒸气-空气混合气化和氢气气化。通常水蒸气气化有利于气体中氢气含量的提高，氧气气化有利于焦油去除。

生物质通过热解与气化可以得到气体、生物油和固体焦炭三种产物，其中气体可作为优质的燃料或气化发电；液体即生物油可以作为化工原料；固体半焦则可进一步加工成为吸附剂。

生物质气化发电是一种先进的发电方式，首先将生物质气化所得的气体燃料净化，随后气体燃料直接被送入锅炉、内燃发电机、燃气机的燃烧室中燃烧来发电。该方式清洁高效，既可以产生电能又有效处理了农业和林业废弃物，是替代常规火力发电的有效方式。中国科学院广州能源研究所开发了外循环流化床生物质气化技术，制取的水煤气作为干燥热源或发电，已完成了目前国内最大发电能力为1MW的气化发电系统，为木材加工厂提供附加电源。

(2) 生物质直燃发电

丹麦于1998年建成第一家生物质直燃发电厂（BWE公司，利用层燃技术），目前该国已建立了13个生物质燃烧发电厂，生物质燃烧发电等可再生能源占到该国能源消费量的24%以上。芬兰也是生物质燃烧发电最成功的国家之一，技术和设备国际领先。2005年12月山东枣庄的十里泉发电厂建成投产我国首台“煤粉-秸秆混燃”发电机组，引进丹麦BWE公司生物质燃烧发电技术。目前，国内在直燃发电技术领域与欧洲差距还较大，相关的技术和设备正在引进及改造过程中。

(3) 城市生活垃圾焚烧发电

城市生活垃圾通常含有纸、布、塑料、橡胶、厨余、草木、砖瓦、沙土、金属、玻璃等。但是各种组分的含量随各地区的生活习惯、经济发展水平、气候状况等的不同而异。在发达国家，城市生活垃圾的产量大，其中食品废弃物、纸、布、塑料等有机物占很大比重，可燃物含量很高，热值也很高。我国垃圾总体上来讲无机物的含量相对高一些，但近年来，随着生活水平的不断提高，垃圾中有机成分在逐渐增多，容积减小，热值增大。

不同垃圾成分含有不同的含水率，各种有机垃圾的热值如表 1-5 所列。

表 1-5　各种有机垃圾的热值

垃圾成分	原始容积/(kg/m^3)	含水量/%	热值/(kJ/kg)
食品垃圾	290	70	4584
废纸	80	6	16832
废纸板	50	5	16379
废塑料	65	2	32727
纺织品	65	10	17534
废橡胶	130	2	23772
废皮革	160	10	7286
园林废弃物	105	60	6542

城市生活垃圾是宝贵的可再生资源，处理方式多种多样，如填埋、堆肥、焚烧、气化、快速热解、压缩成型、倾倒大海等，但是由于其成分太过复杂，因此真正得到普遍推广应用的是堆肥、填埋和焚烧这三种。垃圾发电主要采用填埋气发电和直接焚烧发电两种方式。填埋气发电是将垃圾填埋场中的有机物经降解后产生的填埋气（主要成分为甲烷）作为燃料进行发电的技术，由集气系统、填埋气预处理系统、燃气发电系统及相应的控制系统组成。垃圾焚烧发电是利用垃圾焚烧炉对生活垃圾中的可燃物进行焚烧处理，通过高温焚烧后消除垃圾中大量的有害物质，达到无害化、减量化的目的，同时利用回收到的热能进行供热、供电，实现资源化利用。垃圾焚烧发电系统的构成与一般的火电项目类似，包括热力系统、燃烧系统、电气系统、燃料输送系统、除灰渣系统、化学水处理系统、热控系统和供排水及消防系统，一般还包括一套渗沥液处理系统。

气化燃料电池是燃料电池的一种，燃料电池是一种直接将储存在燃料和氧化剂中的化学能高效地转化为电能的发电装置，能量转换效率高，而且具有洁净、无污染、噪声低、可靠性高等特点。随着燃料电池技术的发展，将生物质气化与中高温燃料电池结合进行发电是今后可持续发展的高效洁净的电能生产方式之一。生物质气化气中含有焦油、固体颗粒、碱金属、硫和烃类化合物，经过净化、重整等环节，构成生物质气化燃料电池一体化发电系统，简称 BIG-FC 发电系统，如图 1-4 所示。

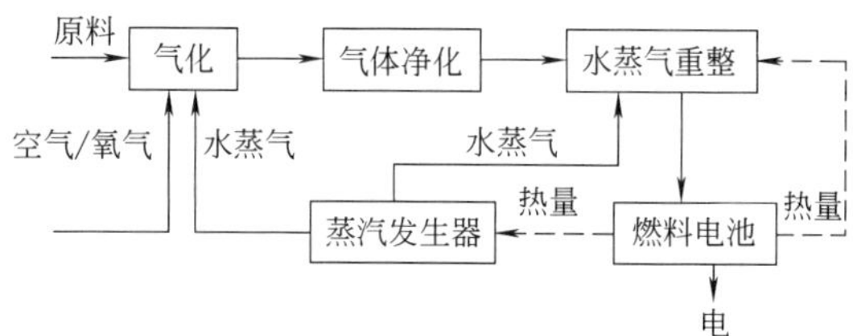

图 1-4　生物质气化燃料电池一体化发电系统

其中重要的组成部分是高温燃料电池，一般为熔融碳酸盐燃料电池（MCFC）和固体氧化物燃料电池（solid oxide fuel cell，SOFC）。熔融碳酸盐燃料电池以 Li_2CO_3-K_2CO_3 为电解质，以空气为氧化剂，工作温度 650～700℃，发电效率 50%～60%，由于 MCFC 的工作温度接近生物质气化和热气净化及重整温度，因此 MCFC 成为可与生物质气化形成一体化发电系统的首选类型。固体氧化物燃料电池（SOFC）以固体氧化钇-氧化锆为电解质，空气为氧化剂，工作温度为 900～1000℃，发电效率约为 60%，比 MCFC 组成的联合循环发电系统效率更高，寿命更长，但 SOFC 面临的技术难度较大，价格也比 MCFC 高。目前，上海交通大学进行了 1kW MCFC 组的发电试验，中科院大连化学物理研究所研制了 530W 管型 SOFC 堆，东南大学热能工程研究所进行了生物质气化-MCFC 联合循环发电系统的模拟研究。

（4）微生物燃料电池（microbial fuel cell，MFC）

与其他类型燃料电池类似，微生物燃料电池基本结构为阴极室和阳极室。典型微生物燃料电池的构造如图 1-5 所示。

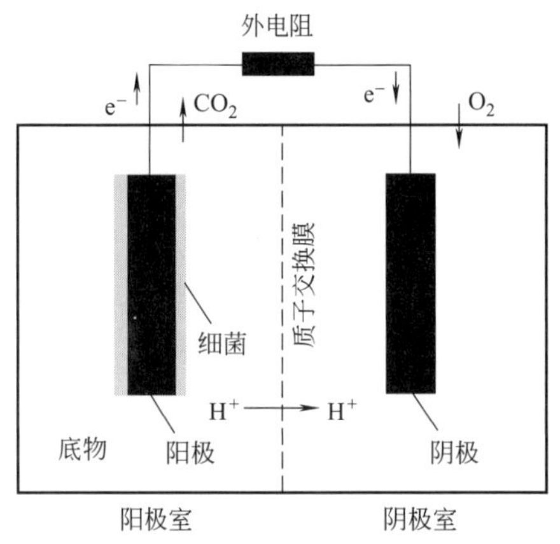

图 1-5　典型微生物燃料电池的构造

根据阴极室结构的不同，MFC 可分为单室型和双室型；根据电池中是否使用质子交换膜又可分为有膜型和无膜型。其中单室型 MFC 由于其阴极氧化剂直接为空气，无需盛装溶液的容器；而无膜型则是利用阴极材料具有部分防空气渗透的作用而省略了质子交换膜。MFC 阳极材料通常选用导电性能较好的石墨、炭布和炭纸等材料；阴极材料大多使用载铂碳材料，也有使用掺杂三价铁离子的石墨和沉积氧化锰的多孔石墨。微生物燃料电池的工作原理是：在阳极区表面，阳极微生物分解水溶液或污泥中的有机物，如葡萄糖、多糖、醋酸或其他可降解的有机物，产生二氧化碳、质子和电子；随后电子通过中间体或细胞膜传递到电极，并通过外电路到达阴极，质子通过溶液迁移到阴极后与氧气发生反应生成水，从而使得整个过程达到物质和电荷的平衡，并且外部用电器也获得了电能。微生物燃料电池最早由英国植物学家 Potter 于 1911 年提出，到 20 世纪 90 年代，利用微生物发电的技术取得重大突破，可用于污水/废水处理领域。目前，微生物燃料电池理论与技术发展迅速，可应用于产电，如夜间 LED 照明灯；污染物修复与废弃物资源化，如废水处理、固体有机废弃物资源化、污染土壤修复；传感器，如 BOD 传感器、毒性检测传感器，以及土壤污染检测；海水淡化；产氢等领域。

1.1.3.3　生物燃气

利用厌氧消化技术处理农作物秸秆、生活有机垃圾、污水污泥等各种有机废弃物，能够产生清洁可再生的能源——生物燃气（俗称沼气）。我国是一个农业和人口大国，废弃生物质资源丰富，每年可转化为生物燃气的资源潜力为 2220 亿立方米，折合天然气 1250 亿立方米。我国是最早利用生物燃气的国家之一，同时也是生物燃气利用开展得最好的国家。我国的生物燃气技术已经发展得相当成熟，目前已进入商业化应用阶段。生物燃气技术的原料来源非常广泛，我国广大农村地区的农作物秸秆资源，如稻秆、玉米秆、棉秆、麦秆、花生秧等均可作为原料利用，在四川、河南等许多地区建有大中型秸秆沼气工程；各种生活有机垃圾如厨余垃圾、果蔬垃圾等也可作为原料，目前山东、湖南等地已建成一些大型厨余垃圾沼气工程。

1.1.3.4　生物质燃料

（1）直接燃烧

生物质直接燃烧是将生物质直接作为燃料燃烧，燃烧产生的能量主要用于发电或集中供热。

作为最早采用的一种生物质开发利用方式，生物质直接燃烧具有如下特点：

① 生物质燃烧所释放出的 CO_2 大体相当于其生长时通过光合作用所吸收的 CO_2，因此可以认为是 CO_2 的“零排放”，有助于缓解温室效应；

② 生物质的燃烧产物用途广泛，灰渣可加以综合利用；

③ 生物质燃料可与矿物质燃料混合燃烧，既可以减少运行成本，提高燃烧效率，又可以降低 SO_x、NO_x 等有害气体的排放浓度；

④ 采用生物质燃烧设备可以最快速度地实现各种生物质资源的大规模减量化、无害化、资源化利用，而且成本较低。

生物质直接燃烧主要分为炉灶燃烧和锅炉燃烧。炉灶燃烧是农村地区较为普遍的一种生物质（如秸秆）利用方式，可以做炊事用，还可以用来取暖供热，其操作简便、投资较省，但燃烧效率偏低，约 11%～21%，从而造成生物质资源的严重浪费；而锅炉燃烧采用先进的燃烧技术，把生物质作为锅炉的燃料燃烧，以提高生物质的利用效率，适用于相对集中、大规模地利用生物质资源的地区。生物质燃料锅炉的种类很多，按照燃烧方式的不同主要分为层燃炉和流化床锅炉。层燃炉中，生物质平铺在炉排上形成一定厚度的燃烧层，进行干燥、挥发分析出及燃烧等过程，但该方法有受热面有限、易结渣等缺点。流化床锅炉中，生物质燃料颗粒与空气均匀混合，在沸腾状态燃烧，该技术传热传质强、燃料适应性好，国内外采用该技术开发生物质能已具有相当的规模和一定的运行经验。

（2）压缩成型

木质纤维素生物质压缩成型技术，即在一定温度和压力作用下，将各类原来分散的、没有一定形状的生物质废弃物压制成具有一定形状、密度较大的各种成型燃料的技术，从而解决生物质形状各异、堆积密度小且较松散、运输和储存使用不方便等问题，进而提高使用设备的有效容积燃烧强度，提高转换利用的热效率。该技术主要以草本生物质或木本生物质为原料。以秸秆原料为例，不加处理的情况下其存在结构疏松、堆积密度小、不方便运输及储存、能量密度低的缺点，限制了其大规模利用的经济性；压缩成型后，可大幅提高原料密度，能量密度与中热值的煤相当，在农业上可替代煤、液化气等常规能源，成为农村炊事用能源，在工业上代替煤在生物质发电厂、工业锅炉、窑炉中应用。

生物质压缩成型工艺有多种，根据工艺特性差别有多种分类。就目前而言，应用比较广泛的工艺主要包括湿压成型、热压成型和炭化成型三种。其中，热压成型技术为目前普遍采用的技术，其流程一般由原料预处理、输送上料、成型、产品输送、冷却、筛分、打包等步骤组成，如图 1-6 所示。

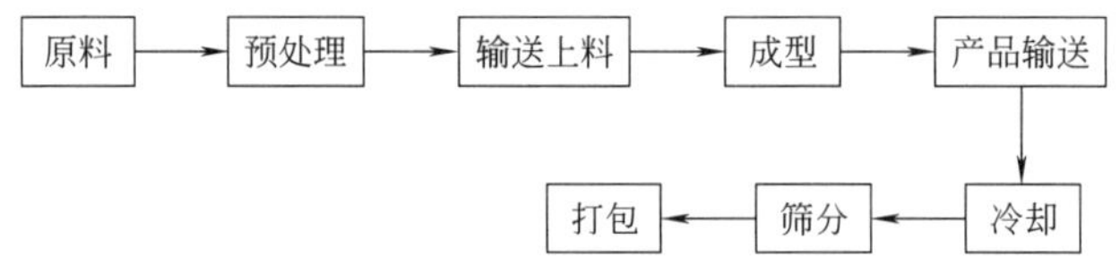

图 1-6 热压成型的技术流程

我国从 20 世纪 80 年代起已有生物质压缩成型技术的研究，目前，我国有生物质成型燃料生产厂近 200 家，其中，秸秆燃料厂主要分布在华北、华中和东北，木质颗粒燃料厂主要集中在华东、华南、东北和内蒙古等地区。另外，国内现有成型设备生产厂家达到 100 多家，主要分布在河南省、河北省、山东省等地。生物质炉具和锅炉近年来也有长足发展，如广州迪森热能技术股份有限公司、吉林宏日新能源有限责任公司、重庆良奇科技有限公司、山东多乐采暖设备有限责任公司、湖南万家工贸实业有限公司、张家界三木能源开发有限公司、北京桑普阳光技术有限公司等。

1.2 生物质资源种类

1.2.1 农作物秸秆

农作物秸秆是指农业生产过程中，收获了稻谷、小麦、玉米等农作物籽粒以后，残留的不能食用的茎、叶等农作物副产品，不包括农作物地下部分。农作物秸秆通常含有约 40%的纤维素、30%的半纤维素和 30%的木质素。用此类原料可以进行生物化学转化和热化学转化，直接发电，或者生产包括燃料乙醇在内的生物燃料和生物基化学品。

1.2.1.1　资源量和区域分布

根据2009年全国农作物秸秆资源调查与评价报告显示资源量约为8.20亿吨（风干），从品种上看，稻草约为2.05亿吨，占总资源量比例为25%；玉米秸为2.65亿吨，占32%；麦秸约1.5亿吨，占18%；棉秆约0.25亿吨，占3%；油料作物秸秆约3737万吨，占5%；薯类秸秆占3%；其他秸秆占11%左右。

各种农作物秸秆占总资源量比例见图1-7。

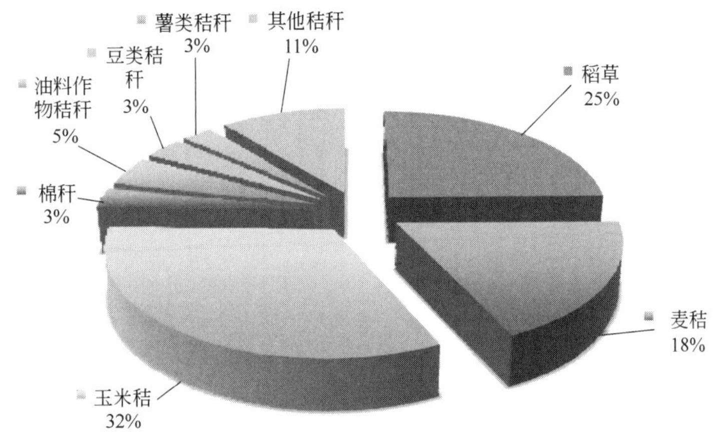

图1-7　各种农作物秸秆占总资源量比例

我国幅员辽阔，跨越多个气候带，气候与地理条件决定了耕作制度的集约性与复杂性。各地区经济发展水平并不平衡，经济发展情况分布与作物产量、种类及其分布基本一致，中国秸秆资源区域划分见表1-6。

表1-6　中国秸秆资源区域划分

分区	区域范围
东北区	黑龙江省、吉林省、辽宁省
华北区	北京市、天津市、河北省、河南省、山东省
黄土高原区	山西省、陕西省、甘肃省
长江中下游区	上海市、江苏省、浙江省、安徽省、江西省、湖北省、湖南省
华南区	福建省、广东省、广西壮族自治区、海南省
西南区	重庆市、四川省、贵州省、云南省
蒙新区	内蒙古自治区、宁夏回族自治区、新疆维吾尔自治区
青藏区	青海省、西藏自治区

从区域分布上看，华北区和长江中下游区的秸秆资源最为丰富，理论资源量分别约为2.33亿吨和1.93亿吨，占总量的28.45%和23.58%；其次为东北区、西南区和

蒙新区，分别约为 1.41 亿吨、8994 万吨和 5873 万吨，占总量的 17.2%、10.97% 和 7.16%；华南区和黄土高原区的秸秆理论资源量较低，分别约为 5490 万吨和 4404 万吨，占总量的 6.7% 和 5.37%；青藏区最低，仅为 468 万吨，占总量的 0.57%。

1.2.1.2 主要用途、用量以及所占比例等情况

秸秆是工业、农业的重要生产资源，可用作肥料、饲料、生活燃料以及造纸等工业原料，用途广泛。因此，评价可能源化利用的秸秆资源量时，需扣除当地秸秆资源的竞争性用途，实际可能源化利用的资源量低于可收集资源量。

调查结果表明，秸秆作为肥料使用量约 1.02 亿吨（不含根茬还田量，根茬还田量约 1.33 亿吨），占可收集资源量的 14.8%；作为饲料使用量约 2.11 亿吨，占 30.7%；作为燃料使用量约 1.29 亿吨，占 18.7%；作为种植食用菌基料量约 1500 万吨，占 2.1%；作为造纸等工业原料量约 1600 万吨，占 2.4%；废弃及焚烧约 2.15 亿吨，占 31.3%。

秸秆各种用途占可收集资源量的比例见图 1-8。

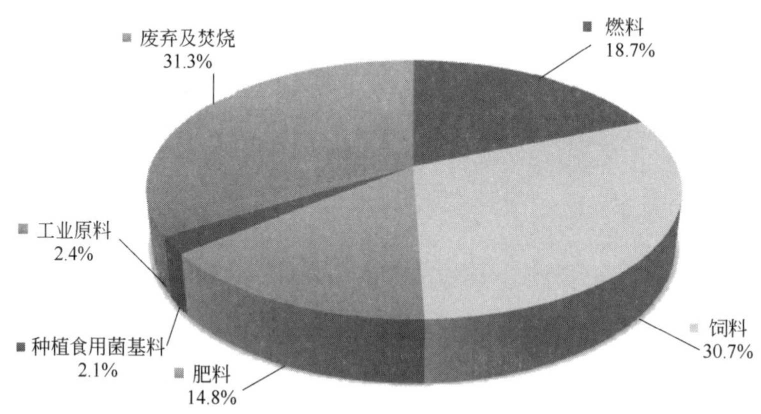

图 1-8 秸秆各种用途占可收集资源量的比例

1.2.2 畜禽粪便

1.2.2.1 资源量和区域分布

畜禽粪便是一类生物质资源，其资源量与畜牧业生产发展情况有关。畜禽粪便主要来源于鸡、牛和猪，不仅浪费资源，而且为环境的主要污染源之一，除少数地方进行处理利用外，80% 的粪便污水被直接排入各类水体环境中。

据 2015 年中国统计年鉴显示，我国畜产品产量平稳增长，图 1-9、图 1-10 和表 1-7 分别为 2005 年以来肉类产量、牲畜年底存栏量及 2014 年全国各省区牛猪羊饲养头数及占比。近 10 年来，猪、牛、羊养殖量是相对稳定的，因此畜禽粪便量的资源潜力也是相对稳定的。

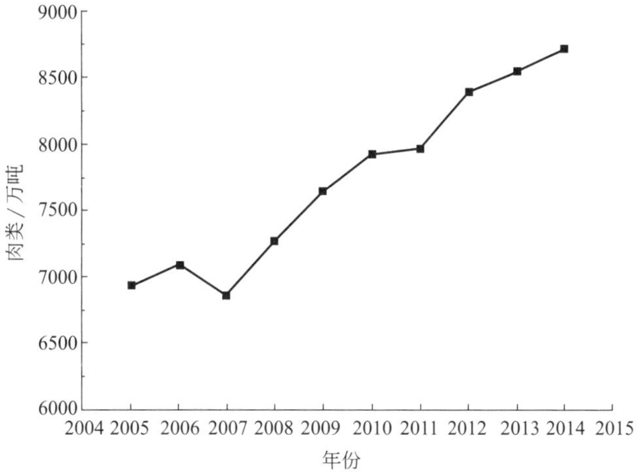

图1-9　我国肉类产量

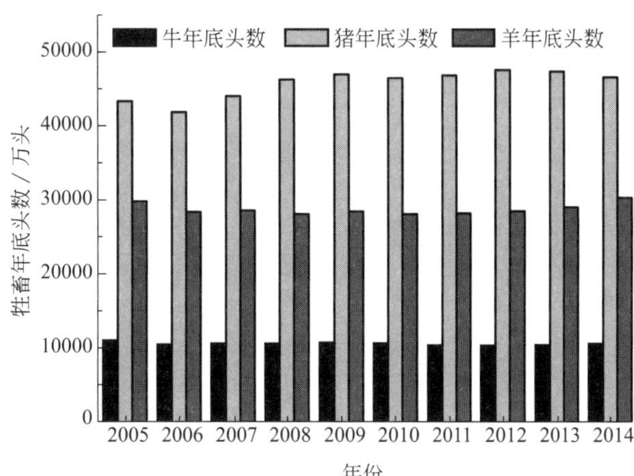

图1-10　我国每年牲畜的年底存栏量（《中国统计年鉴2015》）

表1-7　2014年全国各省区牛猪羊饲养头数及占比

地区	牛		猪		羊	
	年底头数/万	占比/%	出栏头数/万	占比/%	年底头数/万	占比/%
北京市	19.7	0.18	305.8	0.42	68.4	0.23
天津市	30.0	0.28	386.5	0.53	46.8	0.15
河北省	402.4	3.77	3638.4	4.95	1526.4	5.04
山西省	100.9	0.94	837.3	1.14	922.7	3.04
内蒙古自治区	630.6	5.91	930.1	1.27	5569.3	18.37
辽宁省	361.8	3.39	2839.4	3.86	793.5	2.62
吉林省	430.9	4.04	1721.1	2.34	410.8	1.36
黑龙江省	502.2	4.70	1921.0	2.61	856.8	2.83
上海市	5.9	0.06	243.1	0.33	28.1	0.09

续表

地区	牛		猪		羊	
	年底头数/万	占比/%	出栏头数/万	占比/%	年底头数/万	占比/%
江苏省	30.6	0.29	3073.6	4.18	413.8	1.37
浙江省	15.8	0.15	1724.5	2.35	111.4	0.37
安徽省	152.7	1.43	3089.2	4.20	642.7	2.12
福建省	67.8	0.63	1990.5	2.71	121.4	0.40
江西省	305.1	2.86	3325.7	4.52	57.3	0.19
山东省	495.4	4.64	4955.1	6.74	2174.6	7.17
河南省	918.2	8.60	6310.0	8.58	1886.0	6.22
湖北省	352.3	3.30	4475.1	6.09	469.9	1.55
湖南省	456.8	4.28	6220.3	8.46	529.0	1.75
广东省	342.0	3.20	3790.8	5.16	39.8	0.13
广西壮族自治区	448.6	4.20	3518.0	4.79	201.6	0.67
海南省	79.1	0.74	588.5	0.80	68.0	0.22
重庆市	140.7	1.32	2150.8	2.93	209.6	0.69
四川省	983.9	9.21	7445.0	10.13	1750.7	5.78
贵州省	495.9	4.64	1845.3	2.51	337.4	1.11
云南省	750.8	7.03	3496.5	4.76	1008.0	3.33
西藏自治区	613.3	5.74	15.2	0.02	1457.1	4.81
陕西省	150.6	1.41	1231.4	1.68	700.2	2.31
甘肃省	454.6	4.26	722.3	0.98	1960.5	6.47
青海省	452.9	4.24	140.5	0.19	1457.1	4.81
宁夏回族自治区	103.1	0.97	101.2	0.14	612.0	2.02
新疆维吾尔自治区	383.9	3.60	475.5	0.65	3884.0	12.81
全国	10678.0	100.00	73507.7	100.02	30314.9	100.03

我国有大中型奶牛、猪、鸡养殖场约 6300 家，猪、牛养殖年出栏 8.89 亿头，蛋鸡、肉鸡 87.9 亿只，畜禽粪便主要来自牛、猪和鸡，可按其存栏数及不同月龄的日排粪量，估算出实物量、可开发量以及标煤的折算量。

据《中国统计年鉴 2015》显示，我国 2014 年生猪年底存栏量 46582.7 万头，比上年同期略有下降，而牛年底存栏量为 10578 万头，比上年同期增长 192.9 万头，增长 1.8%，羊年底存栏量为 30314.9 万只，比上年同期增加 1278.6 万只，比上年同期增加 4.40%。家禽（含鸡、鸭、鹅等）存栏量为 54299.6 万只。

1.2.2.2 主要用途用量以及所占比例等情况

目前畜禽粪便的应用方式中，厌氧发酵制备沼气是最方便最成熟的使用方式。以产沼气情况计算，畜禽粪便的有关参数如表 1-8 所列[11]。

表 1-8　畜禽粪便的有关参数

项目	猪	牛	羊	鸡	鸭
畜禽粪便的日产量/kg	2	20	2.6	0.069	0.075
畜禽粪便的年产量/kg	730	7300	950	25.2	27.3
粪水日产量/kg	15	75	—	1	1
鲜粪中的干物质比例/%	20	18	40	20	20
单位干物质的沼气产量/(m^3/kg)	0.3	0.2	0.24	0.36	—
可利用系数	1	0.6	0.6	0.6	—

注：1. 干物质是畜禽粪便的水分蒸发掉以后剩下的部分。可通过将畜禽粪便加热到 150℃进行烘干得到。
2. 可利用系数：可利用系数取决于不同的畜禽种类和饲养方式。

根据上述参数和我国家禽的出栏量，可得 2014 年我国畜禽粪便沼气资源潜力的估算表，如表 1-9 所列。主要畜禽粪便的排放量为 18.54 亿吨，其干物质重 2.75 亿吨。如折算标煤，畜禽排放粪便的化学需氧量（COD）近 9500 万吨，约为全国工业和生活污水排放量的 4 倍。不同畜禽粪便的热值不同，牛、猪、鸡分别为 3300kcal/kg、3000kcal/kg 和 4500kcal/kg（1kcal=4185.9J，下同），分别折算的年产能是 4498 万吨、3576 万吨和 1476 万吨标煤，加上羊粪的产能量 1482 万吨标煤，合计为 11032 万吨标煤；人的粪便的清运量为 2500 万吨，未处理量为 1592 万吨，年产能约 100 万吨标煤。从技术潜力分析，可生产沼气 733 亿立方米（甲烷含量 58%），折合甲烷生产量 425 亿立方米。

表 1-9　2014 年我国畜禽粪便沼气资源潜力的估算

项目	猪	牛	羊	鸡	合计
年底头(只)数/10^6	466	106	303	12408	
每头(只)粪便排泄量/kg/d	2	20	2.6	0.1	
年排泄物量/Mt	340.1	773.8	287.6	452.8	1854.3
收集系数	1	0.6	0.6	0.6	
干物质含量/%	20	18	40	20	
总干物质质量/Mt	68.0	83.57	69.0	54.34	274.9
单位干物质沼气产量/(m^3/kg)	0.3	0.2	0.24	0.36	
沼气生产的资源潜力/$10^9 m^3$	20.4	16.7	16.6	19.6	73.3

如果不算羊的存栏量，则排放量为 15.67 亿吨，其干物质为 2.06 亿吨，从技术潜力分析可生产沼气 567 亿立方米。

根据畜牧业发展规划，预计全国畜禽粪便量到 2020 年将达到 25 亿吨，届时可收集利用畜禽粪便资源量相当于 1.8 亿吨标煤。但由于畜禽粪便相对秸秆等固体生物质来说，成分复杂，含水率高，能源利用率低很多，所以这些生物质资源作为能源利用的潜力不能简单地按总量计算。

根据 2014 年国家可再生能源中心统计资料，截至 2014 年年底，沼气总量 157 亿立方米，相当于当年天然气消费量的 15%，相当于替代 3697 万吨标准煤。如果按现有潜在资源量计，畜禽粪便资源量的使用量占潜在资源量的 21.42%。

目前，我国畜禽粪便用于能源消费很少，只有少量被用作沼气发酵原料或被风干后燃烧。如果合理利用这一资源，每年可产生沼气700亿立方米，可以补充城乡特别是城镇清洁能源。这对改善城镇生活环境，降低生活能耗，促进人畜健康，建设美丽洁净的社区环境，提高人民生活质量具有重要意义。

1.2.3 林业剩余物

林业剩余物主要包括森林采伐、造材和木材加工产生的林业“三剩物”。采伐剩余物主要包括枝丫、树梢、树皮、树叶等；木材加工剩余物主要来源于木材加工厂产生的剩余物，包括树皮、板皮、边条和下脚料、锯末和刨花等。

1.2.3.1 资源量和区域分布

（1）采伐、造材剩余物

根据对各大林区采伐地的抽样调查，采伐、造材剩余物（包括树干梢头、枝丫和树叶）约占林木生物量的40%。我国目前林木可采伐更新的总生物量为40.5亿吨，按40%估算，林业采伐剩余物的生物质资源量约16.2亿吨。但林木的采伐需要分年度进行，并受采伐限额和其他政策的限制。根据国务院批准的“十二五”期间森林采伐限额，全国每年限额采伐指标为27105.4万立方米（见表1-10），可产生采伐、造材剩余物约10842.16万立方米，按照密度为1.1t/m^3、含水量约50%计算，折合干重约5963.2万吨。

表1-10 全国“十二五”期间年森林采伐限额汇总　　单位：万立方米

单位	合计	按采伐类型				按森林类别		按森林起源		
		主伐	抚育	更新	其他	公益林	商品林	天然林	人工林	
									小计	其中：短轮伐期用材林
全国	27105.4	14118.8	6965.0	1628.7	4392.9	5269.5	21835.9	8275.3	18830.1	7706.8
北京市	40.0	8.5	2.0	17.5	12.0	26.7	13.3	0.8	39.2	7.5
天津市	12.4	1.0	3.0	8.4	0.0	11.2	1.2	0.0	12.4	0.0
河北省	225.2	112.3	49.4	48.0	15.5	88.0	137.2	56.1	169.1	9.4
山西省	144.5	12.2	100.2	6.1	26.0	97.2	47.3	48.9	95.6	6.2
内蒙古自治区	571.2	184.6	174.8	118.7	93.1	225.8	345.4	177.5	393.7	28.7
辽宁省	536.2	217.5	175.7	62.6	80.4	205.8	330.4	104.9	431.3	53.4
吉林省	793.5	223.4	370.3	131.1	68.7	288.1	505.4	383.4	410.1	5.4
黑龙江省	628.0	138.2	279.1	134.1	76.6	344.2	283.8	275.5	352.5	0.0
上海市	3.2	0.8	1.1	1.3	0.0	2.4	0.8	0.0	3.2	0.0
江苏省	155.3	82.4	44.9	19.5	8.5	38.8	116.5	0.0	155.3	13.5
浙江省	635.0	367.3	95.9	94.1	77.7	131.0	504.0	273.8	361.2	38.0

续表

单位	合计	按采伐类型				按森林类别		按森林起源		
									人工林	
		主伐	抚育	更新	其他	公益林	商品林	天然林	小计	其中:短轮伐期用材林
安徽省	857.9	379.6	234.6	71.5	172.2	158.6	699.3	168.5	689.4	36.9
福建省	2550.0	1657.2	428.1	125.4	339.3	310.7	2239.3	740.0	1810.0	672.1
江西省	1996.8	669.2	892.6	6.5	428.5	357.8	1639.0	1178.6	818.2	157.6
山东省	823.2	520.7	270.7	15.9	15.9	117.6	705.6	0.0	823.2	460.9
河南省	577.8	228.6	234.1	32.5	82.6	126.1	451.7	38.2	539.6	76.5
湖北省	1000.6	473.8	343.0	39.2	144.6	163.0	837.6	265.2	735.4	316.7
湖南省	1809.4	1139.5	290.6	96.6	282.7	254.6	1554.8	314.6	1494.8	400.6
广东省	2030.0	1606.0	284.6	59.2	80.2	172.0	1858.0	221.6	1808.4	1146.8
广西壮族自治区	3681.8	3231.6	173.7	30.9	245.6	142.5	3539.3	216.0	3465.8	2769.2
海南省	400.0	259.8	67.9	7.0	65.3	15.8	384.2	0.0	400.0	215.5
重庆市	119.7	51.7	37.4	0.0	30.6	0.0	119.7	38.2	81.5	0.0
四川省	1226.1	772.0	149.9	0.0	304.2	0.0	1226.1	172.9	1053.2	498.0
贵州省	842.3	421.4	246.1	11.7	163.1	82.6	759.7	157.2	685.1	208.0
云南省	3399.1	1075.9	939.8	118.6	1264.8	667.4	2731.7	2024.3	1374.8	509.9
西藏自治区	210.1	34.4	45.5	95.7	34.5	165.2	44.9	210.1	0.0	0.0
陕西省	631.3	25.4	470.4	41.4	94.1	429.0	202.3	415.7	215.6	0.0
甘肃省	111.2	0.0	56.6	7.6	47.0	111.2	0.0	47.8	63.4	0.0
青海省	15.6	0.0	11.6	0.7	3.3	15.6	0.0	7.9	7.7	0.0
宁夏回族自治区	8.3	3.1	4.5	0.7	0.0	4.6	3.7	0.1	8.2	3.1
新疆维吾尔自治区	160.5	0.0	11.7	109.9	38.9	160.5	0.0	22.0	138.5	0.0
新疆生产建设兵团	47.9	4.5	15.1	25.0	3.3	42.6	5.3	5.7	42.2	0.0
内蒙古森工集团	201.9	46.2	123.0	13.8	18.9	60.8	141.1	181.4	20.5	0.0
吉林森工集团	203.1	84.0	84.7	33.6	0.8	71.5	131.6	171.7	31.4	0.0
龙江森工集团	203.9	9.5	135.1	31.7	27.6	94.0	109.9	189.5	14.4	0.0
大兴安岭林业集团	170.0	0.0	115.1	11.8	43.1	84.7	85.3	166.6	3.4	0.0
中国林科院系统	12.4	6.5	2.2	0.4	3.3	L9	10.5	0.6	11.8	2.9
中林集团	70.0	70.0	0.0	0.0	0.0	0.0	70.0	0.0	70.0	70.0

“十二五”期间，我国林业采伐剩余物主要分布在华南区、西南区、华中区和东北区，主要集中在广西壮族自治区、云南省、福建省、广东省、江西省、湖南省、四川省、湖北省等省（自治区）。

（2）木材加工剩余物

2010 年，我国木材产量为 8089.62 万立方米，比 2009 年增长 14.45%。在全部木材产量中，原木产量 7513.21 万立方米，比 2009 年增长 16.01%。另外，2010 年全国原木进口量 3434.8 万立方米，比 2009 年增长 22.4%。因此，2010 年全国原木加工量总计为 10948.01 万立方米。

根据对木材加工厂的抽样调查，综合考虑各地的实际情况，估计木材加工剩余物数量约占原木的 34.4%，因此可推算出全国木材加工剩余物约为 3766.1 万立方米，换算质量为 3389.5 万吨（含水量约 40%），折合干重约 2033.7 万吨。

1.2.3.2 主要用途、用量以及所占比例等情况

（1）采伐、造材剩余物

天然林的采伐剩余物和抚育间伐量受到自然和政策两方面的限制，利用难度很大。其他地区的森林大多是人工林，交通条件比较好，可以充分利用。梢头部分和大枝丫大多被收集综合利用，用于林产品加工，其余多为小枝和树叶，可收集为生物质能源综合利用。据专家判断，可用于能源用途的采伐、造材剩余物约占总量的 20%，为 2385.3 万吨，折合干重 1196.2 万吨。

（2）木材加工剩余物

由于我国木材加工制造业的迅速发展，木材需求量远远超过了供应量，木材加工剩余物中的板条、板皮、边角废料、刨花等基本上用于再加工，例如生产刨花板、纤维板、造纸等，锯末一部分再加工利用，一部分作为工厂的燃料就地利用。目前，木材加工剩余物总量中，大多用于生产纤维板、制浆造纸等，少量用作燃料，目前可利用资源量约占 30%，为 1016.9 万吨，折合干重 610 万吨。

综上所述，我国林业“三剩物”可能源化利用资源量折合干重 1806.2 万吨。

1.2.4 能源植物资源

能源植物资源主要包括甜高粱、木薯、甘薯、菊芋等生产燃料乙醇的原料，以及黄连木、小桐子、光皮树、文冠果和油棕等生产生物柴油的原料。

1.2.4.1 甜高粱

甜高粱，也叫芦粟、甜秫秸、甜杆和糖高粱等，是禾本科高粱属粒用高粱的一个变种，具有光合效率高、生物产量高和抗逆性强、适应性广等特点。甜高粱茎秆富含糖分，汁液锤度 15%～21%，一般亩产茎秆 4 吨左右，籽粒产量 150～400 千克/亩（1 亩＝666.7m^2，下同）。茎秆纤维含量 14%～18%，亩产纤维达 600～1000 千克。

① 光合效率高。甜高粱属于碳四（C_4）作物，其 CO_2 浓度的补偿点接近 0，当 CO_2 浓度达到 1×10^{-6} 时，便可积累光合产物；当 CO_2 浓度高达 1000×10^{-6} 时，光合作用仍在增强。

② 抗旱、耐涝、耐盐碱、耐高温、耐瘠薄。甜高粱有作物中的“骆驼”之称。甜高粱可忍受的盐浓度为 0.5%～0.9%。甜高粱也很耐涝，遭洪水浸泡 1 周，大水退后能很快恢复生长。甜高粱对土壤的适应能力很强，pH 值从 5.0 到 8.5，均能很好生长。适应栽培的区域广泛，10℃以上积温 2600～4500℃的地区（从海南岛至黑龙江），均可栽培。

甜高粱在我国各地均有种植，但种植规模还不大，相对比较分散，以北方为主，大部分为零星种植。20 世纪 70 年代中期，食糖短缺引发了对甜高粱的关注，从国外大量引进甜高粱品种，并进行品种改良和制糖酿酒试验等综合利用研究。改革开放后，食糖问题得到解决，甜高粱主要作为饲草和能源作物被利用[12,13]。

1.2.4.2 木薯

木薯属于大戟科木薯属植物，起源于热带美洲巴西与哥伦比亚干湿交替的河谷。木薯是全球三大薯类作物之一，种植面积 1700 余万公顷（$1hm^2=0.01km^2$，下同），仅次于马铃薯，大于甘薯，分布于南北纬 30°之间，海拔 2000m 以下，为热带地区重要的热能来源，有 6 亿多人口以木薯为食。

木薯具备独特的生物学适应性和经济价值。

① 超高的光、热、水资源利用率。单位面积的生物能产量较高，10 个月周期木薯块根鲜薯的单产可以达到 $90t/hm^2$，块根平均干物率为 42%，淀粉率 30%左右，经济系数为 0.55，即相当于可以生产块根干物质 $37.8t/hm^2$，淀粉 $27t/hm^2$ 和总生物量 $64.8t/hm^2$。

② 抗旱、耐瘠薄、适应性强。木薯具有突出的土壤养分和水分利用率，能够生长在贫瘠土壤中，具有度过严重干旱期、在雨季到来迅速生长发育的遗传特性。

③ 块根淀粉率高。其块根淀粉含量一般在 26%～34%，高于甘薯和马铃薯，并且淀粉粒较大，透明度、黏度高，适合于制造优质变性淀粉。

木薯引入我国栽培有 180 年历史，主要分布于广西壮族自治区、广东省、海南省、云南省和福建省的部分地区。传统意义上，它是我国热带、亚热带地区的地下粮仓，同时又是廉价的淀粉原料。其中，广西壮族自治区木薯种植面积和产量均占全国的 60%以上，是全国最大的木薯生产区。2010 年我国木薯种植面积达 40.84 万公顷，总产量为 902.25 万吨。受益于品种改良等科技手段，我国木薯的单产有所提高，从 2000 年的 $14.71t/hm^2$，提高到 2008 年的 $18.83t/hm^2$。总产量的 90%用于淀粉生产。

1.2.4.3 甘薯

甘薯又称番薯、白薯、红薯、山芋、地瓜、红苕等，是旋花科甘薯属的一个栽培种，具有蔓生习性的一年生或多年生草本植物。地上部茎叶可作为蔬菜，干茎叶可作为饲料。地下部块根是主要经济器官。具有生物产量高、抗逆性强、适应性广等特点，一般鲜薯产量 19.5～37.5t/hm^2，高产田可达 60t/hm^2 以上，淀粉含量 20%左右，约 9t 甘薯可生产 1t 燃料乙醇。甘薯耐旱性极强，在其他作物难于生长的地方甘薯仍能有一定的产量，是理想的开荒先锋作物[14]。

作为生产燃料乙醇的原料，甘薯具有以下优点。

① 经济产量高。我国甘薯每公顷平均产量为 21.3t，试验产量已有每公顷超过 75t 的报道，但大面积种植每公顷平均产量 45t，按照 30%干物率计算，每公顷可生产薯干 13.5t。

② 能量产量高。甘薯的单位面积能源产量达到 10.4×10^4 kcal/(hm^2 · d)，远高于马铃薯、大豆、水稻、木薯和玉米，约是玉米的 3 倍。

③ 适应性广。在我国，南自海南省，北达黑龙江省，东到沿海各省，西及陕西省至陇南高原，西南至四川盆地和云贵高原，西北达新疆吐鲁番、和田等地均可种植，而且特别适宜丘陵山区、旱地、山坡地和盐碱地种植。

④ 乙醇转化效率高。3t 甘薯干可生产 1t 乙醇。

甘薯从 1594 年传入我国，已有 400 多年的栽培历史。我国是世界最大的甘薯生产国。在我国的农作物生产中，甘薯仅次于水稻、小麦和玉米，居第四位。据联合国粮食及农业组织（FAO）统计，2011 年我国甘薯收获面积为 349.09 万公顷，总产量 7556.8 万吨，平均单产为 21.65t/hm^2，远高于世界平均水平。我国甘薯分布很广，四川盆地、黄淮海、长江流域和东南沿海各省是甘薯主产区。据统计，在我国甘薯直接被用作饲料的占 50%，工业加工占 15%，直接食用占 14%，用作种薯占 6%，另有 15%因保藏不当而霉烂。

1.2.4.4 菊芋

菊芋俗称洋姜、鬼子姜，原产于北美洲，属菊科向日葵属的多年生草本植物（能形成地下块茎的栽培种）。菊芋地下块茎富含菊糖等果糖多聚物，是由大约 3～60 个果糖单位和 1 个葡萄糖单位组成的线状聚合物，新鲜块茎中含 10%～20%菊粉，平均含量约 15%。

菊芋适应性强，耐贫瘠，耐寒，耐旱；种植简易，一次播种多次收获；产量高。每亩普通地可产菊芋块茎 2～4t；条件较好的情况下，可以达到 5～8 吨/亩的高产。菊芋块茎在 6～7℃时萌动发芽，8～10℃出苗，幼苗能耐 1～2℃低温，18～22℃和 12 小时日照有利于块茎形成，块茎可在－40～－25℃的冻土层内安全越冬。菊芋具有耐寒、耐旱，抗风沙，繁殖力强，保持水土，管理简单等优良生长特性。将菊芋引种在荒地、坡地，可以不占用耕地良田，还能保护生态环境。

菊芋原产于北美，经欧洲传入我国，分布广，在我国南北各地均有栽培。目前，菊芋在我国只有零星种植，多年来加工腌菜食用，附加值低、利用量小。在内蒙古自治区、甘肃省、新疆维吾尔自治区等地虽有几家菊芋深加工企业，但因技术落后，缺少竞争力，与欧洲同类产品差距很大。

1.2.4.5 木本油料作物

中国的木本油料资源比较丰富，经初步查明，有 151 科 697 属 1554 种，其中种子含有量在 40%以上的植物有 150 多种，主要木本油料林面积 420.6 万公顷，产量为 559.4 万吨（见表 1-11）。

表 1-11 中国主要木本油料作物树种及分布

树种	面积/10^4hm^2	产量/10^4t	分布区域
油桐	77.93	227	黔、湘、陕、川、闽
乌桕	2.70	5.97	黔、鄂、川、陕
漆树	10.68	31.84	陕、黔、鄂、渝、甘、滇
核桃	6.80	36.5	冀、陕、晋、新
油茶	286.80	204.98	湘、赣、桂、浙、闽
小桐子	2.00	19.62	川、云、黔
黄连木	28.47	32.0	鲁、冀等
油橄榄	2.03	0.1	川、赣、渝
油樟	2.32	0.3	川、闽
岩桂	0.68		川
青刺果	0.15	0.04	滇
文冠果	0.06	0.12	琼
香果	0.01	0.9	琼
合计	420.63	559.37	

注：资料来源于《中国林业统计年鉴 2005》和“全国经济林面积、产量统计表”。

从目前的资源状况来看，除少数一些树种在局部自然分布相对集中外，其余大部分呈零散分布，收集成本高，难以形成规模化经营。其中，在已查明的木本油料作物中，分布集中连片可作为原料基地，并能利用荒山、沙地等宜林地进行造林，建立 30 多种乔灌木树种规模化的良种繁育基地，包括油棕、无患子、小桐子、光皮树、文冠果、黄连木、山桐子、山苍子、盐肤木、欧李、乌桕、东京野茉莉 12 个树种，其中油棕、无患子等 9 个树种成片分布面积超过 100 万公顷，年果实产量 100 万吨以上，全部加工利用可获得 40 余万吨生物燃油[15,16]。

（1）黄连木

黄连木，漆树科落叶木本油料及用材树种，别名楷木、楷树、黄楝树、药树、药木、黄华、石连、黄木连、木蓼树、鸡冠木、洋杨、烂心木、黄连茶，在温带、亚热带、热带地区均能够正常生长。

黄连木为漆树科落叶木本油料及用材树种，高达 25～30m，胸径 2m，树冠近圆球形；树皮薄片状剥落。冬芽红色，各部分都有特殊气味。叶互生，偶数羽状复叶，卵状披针形。花单性，雌雄异株，花期 3～4 月，先叶开放，果实 9～10 月成熟，核果，径约 6mm，初为黄白色，后变红色至蓝紫色，若红而不紫多为空粒。

黄连木原产于我国，分布很广，都有野生和栽培，北自河北省、山东省，南至广东省、广西壮族自治区，东到台湾省，西南至四川省、云南省，其中以河北省、河南省、山西省、陕西省等地区最多。垂直分布，河北省在海拔 600m 以下，河南省在海拔 800m 以下，湖南省、湖北省在海拔 1000m 以下，贵州省可达海拔 1500m，云南省可分布到海拔 2700m。

黄连木是重要的荒山、荒滩造林树种和观赏树种，也是优良油料及用材树种，种子含油率 40%左右，出油率 20%～30%。初步调查表明，中国黄连木可利用资源量 13.3 万公顷，以种子平均产量 $7.5t/hm^2$ 计，可产种子约 100 万吨，折合油脂约 40 万吨。

（2）小桐子

小桐子是大戟科麻疯树属植物，原产于热带美洲，现广泛分布于世界热带地区。一般树高 2～5m，最高可达 10m。其一般生长于海拔 1600m 以下的河谷荒山荒坡上，喜光，喜暖热气候，可在年降雨量 480～2380mm、年平均气温 17℃以上生存，能耐－5℃短暂低温，不择土壤，耐瘠薄，是热带地区造林绿化的优良树种。小桐子一般 4～5 月抽梢展叶，12 月～次年 1 月落叶，在气温较高的地区一年开花结实 2 次，产量以第一次为主。小桐子单果重 3.6～4.0g，每果一般有种子 2～3 枚，种子重量占果重的 1/2 稍多。种子含油率 35%～50%，最高可达 60%以上。

我国现有小桐子资源大部分为野生或半野生，主要分布在四川省、贵州省、云南省、海南省和台湾省等地区。在海南省中线、西线地区小桐子分布较多，东线地区较少，都分布在各乡、镇区域，基本为人工栽植和半野生状态，呈现零星分布的特点。近几年，随着生物柴油开发的兴起，人工培育小桐子越来越得到重视。根据各地上报数据，目前全国人工种植小桐子面积约 2 万公顷，主要集中在四川省、贵州省和云南省，但大都为生态林，急需加以改造，以提高单位面积结实量。

小桐子属多年生植物，可一次种植多年收获，丰产期可达 30 年，一般亩产 300～500 千克，产油率 30%～50%。我国攀西地区现有小桐子 40 万亩，是我国最大种植区域。

（3）光皮树

光皮树属于山茱萸科梾木属，别名光皮梾木、斑皮抽水树，是一种理想的多用途油料树种。

光皮树喜光，耐寒，喜深厚、肥沃而湿润的土壤，在酸性土及石灰岩土壤中生长良好。光皮树树干挺拔、清秀，树皮斑驳，枝叶繁茂，深根性，萌芽力强，抗病虫害能力强，寿命较长，超过 200 年。实生苗造林一般 5～7 年始果，人工林林分群体分化严重，产量高低不一，嫁接苗造林一般 2～3 年始果，结果早，产量高，树体矮化，便于经营管理。光皮树分布于长江流域至西南各地的石灰岩区，黄河及以南流域也有分布。

光皮树油含油酸和亚油酸高达 77.15%（其中油酸 38.3%、亚油酸 38.85%），所生产的生物柴油理化性质优良（如冷凝点和冷滤点）；同时可以利用果实作为原料直接加工（冷榨或浸提）制取原料油，加工成本低廉，得油率高。采用嫁接苗栽植

2～3年后可开花结果，盛果期50年以上，寿命可达200年以上。大树每年平均产干果50kg，干全果含油率33%～36%。

（4）文冠果

文冠果属于无患子科文冠果属落叶小乔木或大灌木，别名文冠木、文官果、土木瓜、木瓜、温旦革子。

文冠果天然分布于北纬32°30′～46°、东经100°～127°，垂直分布可在2300～2500m，即北到辽宁省西部和吉林省西南部，南自安徽省萧县及河南省南部，东至山东省，西至甘肃省宁夏回族自治区。集中分布在内蒙古自治区、陕西省、山西省、河北省、甘肃省等地，辽宁省、吉林省、河南省、山东省等地区均有少量分布。在黑龙江省南部、吉林省和宁夏回族治区等地区还有较大面积的栽培树林。在垂直方向上，文冠果分布于海拔52～2260m，甚至更高的区域。

文冠果是我国特有的优良木本油料树种，种子含油量为45%～50%，种仁含油量为70%。它在播种当年就有花芽形成，2～3年就可开花结果，10年生树每株产果50kg以上，30～60年单株产量也在15～35kg。

（5）油棕

油棕属于棕榈科油棕属，热带木本油料作物。原产于热带非洲，自然分布于北纬13°～南纬12°的热带雨林到热带草原的过渡地带。油棕果含油量高达50%以上，一株油棕每年可产棕榈油30～40kg，每亩产棕榈油可达100～200kg。采用优良品种，小面积亩产棕榈油可高达600多千克。油棕亩产油量是椰子的2～3倍，是花生的7～8倍，所以被人们誉为“世界油王”。由于油棕的油脂产量特高，且用途比较广泛，所以近百年来热带和亚热带地区竞相引种。

油棕果实中含两种不同的油脂，从果肉中获得棕榈油，从棕榈种子（仁）中得到棕榈仁油。在马来西亚，已到成熟期的油棕一般每年每公顷平均毛产量是3.7t棕榈油。每公顷油棕所生产的油脂比同面积的花生高出5倍，比油菜籽高出6倍，比大豆高出9倍。

棕榈油呈深橙红色，常温下呈半固态，其稠度和熔点在很大程度上取决于游离脂肪酸的含量。国际市场上把游离脂肪酸含量较低的棕榈油叫作“软油”，把游离脂肪酸含量较高的棕榈油叫“硬油”。

我国海南省、广东省、广西壮族自治区、云南省等地区也于1926年开始种植油棕，主要种植在海南省的南部和西部，云南省西双版纳自治州也有少量种植。

1.2.5 其他生物质资源

废食用油脂类是指由于化学降解（氧化作用、氢化作用等）破坏了食用油脂原有的脂肪酸和维生素或由于污染物（如苯类、丙烯醛、己醛、酮等）的累积，而不再适合于食品加工的油脂，主要为废植物油，也包含少量动物脂。废食用油脂主要来源于家庭烹饪、餐饮服务业和食品加工工业（如油炸工序）。

依据产生源特点和收集方式的不同，废食用油脂可分为以下 3 类：

① 第 1 类，食品生产经营和消费过程中产生的不符合食品卫生标准的动植物油脂，如菜酸油和煎炸老油。

② 第 2 类，从剩余饭菜中经过油水分离得到的油脂，俗称“潲水油”或“泔水油”。

③ 第 3 类，在餐具洗涤过程中流入下水道，经油水分离器或者隔油池分离处理后产生的动植物油脂等，俗称“地沟油”或“垃圾油”。

其中，第 1 类废食用油脂产生源集中，成分较单一，水和杂质含量较少，便于定点收集、分类收集和回收利用；后两类废食用油脂产生点较分散，成分复杂，水和杂质含量高，需经预处理后才可进一步回收利用。

第 1 类废食用油脂（如菜酸油和煎炸老油）便于定点分类回收，也是主要的回收对象。而另外两类废食用油脂（包括“潲水油”和“地沟油”）的回收更为困难，具体回收的数量、回收途径和回收用途无法估计，其非法回收利用是废食用油脂造成人体健康和环境风险的主要原因。废食用油脂中混有大量的污水、垃圾、洗涤剂，经非法加工，根本无法去除细菌和有害化学成分；废食用油脂经过多次反复油炸、烹炒后，含有大量的致癌物质，如苯并芘、黄曲霉素等，其中废食用油脂中所含的黄曲霉素毒性是砒霜的 100 倍，长期食用会导致慢性中毒，容易患上肝癌、胃癌、肠癌等疾病。其有毒有害成分将会破坏白细胞和消化道黏膜，导致肝脏损害，引起食物中毒，甚至致癌。废食用油脂经下水道进入城市污水处理厂或自然水体，会堵塞排水管道、影响污水处理厂的正常运行和破坏自然水体的生态等。

废食用油脂是一种严重超标的酸败油脂，同时它也是一种可循环利用的资源，可利用废食用油脂作原料，来生产生物柴油。

据国家粮油信息中心数据显示，2011 年我国食用油的消费量达 2515 万吨，人均年消费量已达 20.5kg，已经达到世界人均 20kg 的水平。按照每消耗 1kg 食用油脂产生 0.175kg 废食用油脂，废食用油脂的回收率按 50%计算，2010 年我国可回收废食用油脂 220 万吨。应用废食用油脂制备生物柴油，废食用油脂的转化效率一般不小于 85%，如果这些废食用油脂都用来制备生物柴油，2010 年可得到生物柴油 187 万吨。

除法国外，各国废弃植物油的脂肪酸组成类似。其中，动物脂、潲水油和菜酸油的游离脂肪酸含量（约 14%）及饱和脂肪酸含量（26%～50%）非常高。废食用油脂的游离脂肪酸含量远高于食用油标准，这是由于食用油脂在煎炸过程中因氧化作用相对饱和度提高（主要发生在 n-3 双键位），而甘油三酯则通过水解作用裂解成游离脂肪酸、甘油一酯和甘油二酯。另外，脂肪酸含量受油脂储存时间和储存温度的影响，在 20℃、45℃和 60℃条件下，牛油脂的游离脂肪酸含量随储存时间的增长量分别为 0.002%/d、0.017%/d 和 0.083%/d。60℃时牛油脂 60d 内的游离脂肪酸含量可从 3%增至 8%。

此外，尽管近些年来油脂产量总体上在不断增加，但是动物油脂的产量基本上维持不变，油脂产量的增长主要来自植物油脂。目前，对于动物油脂还缺乏统计数据。综合专家调研结果，我国猪油产量约 400 万吨，牛羊油产量约 50 万吨，猪油基本不进行国际贸易，牛羊油进口量约 50 万吨，合计 500 万吨，约占食用油总量的 20%。

参考文献

[1] 何超. 碳基固体酸的制备及其对木质纤维素预处理的研究 [D]. 北京：中国科学院大学，2018.

[2] 李海滨，袁振宏，马晓茜. 现代生物质能利用技术 [M]. 北京：化学工业出版社，2012.

[3] Yan K，Yang Y Y，Chai J J，et al. Catalytic reactions of gamma-valerolactone：A platform to fuels and value-added chemicals [J]. Applied Catalysis B：Environmental，2015，179：292-304.

[4] 张继泉，王瑞明，孙玉英. 利用木质纤维素生产燃料酒精的研究进展 [J]. 酿酒科技，2003(1)：39-41.

[5] 马晓建，李洪亮，刘利平. 燃料乙醇生产与应用技术 [M]. 北京：化学工业出版社，2007.

[6] 李菡，赵亚华，高峥. 基础生物化学 [M]. 北京：高等教育出版社，2015.

[7] 全球新能源发展报告 2016 [R]. 北京：汉能控股集团与全国工商联新能源商会，2016.

[8] 王琼. 木质纤维素分级解聚及同步产醛糖的研究 [D]. 北京：中国科学院大学，2017.

[9] 路鹏，江滔，李国学. 木质纤维素乙醇发酵研究中的关键点及解决方案 [J]. 农业工程学报，2006，22(9)：237-240.

[10] Liu Z，Wang JP，Zhang LF，et al. Production of ethanol by simultaneous saccharification and fermentation from cassava [J]. Chinese Journal of Process Engineering，2005，5(3)：353.

[11] USDA Natural Resources Conservation Services. Agricultural Waste Management Handbook(210-VI-AWMFH，2009 年修订版).

[12] 王鼐，刘洪欣，石贵山，等. 吉林省甜高粱的发展历程与展望 [J]. 园艺与种苗，2008，28(3)：143-144.

[13] 赵立欣，张艳丽，沈丰菊. 能源作物甜高粱及其可供应性研究 [J]. 可再生能源，2005，23(4)：37-40.

[14] 傅学政，朱薇，管天球. 我国红薯生产燃料乙醇的综合效益分析 [J]. 湖南科技学院学报，2006，27(11)：183-185.

[15] 傅学政，管天球，许朝晖，等. 醇基燃料高效燃烧技术研究 [J]. 湖南科技学院学报，2006，27(5)：73-75.

[16] 赵宗保，华艳艳，刘波. 中国如何突破生物柴油产业的原料瓶颈 [J]. 中国生物工程杂志，2005，25(11)：6-11.

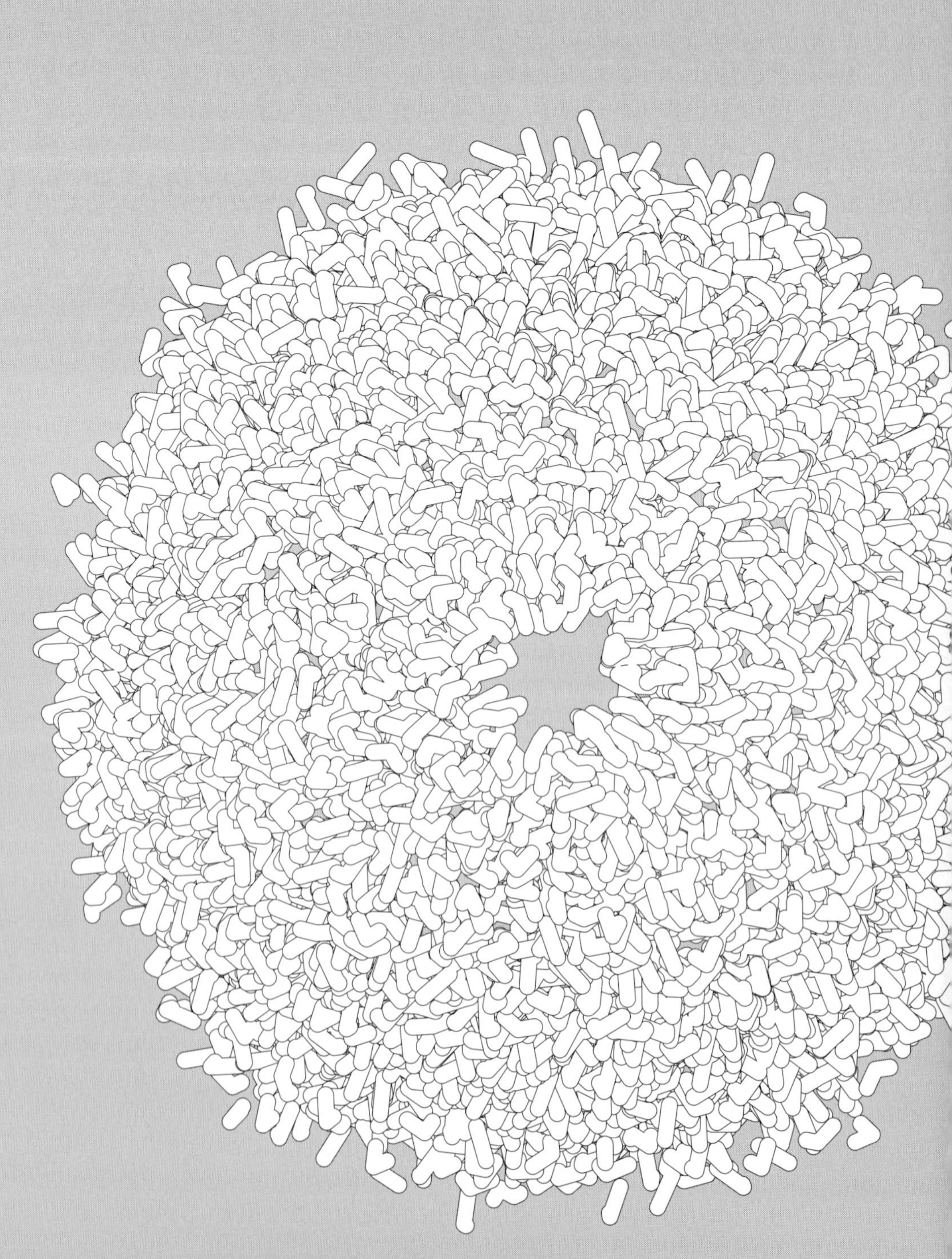

第2章

农作物秸秆资源

2.1 资源量和空间分布

2.2 资源利用现状

2.3 能源化利用潜力分析

参考文献

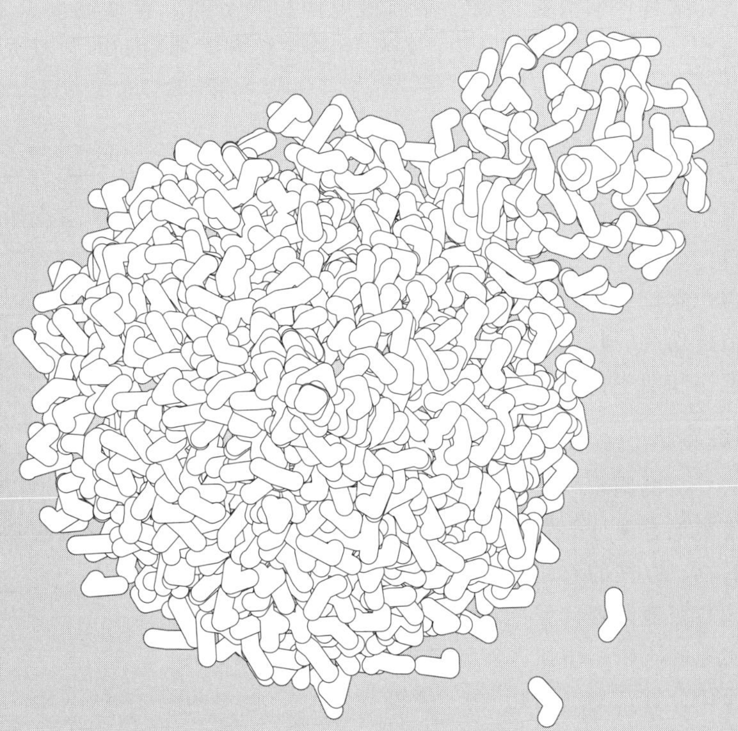

2.1 资源量和空间分布

2.1.1 资源量估算方法

资源量估算中采用理论资源量、可收集资源量、可利用资源量三个概念。理论资源量是利用播种面积和草谷比等因素计算得到的某一区域农作物秸秆年总产量，表明理论上该地区每年可能产生的秸秆资源量。可收集资源量指某一区域利用现有收集方式收集获得可供实际利用的农作物秸秆量。可利用资源量是某一区域可供实际利用的农作物秸秆资源量。

2.1.1.1 调查内容

（1）基本情况

基本概况包括行政区面积、村镇数量与分布、乡村人口数、农户数等；主要经济指标包括国内生产总值、农民人均纯收入、劳动力成本等；气候状况包括近三年的平均气温、平均相对湿度、降雨量、无霜期等；交通运输状况包括当地的公路和水路运输条件及运输成本等。

（2）农作物秸秆生产情况

农作物种植情况包括近三年的耕地面积与分布，耕作制度，主要农作物品种、播种面积、产量和收获时间等；农作物的收获方式和时间，包括人工收获和机械收获的秸秆割茬高度和面积等。

（3）农作物秸秆的利用现状

秸秆作为饲料利用的情况；秸秆还田面积和数量；秸秆作为农村居民生活燃料的情况；秸秆其他竞争性用途，包括造纸、建材、编织、种植食用菌等工副业的生产原料。

（4）农作物秸秆的经济性

秸秆现有的收集、存储和运输模式；秸秆的现有收集成本及构成；农户出售秸秆的意愿和期望价格等。

2.1.1.2 调查方法

（1）文案调查（文献调查法）

收集地方统计部门定期发布的统计公报、统计年鉴、发展规划、政府公告、公开出版物、以往的农作物秸秆资源调查报告等文献资料。

（2）实地调查（现场观察法）

实地调研采用座谈、实地考察和问卷调查等形式。

座谈分县、乡（镇）、村三级进行：

① 县级座谈：参与的部门包括农技推广、土肥、畜牧和农村能源等部门，通过了解所调查县的秸秆资源现状，选出典型调查乡镇。

② 乡（镇）级座谈：了解所选乡镇的秸秆资源现状，并在每个乡镇挑选 2 个以上具有代表性的自然村进行调查。

③ 村级座谈：了解所选村的秸秆资源，根据情况选择不少于 15 户进行入户调查。

根据当地的经济发展状况、地理位置、种植结构以及秸秆利用方式的不同，分别选取占总乡镇数量 20%～25%的乡镇，每个乡镇选取 1～2 个自然村，每个自然村选取不少于 15 户农户进行问卷调查。调查人员携带调查表入户调查，确保获得准确、完整的数据。其中，选择所调查乡镇和村庄时，需考虑经济（发达、较发达、不发达）、农民收入（高、中、低）、农作物品种及播种面积，是否具有典型性等因素。

2.1.1.3 农作物秸秆的特性试验

（1）取样时间

一般在农作物收获时直接取样，与各种农作物的收获时间有关。

（2）取样地块的确定

当地栽培面积最大、普遍推广，且在其播种期、栽培期适宜当地环境的品种，选择当地具有代表性的地形、地势、耕作制度和栽培水平的大田，且周围无障碍和特种小气候影响的地块进行取样。

（3）取样方法

按照 GB/T 5262 进行取样。平作和垄作作物，每点取 1m^2 面积内的植株（垄作作物在一条垄上割取）；平作作物每点割取 5 行 5 穴，具体取样方式按当地实际条件进行调整。

（4）取样过程

① 根据农作物的收获方式的不同，分别测量各种收获方式的秸秆割茬高度。

② 在取样地块里采用对角线分割 5 点进行取样。将每点的农作物秸秆地上部分整株割下，测量株高并记录。

③ 将作物收割保存，待全部收获后将收割的样本晾晒、烘干、脱粒后分别称取秸秆和籽粒的重量。

④ 首先按照 GB 3523 测定籽粒的含水量和杂质率，再按照书后附录的试验方法测定秸秆的含水量。

⑤ 分别计算各样品的草谷比，并取平均值。其中，秸秆含水量按风干（约 15%）计，籽粒含水量调整至国家标准水杂率，粮食一律按脱粒后的原粮计算，棉花产量按皮棉计算，豆类按去豆荚后的干豆计算，薯类按 5kg 鲜薯折 1kg 粮食计算。

⑥ 按照 NY/T 12 测定农作物秸秆的发热量。

（5）补充调查

当实地调查完成以后，应对所收集的数据进行整理和计算，使调查的资料成为可供分析、预测的信息。对调查中发现的问题，应及时调整、修改调查内容，进行补充调查。

2.1.1.4 评价指标和计算方法

（1）理论资源量

农作物的分布比较分散，通常均匀地分布在某一地区，并与当地的自然条件、生产情况有关，统计起来比较困难。一般根据农作物产量和各种农作物的草谷比大致估算出各种农作物秸秆的产量，计算公式为：

$$P=\sum_{i=1}^{n}\lambda_i G_i \tag{2-1}$$

式中 P——某一地区农作物秸秆的理论资源量，t/a；

i——农作物秸秆的编号，$i=1,2,\cdots,n$；

G_i——某一地区第 i 种农作物的年产量，t/a，稻谷按早稻、中稻和一季晚稻以及双季晚稻分别计算；

λ_i——某一地区第 i 种农作物秸秆的草谷比。

某一地区某种农作物秸秆的草谷比的计算公式为：

$$\lambda_i=\frac{m_{i,\mathrm{S}}(1-A_{i,\mathrm{S}})/(1-15\%)}{m_{i,\mathrm{G}}(1-A_{i,\mathrm{G}})/(1-12.5\%)} \tag{2-2}$$

式中 $m_{i,\mathrm{S}}$——第 i 种农作物秸秆的质量，kg；

$m_{i,\mathrm{G}}$——第 i 种农作物籽粒的质量，kg；

$A_{i,\mathrm{S}}$——第 i 种农作物秸秆的含水量；

$A_{i,\mathrm{G}}$——第 i 种农作物籽粒的含水量和杂质率；

15%——秸秆风干时的含水量；

12.5%——国家标准水杂率。

（2）可收集资源量

在农作物收获过程中，许多农产品需要留茬收割；在秸秆收割以及运输过程中，也会发生部分枝叶脱落而造成损失。考虑到收集过程中的损耗，可收集资源量与理论资源量并不相同，受收集方式、气候等因素的影响，其计算公式为：

$$P_{\mathrm{c}}=\sum_{i=1}^{n}\eta_{i,1}(\lambda_i G_i) \tag{2-3}$$

式中 P_{c}——某一地区农作物秸秆可收集资源量，t；

$\eta_{i,1}$——某一地区第 i 种农作物秸秆的收集系数。

考虑到秸秆的收集方式、割茬高度以及运输过程中的损失，可通过实地调查作物割茬高度占作物株高比例和秸秆枝叶损失率，按式（2-4）计算农作物秸秆的收集系数：

$$\eta_{i,1}=[(1-L_{i,\mathrm{jc}}/L_i)J_i+(1-L_{i,\mathrm{sc}}/L_i)(1-J_i)](1-Z_i) \tag{2-4}$$

式中 L_i——第 i 种农作物的平均株高，cm；

$L_{i,\mathrm{jc}}$——机械收获时第 i 种农作物的平均割茬高度，cm；

$L_{i,sc}$——人工收获时第 i 种农作物的平均割茬高度，cm；

J_i——第 i 种农作物机械收获面积占总收获的比例；

Z_i——第 i 种农作物在收获及运输过程中的损失率。

（3）收集成本

$$C_i = C_{i,1} + C_{i,2} \tag{2-5}$$

式中　C_i——某一地区第 i 种农作物秸秆的收集成本，元/t；

$C_{i,1}$——某一地区第 i 种农作物秸秆的收购成本，元/t；

$C_{i,2}$——某一地区第 i 种农作物秸秆的运输成本，元/t。

秸秆运输成本的计算公式为：

$$C_{i,2} = c_{i,2} L \tag{2-6}$$

式中　$c_{i,2}$——某一地区第 i 种农作物秸秆的单位运输成本，元/(t·km)；

L——运输距离，km。

（4）可利用资源量

秸秆作为农作物的副产品，是工业、农业的重要生产资源，可用作肥料、饲料、燃料以及造纸、建材、编织、种植食用菌等工副业的生产原料。因此，评价可利用资源量时，除了扣除为保证土壤肥力的秸秆还田（或过腹还田）量外，还需要考虑当地秸秆资源现有的竞争性用途，实际可利用资源量低于可收集资源量，即：

$$P_e = \sum_{i=1}^{n} \eta_{i,2} \eta_{i,1} (\lambda_i P_i) \tag{2-7}$$

式中　P_e——某一地区农作物秸秆资源可利用资源量，t；

$\eta_{i,2}$——某一地区第 i 种农作物秸秆的可利用系数。

农作物秸秆可利用系数通常在实地调查过程中，扣除保障土壤肥力的直接还田、用于能源（不含农户家庭生活用能低效燃烧方式）、养畜、造纸、种菇以及工业原料等用途，按下式计算：

$$\eta_{i,2} = 1 - \sum_{j=1}^{m} \mu_{i,j} \tag{2-8}$$

式中　j——秸秆的利用方式，主要包括秸秆直接还田、用于能源（不含农户家庭生活用能低效燃烧方式）、养畜以及工业用途，$j=1,2,\cdots,m$；

$\mu_{i,j}$——第 i 种农作物秸秆第 j 用途使用量占可收集资源量的比例，综合实地调查结果而得。

（5）人均秸秆资源占有量

人均资源占有量表明秸秆资源的相对丰富程度。指标越高，则该地区的秸秆资源相对越丰富；指标越低，则该地区的秸秆资源相对匮乏。

$$p_e = \frac{P_e}{10R} \tag{2-9}$$

式中　p_e——某一地区人均可利用秸秆资源占有量，kg/人；

R——某一地区乡村人口总数，万人。其他参数同前。

（6）可利用资源密度

从资源收集的角度来看，这一指标越高，则秸秆资源集中度高，收集半径小，收集成本低，资源化利用的经济性好，适合于规模化开发利用方式。其计算公式为：

$$\overline{P}_e = P_e / S \tag{2-10}$$

式中 $\overline{P}_e$——某区域农作物的资源密度，t/hm^2；

P_e——某区域农作物秸秆的可利用资源量，t；

S——分别取某区域的国土面积、耕地面积或农作物播种面积，hm^2。

2.1.1.5 评价方法

在完成资源调查后，将按照下述步骤对该区域的秸秆资源进行评价。评价过程中，如果发现问题，应及时反馈，并进行补充调查。

（1）秸秆资源量评价

① 根据上述调查结果，包括农作物草谷比、播种面积、产量、收集系数等，分别计算出秸秆理论资源量、可收集资源量；

② 评价秸秆利用现状，计算可利用资源量；

③ 分别选取国土面积、耕地面积和农作物播种面积，计算可利用秸秆资源密度；

④ 计算人均秸秆资源占有量；

⑤ 根据当地的耕作制度及气候条件，计算秸秆资源的有效收集时间。

（2）秸秆利用经济性评价

① 根据当地劳动成本情况和运输状况，计算秸秆的收集成本、收购成本和运输成本；

② 评价不同秸秆利用技术潜力，如秸秆能源化（固体成型燃料、秸秆沼气、秸秆气化等）、秸秆饲料化以及秸秆工业原料化等利用技术，评价内容包括秸秆资源需求数量、收集成本和收集半径等。

（3）秸秆资源未来发展预测

根据当地农业发展规划、发展趋势以及其他竞争性用途的发展趋势，测算未来5～15年秸秆资源可利用资源量。

（4）不确定性分析

不确定性问题影响秸秆资源预期数量的不确定和成本的不确定，在资源评价中必须加以处理。不确定性分析对秸秆资源的开发决策具有重大影响，有时这种影响甚至是决定性的。可采用敏感性分析，考查秸秆资源利用的不确定性。秸秆资源不确定性问题主要包括自然灾害和农业产业结构调整对农业生产的影响、劳动力成本的变化以及新型秸秆资源利用技术的出现等。

2.1.1.6 编写调查与评价报告

报告应包括以下内容：

① 前言，包括调查与评价的目的与意义、调查任务承担单位、调查任务合作单

位、调查区域和时间；

② 调查区的自然环境和社会经济特征；

③ 调查过程；

④ 样品采集分析和数据处理方法；

⑤ 秸秆资源量评价；

⑥ 秸秆经济性评价；

⑦ 秸秆资源的未来发展趋势预测；

⑧ 不确定性分析；

⑨ 结论和建议。

2.1.2 资源种类和数量

农作物秸秆资源主要包括玉米、水稻、小麦、棉花、油菜、花生、豆类、薯类等。2015 年我国主要农作物秸秆总产量为 104273.8 万吨，其中玉米 41200.5 万吨、水稻 23402.0 万吨、小麦 17970.0 万吨、棉花 2796.6 万吨、油菜 2678.1 万吨、花生 1502.6 万吨、豆类 2568.2 万吨、薯类 2148.3 万吨、甘蔗 3651.4 万吨及其他作物 6356.2 万吨；全国秸秆可收集量为 89975.1 万吨；利用量为 72081.9 万吨，综合利用率达到 80.11%[1,2]。

2.1.3 资源空间分布

农作物秸秆资源分布情况与农业种植情况紧密相关，全国主要省、市和地区农作物秸秆产量如表 2-1 所列。

表 2-1　全国各省、市和地区农作物秸秆产量

省份	秸秆产量/万吨	
	理论量	可收集量
北京市	95.9	88.0
天津市	260.1	221.1
河北省	6176.0	5960.0
山西省	2157.8	1876.2
内蒙古自治区	3756.7	3128.3
辽宁省	3200.0	2720.0
吉林省	4864.5	4000.0
黑龙江省	9439.0	8023.0
上海市	165.6	160.5

续表

省份	秸秆产量/万吨	
	理论量	可收集量
江苏省	4129.4	3786.1
浙江省	1377.0	1118.2
安徽省	5571.5	4842.3
福建省	1022.3	792.8
江西省	2979.3	2253.2
山东省	8637.0	7934.0
河南省	9968.0	8096.0
湖北省	3874.3	3300.0
湖南省	4488.0	3590.8
广东省	1767.0	1348.0
广西壮族自治区	4650.8	4563.0
海南省	495.2	495.2
重庆市	1172.2	1064.5
四川省	4289.2	3695.0
贵州省	1977.1	1554.4
云南省	2064.3	1783.4
西藏自治区	152.7	148.7
陕西省	3690.0	3100.0
甘肃省	2536.3	2300.1
青海省	179.9	167.3
宁夏回族自治区	377.7	310.6
新疆维吾尔自治区	4489.4	3816.0
新疆生产建设兵团	1375.1	1308.0
黑龙江农垦区	2894.6	2430.4
合计	104273.9	89975.1

如表2-1所列，秸秆产出大省（市、自治区）主要包括河南省、黑龙江省、山东省、河北省、安徽省等，理论资源量均超过了5000万吨。其次是吉林省、江苏省、湖南省、广西壮族自治区、新疆维吾尔自治区等，理论资源量在4000万吨以上[3~5]。

2.1.4 理化特性

2.1.4.1 秸秆流动特性评价方法

流动特性表征原料的流动性，分为剪切类和流动类。剪切类主要测原料的内摩擦系数。流动类最常用的方法 Carr 流动性指数法，采用堆积角（静态）、压缩率、板勺角、均匀度 4 个指标来评价原料的流动性能，满分为 100 分，4 项指标分别为 25 分。

静态堆积角对流动性评价见表 2-2。

表 2-2　静态堆积角对流动性评价

静态堆积角/(°)	对流动性评价
25～30	优
31～35	良
36～40	一般
41～45	差
＞46	极差

压缩率是原料自然堆积时和振实后的体积变化率，通常用自然堆积密度与振实堆积密度来表示，由式(2-11) 计算得出。板勺角是将埋在原料里的板勺垂直向上提起，在板勺上原料堆积，测其底角即为板勺角。其值用板勺提起后的角度和板勺受到冲击落料后的角度平均值来表示，见式（2-12）。

$$K=\frac{\rho_b-\rho_s}{\rho_b}\times 100 \tag{2-11}$$

式中　K——压缩率，%；

ρ_b——振实堆积密度，kg/m^3；

ρ_s——自然堆积密度，kg/m^3。

$$\theta_s=\frac{\theta_{s1}+\theta_{s2}}{2} \tag{2-12}$$

式中　θ_s——板勺角，(°)；

θ_{s1}——板勺提起后的角度，(°)；

θ_{s2}——板勺受到冲击落料后的角度，(°)。

流动性指数为 4 个指标评分总和，从 0 到 100，分 7 个等级，由低到高表示原料流动性的好坏，流动性评价指标见表 2-3。

表 2-3　流动性评价指标

流动性指数	对流动性评价
90～100	最好
80～89	好
70～79	
60～69	一般
40～59	差
20～39	
0～19	最差

2.1.4.2 结果与分析

(1) 不同地区玉米秸秆物理特性

不同地区粉碎后玉米秸秆数据分析如表 2-4 所列，自然堆积密度、振实堆积密度和动态堆积角有一定差异，其他指标无显著差异。

表 2-4 不同地区粉碎后玉米秸秆数据分析

指标	算术平均值 $\bar{u}$	方差 s^2	算术平均误差 Δ	极差 R	F 值	显著性
$\rho_s/(kg/m^3)$	80.80	158.9183	9.90	31.23	9.74	*
$\rho_b/(kg/m^3)$	92.80	245.0832	12.37	41.72	11.38	*
$\Phi_1/(°)$	49.67	1.4667	1.00	3.00	0.24	
$\Phi_d/(°)$	26.00	28.000	4.00	14.00	16.57	*
μ_{s1}	0.52	0.0007	0.02	0.07	1.08	
μ_{k1}	0.45	0.0001	0.01	0.03	0.24	
μ_{s2}	0.60	0.0001	0.01	0.02	0.10	
μ_{k2}	0.49	0.0011	0.02	0.10	1.88	
$\tan\Phi$	0.67	0.0015	0.03	0.10	1.34	

注：经查表参照值 $F_{0.05}=3.11$；* 表示差异显著；ρ_s、ρ_b 分别为原料的自然和振实状态下堆积密度；Φ_1、Φ_d 分别为原料的静态和动态堆积角；μ_{s1}、μ_{k1} 分别为原料与金属材料的最大静摩擦系数和滑动摩擦系数，μ_{s2}、μ_{k2} 分别为原料与橡胶材料的最大静摩擦系数和滑动摩擦系数；Φ 为原料的内摩擦角（°），$\tan\Phi$ 为原料的内摩擦系数，下同。

1) 堆积密度特性测试

为消除水分对堆积密度的影响，将堆积密度数值换算为干物质堆积密度。粉碎后玉米秸秆的自然堆积密度在 63.24～94.47kg/m^3 之间，振实堆积密度在 69.20～110.93kg/m^3 之间。用同一粉碎机粉碎不同地区玉米秸秆原料，堆积密度存在显著差异。内蒙古自治区和河南省玉米秸秆堆积密度最小，山东省和安徽省次之，黑龙江省和河北省最大，如图 2-1 所示。

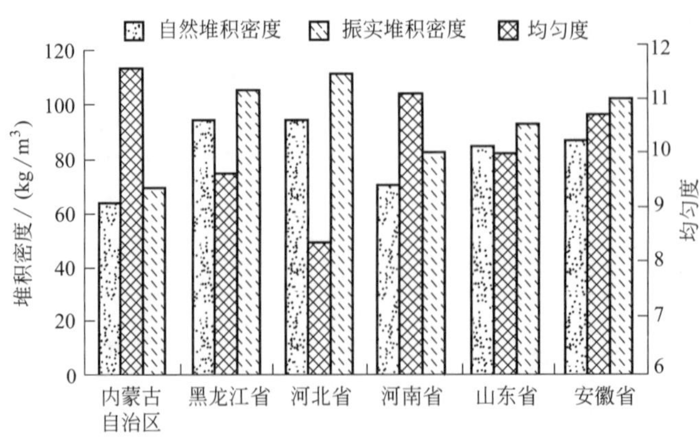

图 2-1 不同地区玉米秸秆的堆积密度

对于同一种秸秆，均匀度对堆积密度有较大影响。由图 2-1 可知，同一粉碎机粉碎不同地区玉米秸秆，粉碎后的原料存在一定的粒度差异，黑龙江省、河北省玉米秸秆均匀度较好，均小于 10，粉碎原料较均匀，内蒙古自治区、河南省玉米秸秆均匀度较差，均大于 11。

均匀度越好的原料，堆积密度越大，如图 2-1 所示。因为粉碎的玉米秸秆粒度越均匀，原料粒子之间的间隙越小，排列越紧密，堆积密度越大。

堆积密度对原料的仓储设计具有直接参考价值，不同地区玉米秸秆原料仓储和输送设备的设计中应充分考虑到地区性差异，内蒙古、河南地区的相应设备尺寸应加大，以适应原料的空间需求。

2）堆积角特性测试

不同地区粉碎后玉米秸秆的静态堆积角在 48°～51°之间，差异不显著（$P>0.05$），且均大于 46°，属于流动性极差的原料。粉碎玉米秸秆属于轻质疏松原料，极容易堆积。

动态堆积角在 17°～31°之间，存在一定差异（$P<0.05$），内蒙古自治区的玉米秸秆动态堆积角比其他地区略小。这是由于内蒙古自治区玉米秸秆的均匀度差，振动时原料较大粒径的粒子更容易滑落。

对于不同地区粉碎后玉米秸秆，原料的全水分直接影响静态和动态堆积角的变化，如图 2-2 所示。随着全水分的增大，动态堆积角也越大。原因是含水量增大，原料颗粒之间黏聚力增大，导致堆积角随湿度增加而增大。

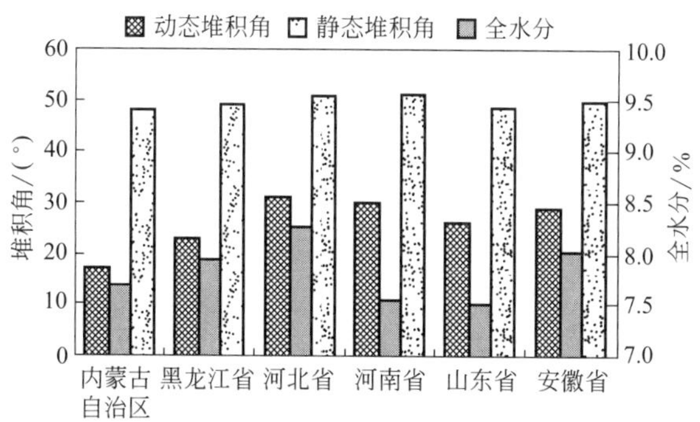

图 2-2　不同地区玉米秸秆的堆积角

3）摩擦系数特性测试

不同地区粉碎后玉米秸秆的内外摩擦系数变化均不显著（$P>0.05$）。不同地区玉米秸秆与金属的最大静摩擦系数 μ_{s1} 在 0.49～0.55 之间，滑动摩擦系数 μ_{k1} 在 0.43～0.47 之间；与橡胶的最大静摩擦系数 μ_{s2} 在 0.58～0.60 之间，滑动摩擦系数 μ_{k2} 在 0.45～0.56 之间；原料的内摩擦系数 $\tan\Phi$ 在 0.62～0.73 之间。玉米秸秆的内摩擦系数大于原料与橡胶材料的摩擦系数，大于原料与金属材料的摩擦系数，不同地区玉米秸秆的摩擦系数如图 2-3 所示。

外摩擦系数对确定秸秆原料加工设备的动力功率、摩擦副材料的选用、摩擦表面加工工艺的确定、摩擦磨损机理的研究等都有参考价值。不同地区的粉碎后玉米

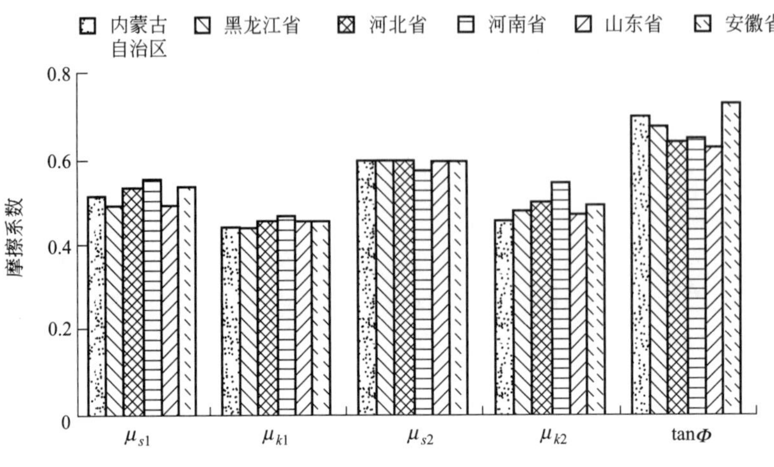

图 2-3 不同地区玉米秸秆的摩擦系数

秸秆的内外摩擦特性基本一致，这简化了秸秆类压缩机具的设计，可使同一型号的秸秆压缩机具适应不同地区的玉米秸秆，只需根据不同地区玉米秸秆的堆积密度，调节进料量，以满足压缩机具的生产效率要求即可。

静态堆积角和内摩擦角都能反映出原料的内摩擦特性。静态堆积角表示单粒物料在物料堆上的滚落能力，是内摩擦特性的外观表现。内摩擦角反映散粒物料层与层间的摩擦特性。数值上堆积角始终大于内摩擦角。对无黏聚力的散粒物料，堆积角等于内摩擦角。粉碎后玉米秸秆的内摩擦角 Φ 在 31°～36°之间，比静态堆积角小，可见，玉米秸秆原料自身存在一定的黏聚力。

4）流动特性测试

不同地区粉碎后玉米秸秆的流动性差异不大，不同地区玉米秸秆的内摩擦系数在 0.62～0.73 之间，摩擦系数较大，属于不易流动原料，这与堆积角评价流动特性相吻合。而采用 Carr 指数法评分后，流动性指数范围在 63～68 之间，流动性能为一般。不同地区玉米秸秆的流动性指数如图 2-4 所示，与堆积角评价流动性有差异，原因是 Carr 指数法的 4 个指标中压缩率指标评分较高。秸秆原料属于极松散原料，振实后原料仍然疏松，存在较大的空隙，使得压缩率对流动性指数的评分值较高，

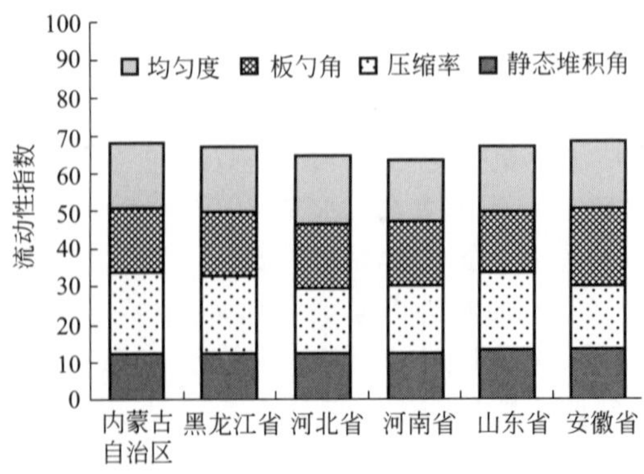

图 2-4 不同地区玉米秸秆的流动性指数

从而流动性指数法评价流动性为一般，建议适当降低 Carr 指数法评价流动性级别，以便更好评价松散原料的流动特性。

(2) 同一地区不同种类秸秆

不同种类粉碎后秸秆原料的数据分析见表 2-5。自然堆积密度和振动堆积密度有很大差异，静态堆积角、动态堆积角以及滑动摩擦系数差异显著，其他指标无显著差异。

表 2-5　不同种类粉碎后秸秆原料的数据分析

指标	算术平均值 $\bar{u}$	方差 s^2	算术平均误差 Δ	极差 R	F 值	显著性
$\rho_s/(kg/m^3)$	107.74	1940.81	34.00	105.03	66.8	**
$\rho_b/(kg/m^3)$	142.49	4058.27	50.26	150.47	80.0	**
$\Phi_l/(°)$	47.60	12.30	2.88	7.00	6.03	*
$\Phi_d/(°)$	25.40	18.30	3.68	9.00	11.3	*
μ_{s1}	0.49	0.0010	0.02	0.09	1.69	
μ_{k1}	0.43	0.0008	0.02	0.07	1.78	
μ_{s2}	0.57	0.0020	0.03	0.12	2.39	
μ_{k2}	0.47	0.0034	0.05	0.13	4.25	*
$\tan\Phi$	0.60	0.0022	0.03	0.12	2.36	

注：经查表参照值 $F_{0.05}=3.36$；**表示差异极显著；*表示差异显著。

1) 堆积密度特性测试

不同种类粉碎后的秸秆，堆积密度存在显著差异（$P<0.05$）。小麦秸的堆积密度最小，自然堆积密度和振实堆积密度分别为 37.43kg/m³ 和 48.40kg/m³。豆秸和棉秸的堆积密度最大，自然堆积密度约为 140kg/m³，振实堆积密度可达 200kg/m³ 左右。不同种类秸秆的堆积密度如图 2-5 所示。

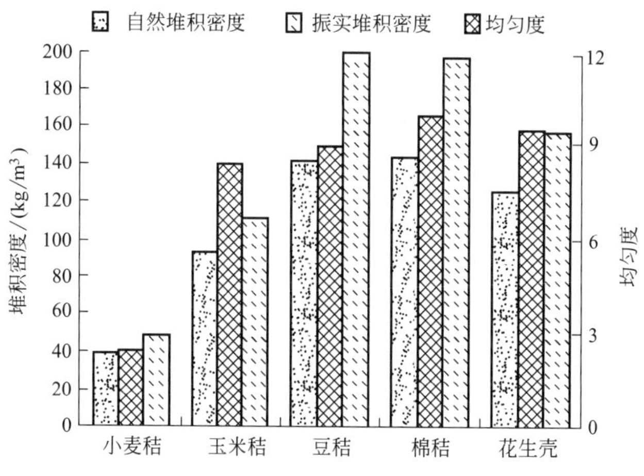

图 2-5　不同种类秸秆的堆积密度

采用同一粉碎机粉碎秸秆，不同种类秸秆的均匀度相差较大，粉碎后小麦秸的均匀度最好，但堆积密度最小。这是因为小麦秸为空心茎，仅由外部表皮构成，内部中空，且外表皮本身密度较小，使得小麦秸的堆积密度比其他秸秆要小得多。玉米秸由表皮和髓构成，髓部所占空间较大，且髓质地疏松，孔隙多，致使玉米秸本身密度较小，堆积密度也较小。豆秸、棉秸均为实心茎，本身结构较密实，其堆积密度也较大。可见，仅关注均匀度对不同种类秸秆的堆积密度影响是不够的。不同种类秸秆的堆积密度与秸秆自身组成结构直接相关。

据图 2-5 分析可知，堆积相同质量的不同种类原料，花生壳、玉米秸、小麦秸所需体积分别是豆秸和棉秸的 1.15 倍、1.5 倍和近 4 倍，因此，为避免玉米秸和小麦秸等原料占用空间大的问题，储存时应考虑将其预压缩处理。

2）堆积角特性测试

不同种类粉碎后的秸秆，静态堆积角在 44°～51°之间，存在一定差异（$P<0.05$）。小麦和花生壳静态堆积角小于 46°，属于流动性差的原料，而玉米秸、豆秸和棉秸属于流动性极差的原料。动态堆积角在 22°～31°之间，存在差异（$P<0.05$）。玉米秸的动态堆积角最大，小麦秸最小。

全水分对静态堆积角和动态堆积角均有一定影响，如图 2-6 所示。除小麦秸外，其他秸秆全水分越高，堆积角也越大，这与原料粒子间的黏聚力有关，水分增高，黏聚力增大，越不易流动。

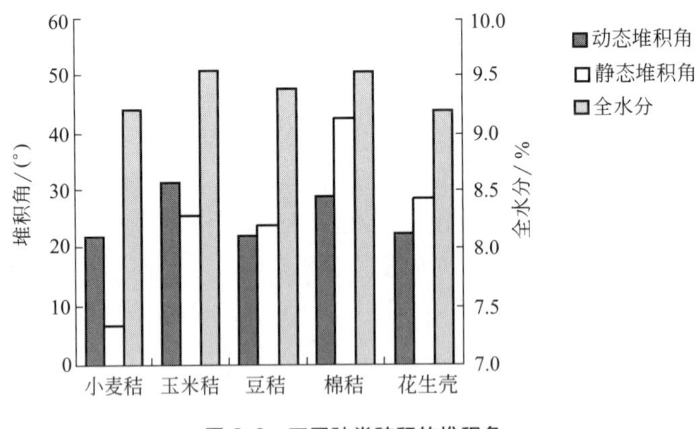

图 2-6　不同种类秸秆的堆积角

3）摩擦系数特性测试

对于外摩擦系数，秸秆类粉碎后原料与金属的最大静摩擦系数 μ_{s1} 在 0.45～0.53 之间，滑动摩擦系数 μ_{k1} 在 0.40～0.47 之间，不同种类粉碎后秸秆原料差异不显著（$P>0.05$）。秸秆类粉碎后原料与橡胶材料的最大静摩擦系数 μ_{s2} 在 0.51～0.62 之间，滑动摩擦系数 μ_{k2} 在 0.41～0.54 之间，不同种类粉碎后秸秆原料略有差异（$P<0.05$），小麦秸的滑动摩擦系数最低。不同种类秸秆的内摩擦系数 $\tan\Phi$ 在 0.53～0.65 之间，无明显差异。同种秸秆原料的内摩擦系数均大于其与外界材料的摩擦系数，不同种类秸秆的摩擦系数如图 2-7 所示。

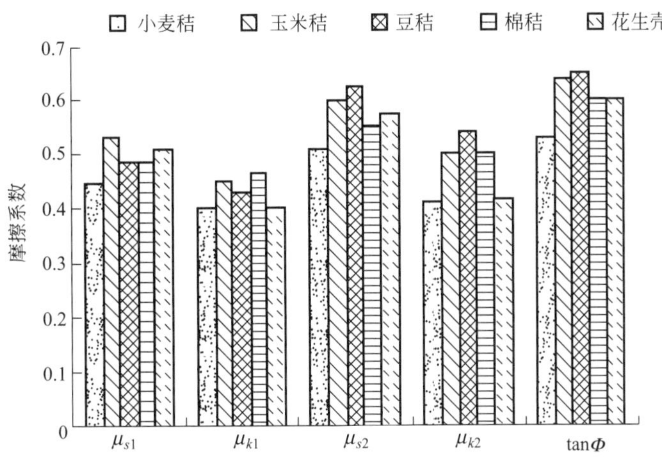

图 2-7　不同种类秸秆的摩擦系数

不同种类粉碎后秸秆原料的摩擦特性对相应的生物质压缩成型机具的设计具有重要的参考价值。如秸秆原料与金属材料的摩擦系数的测定可直接为环模式生物质固体燃料成型机的关键部件环模和压辊的材料及热处理方式选择提供参考依据，以保证关键部件的耐磨性和硬度，延长使用寿命。

采用橡胶类皮带输送设备输送秸秆类原料时，不同地区的玉米秸与橡胶材料的摩擦系数变化不大，为保证原料的输送量，可设计同一材质的皮带输送设备，只需考虑原料的堆积密度不同、所需输送空间不同即可。而不同种类的秸秆为保证输送量，不仅考虑原料的堆积密度，还需考虑与输送皮带材料的摩擦作用，小麦和花生壳可归为一类，设计相同材质皮带。玉米秸、豆秸和棉秸为另一类。

粉碎后不同种类秸秆的内摩擦角 Φ 在 28°～33°之间，比静态堆积角小。可见，不同种类的秸秆原料自身均存在较大的黏聚力。全水分最小的小麦秸，其堆积角最小，内摩擦角也最小。

4）流动特性测试

粉碎后秸秆类原料的流动性指数在 59～72 之间，不同种类秸秆的流动性指数如图 2-8 所示。

不同种类秸秆的流动特性有所不同。豆秸和棉秸的流动性指数分别为 61 和 59，流动性能较差；其次为花生壳，流动性指数 70；小麦秸流动性指数为 72，流动性能较好，从内摩擦系数也可看出，小麦的内摩擦系数最小，流动性能相对较好。

采用 Carr 指数法评价级别比堆积角对流动特性评价级别高，如前所述。对于秸秆类轻质松散原料，建议将流动性指数对应的评价降低一级，以便更好地反映出秸秆原料的流动特性。

设计秸秆类原料输送和仓储装备时，应考虑不同种类秸秆流动的差异性，根据不同原料设计与之适应的相关设备。

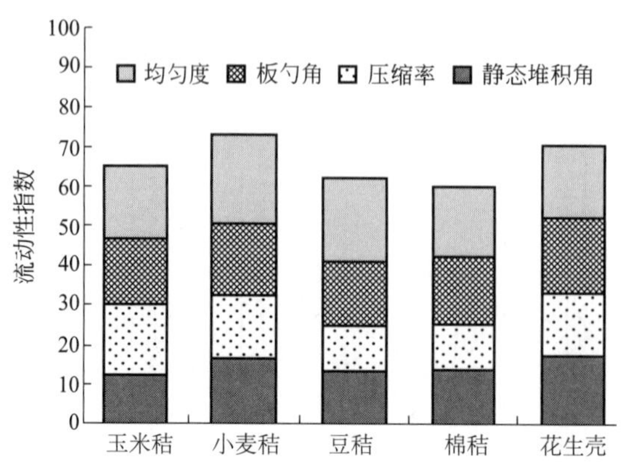

图 2-8　不同种类秸秆的流动性指数

2.1.4.3　讨论

不同地区的玉米秸秆的各指标中堆积密度和动态堆积角有差异，原因可能与玉米种植品种有关，不同品种的秸秆粉碎后原料的均匀度有一定差异。内蒙古自治区玉米秸秆粉碎后的均匀度最差，堆积密度最小；河南省、山东省和安徽省次之；黑龙江省和河北省玉米秸秆粉碎后的均匀度最好，导致堆积密度最大。粉碎后原料的均匀度不同，也对动态堆积角产生了一定影响。不同地区的玉米秸秆的摩擦特性和流动特性均无显著差别。

同一地区的不同种类秸秆的各指标中堆积密度、堆积角、流动特性以及与橡胶的滑动摩擦系数有一定差异（$P>0.05$），特别是堆积密度差异非常大，玉米秸、花生壳、豆秸和棉秸的自然堆积密度分别约为小麦秸秆的 2.5 倍、3.3 倍、3.8 倍和近 4 倍，这不仅与秸秆的粉碎均匀度相关，而且与秸秆本身的结构组织更为密切相关。小麦秸茎秆中空，只有外表皮层，因此堆积后孔隙较多，堆积密度最小；玉米秸虽然含有中间层，但中间为髓质部分，质地较轻，堆积密度也不高；花生壳自身的组织致密程度也不及棉秸和豆秸；棉秸和豆秸的组织结构最密实，堆积密度相应最高。由于粉碎的均匀度和全水分影响，小麦秸的动态堆积角最小。秸秆类原料均属于流动性差的范畴，小麦秸和花生壳流动性差，玉米秸、豆秸和棉秸流动性极差。原因是与秸秆自身的结构组织相关，秸秆类原料不如沙石、土或粮食种子等其他散粒体结构密实，秸秆原料属于松散类原料，这可能是导致其流动性差的根源。

2.1.4.4　结论

① 粉碎秸秆的自然堆积密度和振实堆积密度分别在 37.43～140kg/m^3 和 48.40～200kg/m^3 之间，静态堆积角和动态堆积角分别在 44°～51°和 17°～31°之间。不同秸秆原料，堆积密度差异显著，内蒙古自治区和河南省玉米秸秆堆积密度较小。秸秆品种和均匀度对堆积密度影响较大，秸秆品种远大于均匀度对堆积密度的影响。均匀度好的原料，堆积密度较大。不同地区玉米秸秆动态堆积角有一定差异，河北省、

河南省两地的玉米秸秆最大。不同种类秸秆堆积角不同，玉米秸秆最大，小麦秸秆最小。同种原料的堆积角随原料全水分的增加而增大。

② 摩擦特性中，秸秆类粉碎后与金属、橡胶材料的最大静摩擦系数范围分别为0.45～0.55和0.51～0.62，内摩擦系数为0.53～0.73，不同地区粉碎玉米秸秆和不同种类粉碎秸秆的最大静摩擦系数差异均不大。秸秆类粉碎原料属于流动性差的原料，不同地区玉米秸秆差异不大，大豆秸秆和棉秸的流动性能较差，小麦秸秆的流动性能略好。

③ 秸秆原料的压缩、输送、储存等相关装备及工艺路线的设计中，应充分考虑不同地区、不同种类粉碎秸秆原料之间物理特性的差异性，特别是堆积密度和堆积角差异较大。

④ 流动特性缺少相应的测试方法，用堆积角、内摩擦系数及Carr指数法分别对流动特性进行评价，表明对秸秆松散类原料，不同的评价方法对流动特性的评价级别存在一定差异，建议降低Carr指数评价级别，以便更好反映出粉碎秸秆的流动特性。

2.2 资源利用现状

2.2.1 肥料化利用

通过推广机械粉碎直接还田、保护性耕作技术、快速腐熟还田、秸秆堆沤还田、秸秆生物反应堆、秸秆商品有机肥等技术，秸秆肥料化利用率逐年提高。2015年，全国秸秆肥料化利用量38875.5万吨，占秸秆可收集量的43.21%，比2008年提高了24.41个百分点，对增加土壤有机质、提高土地综合肥效和生产能力起到了重要的作用。

从各省情况看，秸秆肥料化利用量居全国前三位的省份为河南省、山东省、安徽省，利用量分别为4583.0万吨、3610.3万吨、3116.6万吨；肥料化利用率居全国前三位的省市、地区为上海市、新疆生产建设兵团、天津市，利用率分别为77.1%、75.9%和73.1%。

从秸秆种类看，肥料化利用量较高的为玉米、水稻、小麦秸秆，利用量分别为12631.5万吨、10888.4万吨、9794.8万吨；利用率较高的为小麦、水稻、油菜秸秆，利用率分别为63.1%、55.2%、37.7%[6~11]。

2.2.2 饲料化利用

通过秸秆青储、碱/氨化、微储或生产颗粒饲料等技术，为畜牧业持续发展提供饲料来源。2015 年，全国秸秆饲料化利用量 16877.9 万吨，占秸秆可收集量的 18.76%；秸秆饲料化利用量比 2008 年下降了 4208 万吨，利用率下降了 11.98 个百分点。

从各省情况看，河北省、山东省、甘肃省秸秆饲料化利用量居全国前三位，利用量分别为 2208.0 万吨、1642.0 万吨、1509.9 万吨；甘肃省、宁夏回族自治区、辽宁省饲料化利用率居全国前三位，近 1/2 或 1/2 以上的秸秆被用于养畜，利用率分别为 65.6%、50.5%和 48.9%。

从秸秆种类看，饲料化利用量较高的为玉米、水稻、小麦秸秆，利用量分别为 10518.0 万吨、1363.3 万吨、1280.0 万吨；利用率较高的为薯类、豆类、玉米秸秆，利用率分别为 57.4%、31.2%、29.2%[12,13]。

2.2.3 能源化利用

通过秸秆直接燃烧、秸秆固化成型燃料、秸秆沼气、秸秆热解气化、直燃发电和秸秆干馏等方式，将秸秆转化为清洁能源效果明显。2015 年，全国秸秆能源化利用量 10285.7 万吨，占秸秆可收集量的 11.43%；能源化利用量比 2008 年下降了 1504.8 万吨，利用率下降了 7.27 个百分点。

从各省情况看，吉林省、广西壮族自治区、湖北省秸秆能源化利用量居全国前三位，利用量分别为 14799.0 万吨、1219.8 万吨和 850.0 万吨；吉林省、重庆市、广西壮族自治区能源化利用率居全国前三位，利用率分别为 37.0%、37.0%和 26.7%。

从秸秆种类看，燃料化利用量较高的为玉米、水稻、甘蔗秸秆，利用量分别为 3364.8 万吨、2311.2 万吨、1254.5 万吨；利用率较高的为甘蔗、花生、油菜秸秆，利用率分别为 34.9%、30.1%、22.6%[14~19]。

2.2.4 基料化利用

秸秆含有丰富的碳、氮、矿物质等营养成分，且资源丰富、成本低廉，通过堆沤、发酵等工序，用来制作培育食用菌的基料，生产平菇、双孢菇、香菇、金针菇、木耳、鸡腿菇、杏鲍菇等，还可用于生产供花卉、苗木和水稻育秧使用的栽培基质，经济效益显著。2015 年，全国秸秆基料化利用量 3592.2 万吨，占秸秆可收集量的 3.99%，比 2008 年提高了 1.89 个百分点。

从各省情况看，河北省、河南省、四川省秸秆基料化利用量居全国前三位，利用量分别为 902.6 万吨、597.0 万吨、450.0 万吨；内蒙古自治区、河北省、山东省基料化利用率居全国前三位，利用率分别为 28.9%、7.6%和 7.5%。

从秸秆种类看，基料化利用量较高的为玉米、小麦、水稻秸秆，利用量分别为 1792.3 万吨、605.2 万吨、588.5 万吨；利用率较高的为棉花、花生、玉米秸秆，利用率分别为 11.3%、5.3%、5.0%[20~22]。

2.2.5 原料化利用

通过秸秆造纸，生产板材、秸秆木塑、活性炭、木糖醇，制作工艺品等，可替代木材、粮食。2015 年，全国秸秆原料化利用量 2450.7 万吨，占秸秆可收集量的 2.72%，比 2008 年提高了 0.32 个百分点。

从各省情况看，河南省、山东省、广西壮族自治区秸秆工业原料化利用量居全国前三位，利用量分别为 310.0 万吨、308.0 万吨、305.1 万吨；宁夏回族自治区、广西壮族自治区和四川省秸秆工业原料化利用率居全国前三位，利用率分别为 10.0%、6.7%和 6.2%（见表 2-6）。

表 2-6 不同地区秸秆资源利用情况

省份	秸秆利用量/万吨						综合利用率
	肥料	饲料	基料	燃料	工业原料	合计	
北京市	55	25	2	4	—	86	97.73%
天津市	161.7	29.2	0.6	10.8	9.3	211.6	95.72%
河北省	2370	2208	450	554	53	5635	94.55%
山西省	898.1	561.2	29	67.3	40.3	1595.9	85.06%
内蒙古自治区	791.2	947.8	902.6	22.1	10.7	2674.2	85.49%
辽宁省	610	1330	10	119	114	2183	80.26%
吉林省	560	720	40	1479	205	3004	75.10%
黑龙江省	2006	910	10	500	25	3451	43.01%
上海市	123.8	5.1	2.2	2	—	133.1	82.92%
江苏省	2251.3	217.4	160.4	683.7	128.1	3440.8	90.88%
浙江省	725.8	117.1	44.1	83	33.1	1003.1	89.71%
安徽省	3116.6	243.8	49.5	516.5	29.5	3955.9	81.69%
福建省	369.7	168.9	59.6	31	10.2	639.4	80.65%
江西省	1215.7	248.6	77	367.2	27.3	1935.8	85.91%
山东省	3610.3	1642	597	588.2	308	6745.5	85.02%
河南省	4583	1249	190	398	310	6730	83.13%

续表

省份	秸秆利用量/万吨						综合利用率
	肥料	饲料	基料	燃料	工业原料	合计	
湖北省	1350.1	259.1	31	850	149.9	2640.1	80.00%
湖南省	2100.8	342	116.8	217.6	130	2907.2	80.96%
广东省	852.2	74	5	178	0	1109.2	82.28%
广西壮族自治区	1649.9	226.7	182.5	1219.8	305.1	3584	78.55%
海南省	50.5	169.6	0	4	0	224.1	45.25%
重庆市	332.7	250.2	7.5	393.6	0.1	984.1	92.44%
四川省	1236.2	703.9	196.1	697.2	229	3062.4	82.88%
贵州省	405.7	451.7	52.3	102.2	—	1011.8	65.09%
云南省	894.9	417.5	7.5	322.5	28.6	1671	93.70%
西藏自治区	36	61	1	1	0	99	66.58%
陕西省	2005	282	157	36	1	2481	80.03%
甘肃省	151.4	1509.9	16.5	132.5	36.8	1847	80.30%
青海省	50.2	69.6	0.1	13.2	0.9	133.9	80.00%
宁夏回族自治区	26.9	156.9	3.2	30.2	31	248.2	79.91%
新疆维吾尔自治区	1525.6	900.2	161.1	429.6	142.2	3158.6	82.77%
新疆生产建设兵团	992.1	280.4	0.7	6.8	12.6	1292.6	98.82%
黑龙江农垦区	1767.4	100	30	226	80	2203.4	90.66%
合计	38875.8	16877.8	3592.3	10286	2450.7	72081.9	80.11%

不同种类秸秆资源利用情况见表 2-7。如表 2-7 所列，从秸秆种类看，工业原料化利用量较高的为水稻、玉米、小麦秸秆，利用量分别为 630.0 万吨、562.7 万吨、521.0 万吨；利用率较高的为甘蔗、棉花、花生秸秆，利用率分别为 8.9%、7.3%、3.6%[23,24]。

表 2-7　不同种类秸秆资源利用情况

秸秆种类	秸秆产生量/万吨		秸秆利用量/万吨						利用率/%
	理论量	可收集量	肥料	饲料	食用菌	燃料	工业原料	合计	
玉米	41200.5	36076.8	12631.5	10518.0	1792.3	3364.8	562.7	28869.3	80.02
水稻	23402.0	19714.9	10888.4	1363.3	588.5	2311.2	630.0	15781.4	80.05
小麦	17970.0	15530.5	9794.8	1280.0	605.2	1141.9	521.0	13342.8	85.91
棉花	2796.6	2559.4	1106.2	195.6	290.1	457.3	186.2	2235.4	87.34
油菜	2678.1	2198.3	829.2	213.5	22.9	496.7	23.7	1586.0	72.14
花生	1502.6	1341.2	226.1	348.6	70.7	404.3	48.5	1098.2	81.88

续表

秸秆种类	秸秆产生量/万吨		秸秆利用量/万吨						利用率/%
	理论量	可收集量	肥料	饲料	食用菌	燃料	工业原料	合计	
豆类	2568.2	1848.0	407.9	575.9	10.6	269.1	17.9	1281.4	69.34
薯类	2148.3	1755.8	354.3	1007.5	2.3	64.6	48.6	1477.3	84.14
甘蔗	3651.4	3593.8	890.0	198.1	5.2	1254.5	320.1	2668.0	74.24
其他	6356.2	5356.4	1745.1	1177.4	204.3	521.4	92.2	3740.4	69.83
合计	104273.8	89975.0	38875.5	16877.9	3592.2	10285.7	2450.6	72081.9	80.11

2.3 能源化利用潜力分析

2.3.1 利用原则

以秸秆全量利用为目标，以秸秆全量化处理利用示范区为抓手，按照“区域统筹、农用优先、政策扶持、产业发展、市场运行”的思路，围绕秸秆收储运体系建设、“五料化”利用工程，加大资金扶持，完善配套政策，强化科技支撑，发挥市场作用，培育和壮大秸秆综合利用产业，构建秸秆全量利用的长效机制，因地制宜地推进秸秆全量利用。

2.3.2 潜力分析

秸秆还田在秸秆综合利用中占有较大比重，由于作业成本高，约占单季作物纯收入的 9%～15%，缺少普惠性的政府补贴，加上机械不配套，一些地方没有严格实施深耕深松，大量秸秆连年堆积在地面和表层土壤，不但无法发挥其应有的提升土壤肥力的作用，甚至还会影响作物生长，在一定程度上挫伤了农民秸秆还田的积极性。在技术规范方面，一些地方还普遍存在着秸秆还多少、还多久、怎么还等技术标准和规范不明确的问题，实际操作中凭感觉、靠经验的现象比较普遍。

目前可推广、可持续的秸秆利用商业模式较少，龙头企业数量少，带动作用明显不足。秸秆综合利用企业大多规模小、水平低、产业链条短、产品附加值低，抵御市场风险能力弱。特别是近年来煤价持续走低，秸秆压块成型燃料面临市场价格下跌、生产成本升高的双重影响，产品利润空间大幅压缩，大多数秸秆压块燃料生产企业经营困难。另一方面，产业布局不合理，一些地方还田比例过高，导致原料收集半径扩大，收集成本增加，大幅挤压了企业利润空间，直接影响了秸秆饲料化、原料化、规模化、商品化以及企业的积极性。加之以秸秆为原料的产品市场尚不成熟，公众对秸秆综合利用产品接受度不高，秸秆产业化发展困难。

参考文献

[1] 王亚静，毕于运，高春雨. 中国秸秆资源可收集利用量及其适宜性评价 [J]. 中国农业科学，2010，46 (9)：1852-1859.

[2] 韩鲁佳，闫巧娟，刘向阳，等. 中国农作物秸秆资源及其利用现状 [J]. 农业工程学报，2002，18 (3)：87-91.

[3] 方放，李想，石祖梁，等. 黄淮海地区农作物秸秆资源分布及利用结构分析 [J]. 农业工程学报，2015，31 (2)：228-234.

[4] 高利伟，马林，张卫峰，等. 黄淮海三省两市作物秸秆及其养分资源利用现状分析 [J]. 中国农学通报，2009，25 (11)：186-193.

[5] 包建财，郁继华，冯致，等. 西部七省区作物秸秆资源分布及利用现状 [J]. 应用生态学报，2014，25 (1)：181-187.

[6] 刘晓永，李书田. 中国秸秆养分资源及还田的时空分布特征 [J]. 农业工程学报，2017，33 (21)：1-19.

[7] 赵秀玲，任永祥，赵鑫，等. 华北平原秸秆还田生态效应研究进展 [J]. 作物杂志，2017 (1)：1-7.

[8] 常志州，陈新华，杨四军，等. 稻麦秸秆直接还田技术发展现状及展望 [J]. 江苏农业学报，2014，30 (4)：909-914.

[9] 王亚静，王红彦，高春雨，等. 稻麦玉米秸秆残留还田量定量估算方法及应用 [J]. 农业工程学报，2015，31 (13)：244-250.

[10] 崔明，赵立欣，田宜水，等. 中国主要农作物秸秆资源能源化利用分析评价 [J]. 农业工程学报，2008，24 (12)：291-296.

[11] 马骁轩，蔡红珍，付鹏，等. 中国农业固体废弃物秸秆的资源化处置途径分析 [J]. 生态环境学报，2016，25 (1)：168-174.

[12] 楚天舒，杨增玲，韩鲁佳. 中国农作物秸秆饲料化利用满足度和优势度分析 [J]. 农业工程学报，2016，32 (22)：1-9.

[13] 周应恒，胡凌啸，杨金阳. 秸秆焚烧治理的困境解析及破解思路：以江苏省为例 [J]. 生态经济，2016，32 (5)：175-179.

[14] 陈雪芳，郭海军，熊莲，等. 秸秆高值化综合利用研究现状 [J]. 新能源进展，2018，6 (5)：422-431.

[15] 姚宗路，赵立欣，田宜水，等. 黑龙江省农作物秸秆资源利用现状及中长期展望 [J]. 农业工程学报，2009，25 (11)：288-292.

[16] 崔蜜蜜，蒋琳莉，颜廷武. 基于资源密度的作物秸秆资源化利用潜力测算与市场评估［J］. 中国农业大学学报，2016，21（6）：117-131.

[17] http：//www. nea. gov. cn/2010-07/28/c_131097727. htm. 国家发展改革委关于完善农林生物质发电价格政策的通知.

[18] 丛宏斌，赵立欣，孟海波，等. 生物质热解多联产在北方农村清洁供暖中的适用性评价［J］. 农业工程学报，2018，34（1）：8-14.

[19] 丛宏斌，姚宗路，赵立欣，等. 基于价值工程原理的乡村秸秆清洁供暖技术经济评价［J］. 农业工程学报，2019，35（9）：200-205.

[20] 石祖梁，王飞，李 想，等. 秸秆“五料化”中基料化的概念和定义探讨［J］. 中国土壤与肥料，2016（6）：152-155.

[21] 于法稳，杨果. 农作物秸秆资源化利用的现状、困境及对策［J］. 社会科学家，2018（2）：33-39.

[22] 祖梁，王飞，王久臣，等. 我国农作物秸秆资源利用特征、技术模式及发展建议［J］. 中国农业科技导报，2019，21（05）：8-16.

[23] 宋湛谦. 构建秸秆高效利用体系 实现秸秆利用全产业链［J］. 科技导报，2015，33（4）：1.

[24] 丛宏斌，赵立欣，姚宗路，等. 我国生物质炭化技术装备研究现状与发展建议［J］. 中国农业大学学报，2015，20（2）：21-26.

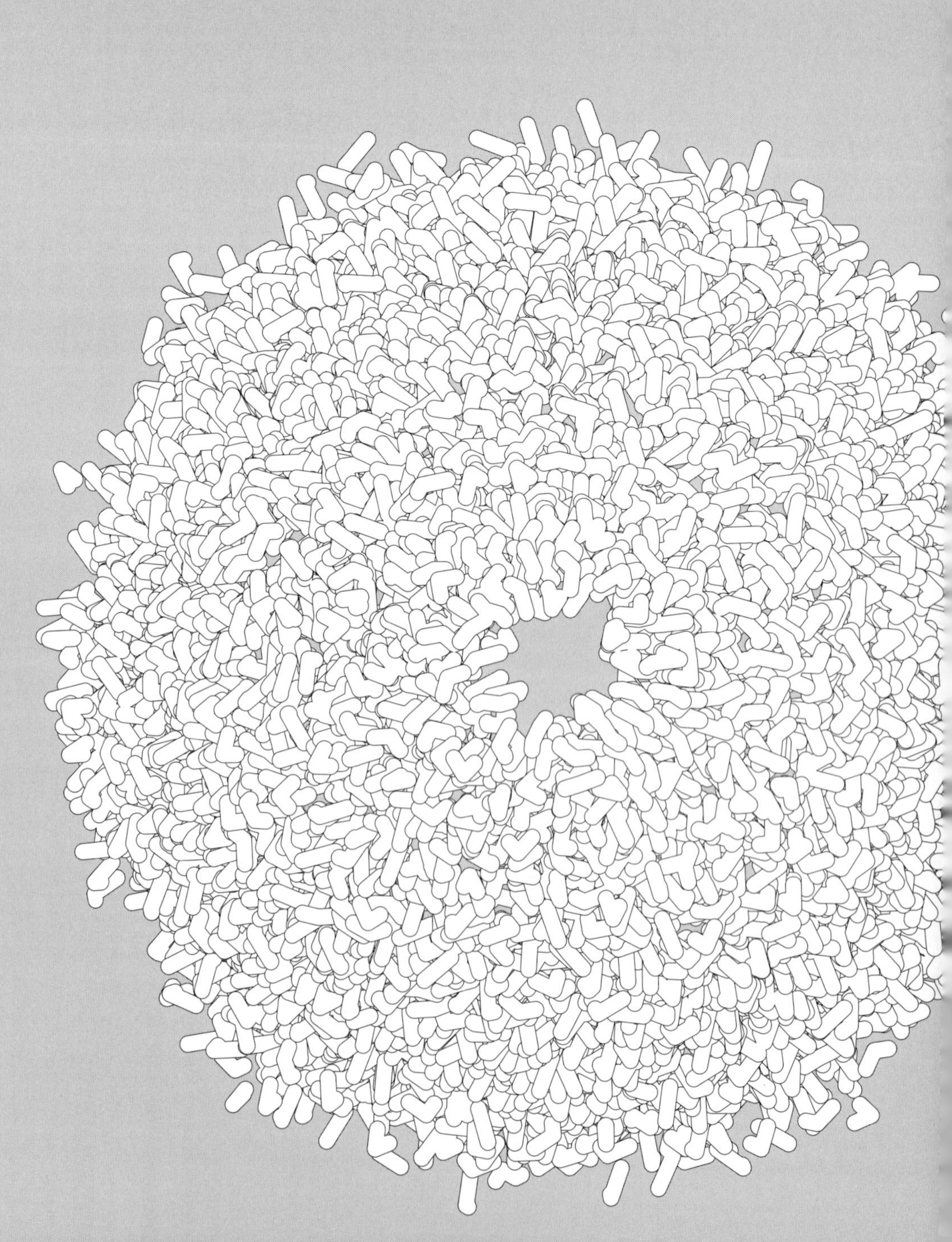

第3章

畜禽粪便资源

3.1 资源量和空间分布

3.2 资源利用现状

3.3 能源化利用潜力分析

参考文献

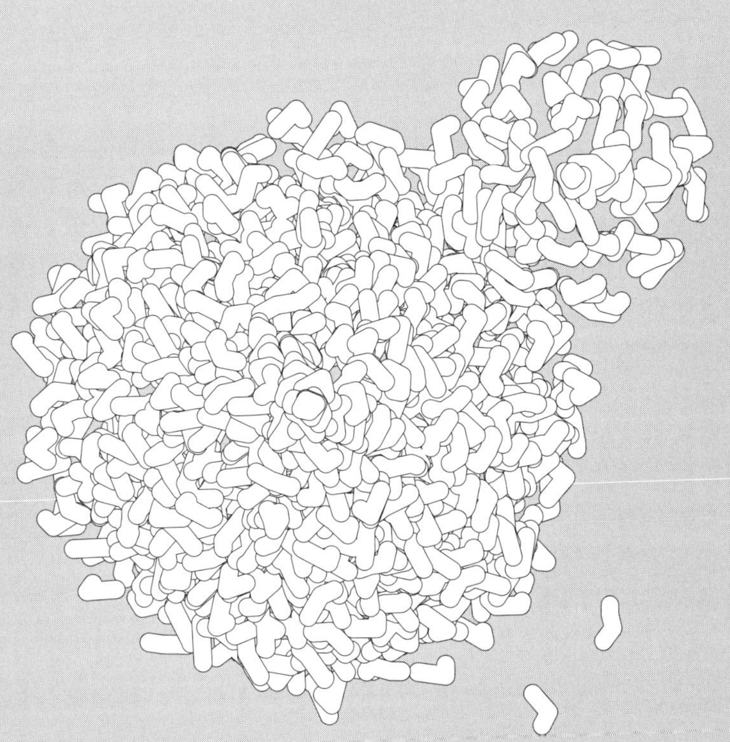

3.1 资源量和空间分布

畜牧业作为我国农业农村经济的支柱产业，对保障国家食物安全，增加农牧民收入，保护和改善生态环境，推进农业现代化，促进国民经济稳定发展具有十分重要的现实意义。

党中央、国务院高度重视畜牧业发展，“十二五”期间，连续出台了一系列扶持政策，不断加大基础设施投入，为畜牧业持续健康发展提供了强有力的保障。2014 年，全国生猪存栏 4.66 亿头，出栏 7.35 亿头，均居世界第一位，约占世界总量的 1/2，生猪出栏 500 头以上规模养殖比重达到 41.8%。全国家禽存栏 57.79 亿只，出栏 115.42 亿只，总饲养量约占世界的 30%，蛋鸡年存栏 2000 只以上、肉鸡年出栏 10000 只以上规模养殖比重分别为 68.8%、73.3%。全国牛存栏 1.06 亿头，其中肉牛存栏 7040.9 万头，牛出栏 4929.2 万头，羊存栏 3.03 亿只，出栏 2.87 亿只，肉牛年出栏 50 头以上、肉羊年出栏 100 只以上规模养殖比重分别为 27.6%、34.3%[1]。

规模化畜禽养殖业的快速发展集中产生了大量的畜禽粪便，这些粪便中富含有机质、氮、磷等主要污染物，若得不到及时有效的处理和利用，将会对环境造成严重的污染。为了有效地预防和控制畜禽粪便对环境的污染，实现其资源化和无害化利用，合理估算和预测畜禽粪便主要污染物的产生量和浓度是非常必要的。

3.1.1 资源量估算方法

畜禽粪便资源量的估算对于其资源化利用具有重要意义。畜禽粪便资源量的估算方法通常包括产污系数法和数学模型法。产污系数作为畜禽养殖业污染状况的重要基础数据，是对畜禽粪便主要污染物含量平均水平的估算值。该系数对区域畜禽养殖产排污量的快速核算、宏观层面上了解畜禽粪便污染状况以及相关政策的制定具有重要的意义。数学模型法作为一种定量预测方法，其在畜禽粪便主要污染物产生量预测方面的应用也越来越普遍。目前，已建立了基于畜禽日粮营养成分、粪便理化指标以及近红外光谱分析等快速预测畜禽粪便主要污染物产生量的经验模型。这些经验模型为畜禽养殖场快速估算、预测畜禽粪便主要污染物产生量、实现畜禽粪便合理的资源化和无害化提供了科学依据。产污系数法在估算畜禽粪便主要污染物产生量时具有简单、快速的特点，在大区尺度上具有较高的预测精度。数学模型法则主要基于畜禽粪便的特性对其主要污染物含量进行预测，其结果更加接近真实值，也具有更广泛的适用性。

3.1.1.1 产污系数法

产污系数法是指在典型的正常生产和管理条件下，利用某一固定系数对单位畜禽原始粪便主要污染物产生量的平均水平进行估算。其主要分为全国产污系数及区域产污系数两大类。

(1) 全国产污系数

该系数主要反映全国不同畜禽种类粪尿产生量的平均水平，能够宏观了解畜禽养殖业的产污状况。随着畜禽养殖业环境污染问题的突出，世界各国纷纷根据本国畜禽养殖的特点制定了相应的产污系数。如美国农业工程师协会（ASAE）2005 年编制出版的《动物粪便产生和特性参数》，对典型日粮条件下，不同畜禽粪尿主要污染物产生量进行了估算；丹麦农业科学研究所也给出了主要畜禽粪尿氮、磷产污系数；日本《畜产环境对策大事典》在畜禽粪尿特性和产污系数方面提供了大量的参考数据。欧美等国对于产污系数的提出一般根据已发表的文献，对畜禽粪便主要污染物产生量的平均值进行估算，或基于相关方程，对典型日粮条件下畜禽粪便主要污染物产生量进行预测。我国相关部门也发布了畜禽养殖业产污系数，如 2002 年编写《全国规模化畜禽养殖业污染情况调查及防治对策》，对牛、猪、羊、鸡、鸭等主要畜禽粪尿产污系数进行了估算，2007 年在第一次全国污染源普查时，形成了《第一次全国污染源普查畜禽养殖业产排污系数手册》，进一步对不同养殖阶段畜禽粪尿产生量进行了估算，发布了以 5 种畜禽为主要对象的畜禽粪尿化学需氧量、氮、磷及铜、锌等污染物的产物系数。该系数有效提升了我国畜禽污染物产排量估算结果精度。我国产污系数的提出则主要基于对养殖场畜禽粪便及其主要污染物产生量的监测数据，通过对监测结果的分析，得出全国或大区尺度上不同畜种粪便主要污染物产生量的平均值[2]。不同国家畜禽粪便主要污染物产污系数见表 3-1。

表 3-1　不同国家畜禽粪便主要污染物产污系数[2]

畜禽种类	指标	畜禽粪便主要污染物产污系数/{kg/[d·头(只)]}		
		美国	丹麦	中国
奶牛	COD	8100.00	—	3600.16～6793.31
	N	450.00	350.00	214.51～353.41
	P	78.00	63.00	17.92～62.46
生猪	COD	391.67	—	338.00～430.00
	N	39.17	9.00	19.70～57.70
	P	6.30	2.00	3.21～6.00
肉鸡	COD	21.88	—	13.05～42.33
	N	1.10	—	0.71～1.85
	P	0.33	—	0.06～0.50
蛋鸡	COD	18.00	—	18.5～27.35
	N	1.60	—	1.06～1.42
	P	0.48	—	0.23～0.51

由于各国畜禽养殖品种、饲料组成、饲养模式、季节气候以及估算方法等存在较大差异，不同国家同一畜种粪便产污系数也存在一定差异，见表 3-1。丹麦养殖场规模适度，大多采用农牧结合的家庭农场经营模式，其产污系数相对较低；美国畜禽养殖业大多采用机械化的经营模式，污染物产生量较大，产污系数的标准值相对较高；我国畜禽养殖标准化程度低，不同地域畜禽养殖污染物排放差异较大，因此产污系数变化范围也较大。

（2）区域产污系数

在实际应用中，采用全国畜禽粪便产污系数不能真实反映各省或各地区的畜禽产污量。针对这一问题，《第一次全国污染源普查畜禽养殖业源产排污系数手册》中规定了中国 6 大区（东北区、华北区、华东区、中南区、西南区、西北区）产污系数。《第一次全国污染源普查畜禽养殖业源产排污系数手册》系数表见表 3-2。

表 3-2 《第一次全国污染源普查畜禽养殖业源产排污系数手册》系数表[3]

<table>
<tr><th>区域</th><th>动物种类</th><th>饲养阶段</th><th>参考体重/kg</th><th colspan="2">污染物指标</th><th>单位</th><th>产污系数</th></tr>
<tr><td rowspan="27">华北区</td><td rowspan="27">生猪</td><td rowspan="9">保育</td><td rowspan="9">27</td><td colspan="2">粪便量</td><td>kg/(头·d)</td><td>1.04</td></tr>
<tr><td colspan="2">尿液量</td><td>L/(头·d)</td><td>1.23</td></tr>
<tr><td rowspan="5">污染物</td><td>化学需氧量</td><td>g/(头·d)</td><td>236.76
(212.9+23.86)</td></tr>
<tr><td>全氮</td><td>g/(头·d)</td><td>20.40</td></tr>
<tr><td>全磷</td><td>g/(头·d)</td><td>3.48</td></tr>
<tr><td>铜</td><td>mg/(头·d)</td><td>180.26</td></tr>
<tr><td>锌</td><td>mg/(头·d)</td><td>238.44</td></tr>
<tr><td rowspan="9">育肥</td><td rowspan="9">70</td><td colspan="2">粪便量</td><td>kg/(头·d)</td><td>1.81</td></tr>
<tr><td colspan="2">尿液量</td><td>L/(头·d)</td><td>2.14</td></tr>
<tr><td rowspan="5">污染物</td><td>化学需氧量</td><td>g/(头·d)</td><td>419.56
(380.71+38.85)</td></tr>
<tr><td>全氮</td><td>g/(头·d)</td><td>33.23</td></tr>
<tr><td>全磷</td><td>g/(头·d)</td><td>6.06</td></tr>
<tr><td>铜</td><td>mg/(头·d)</td><td>169.13</td></tr>
<tr><td>锌</td><td>mg/(头·d)</td><td>281.70</td></tr>
<tr><td rowspan="9">妊娠</td><td rowspan="9">210</td><td colspan="2">粪便量</td><td>kg/(头·d)</td><td>2.04</td></tr>
<tr><td colspan="2">尿液量</td><td>L/(头·d)</td><td>3.58</td></tr>
<tr><td rowspan="5">污染物</td><td>化学需氧量</td><td>g/(头·d)</td><td>482.17
(428.45+53.72)</td></tr>
<tr><td>全氮</td><td>g/(头·d)</td><td>43.66</td></tr>
<tr><td>全磷</td><td>g/(头·d)</td><td>9.93</td></tr>
<tr><td>铜</td><td>mg/(头·d)</td><td>153.48</td></tr>
<tr><td>锌</td><td>mg/(头·d)</td><td>278.96</td></tr>
</table>

续表

区域	动物种类	饲养阶段	参考体重/kg	污染物指标		单位	产污系数
华北区	奶牛	育成牛	375	粪便量		kg/(头·d)	14.83
				尿液量		L/(头·d)	8.19
				污染物	化学需氧量	g/(头·d)	2975.22 (2782.8+192.42)
					全氮	g/(头·d)	121.68
					全磷	g/(头·d)	14.31
					铜	mg/(头·d)	115.97
					锌	mg/(头·d)	783.36
		产奶牛	686	粪便量		kg/(头·d)	32.86
				尿液量		L/(头·d)	13.19
				污染物	化学需氧量	g/(头·d)	6535.35 (6203.1+332.25)
					全氮	g/(头·d)	274.23
					全磷	g/(头·d)	38.27
					铜	mg/(头·d)	256.74
					锌	mg/(头·d)	1800.99
	肉牛	育肥牛	406	粪便量		kg/(头·d)	15.01
				尿液量		L/(头·d)	7.09
				污染物	化学需氧量	g/(头·d)	2761.42 (2586.9+174.52)
					全氮	g/(头·d)	72.74
					全磷	g/(头·d)	13.69
					铜	mg/(头·d)	73.77
					锌	mg/(头·d)	272.59
	蛋鸡	育雏育成	1.2	粪便量		kg/(只·d)	0.08
				污染物	化学需氧量	g/(只·d)	14.62
					全氮	g/(只·d)	0.66
					全磷	g/(只·d)	0.18
					铜	mg/(只·d)	0.95
					锌	mg/(只·d)	4.65
		产鸡蛋	1.9	粪便量		kg/(只·d)	0.17
				污染物	化学需氧量	g/(只·d)	27.35
					全氮	g/(只·d)	1.42
					全磷	g/(只·d)	0.42
					铜	mg/(只·d)	1.84
					锌	mg/(只·d)	9.48

续表

区域	动物种类	饲养阶段	参考体重/kg	污染物指标		单位	产污系数
华北区	肉鸡	商品肉鸡	1.0	粪便量		kg/(只·d)	0.12
				污染物	化学需氧量	g/(只·d)	20.36
					全氮	g/(只·d)	1.27
					全磷	g/(只·d)	0.30
					铜	mg/(只·d)	1.58
					锌	mg/(只·d)	4.63
东北区	生猪	保育	23	粪便量		kg/(头·d)	0.58
				尿液量		L/(头·d)	1.57
				污染物	化学需氧量	g/(头·d)	167.76 (131.47+30.29)
					全氮	g/(头·d)	26.03
					全磷	g/(头·d)	3.05
					铜	mg/(头·d)	95.50
					锌	mg/(头·d)	175.36
		育肥	74	粪便量		kg/(头·d)	1.44
				尿液量		L/(头·d)	3.62
				污染物	化学需氧量	g/(头·d)	430.73 (366.72+64.01)
					全氮	g/(头·d)	57.70
					全磷	g/(头·d)	6.16
					铜	mg/(头·d)	236.56
					锌	mg/(头·d)	237.01
		妊娠	175	粪便量		kg/(头·d)	2.11
				尿液量		L/(头·d)	6.00
				污染物	化学需氧量	g/(头·d)	582.85 (492.95+89.90)
					全氮	g/(头·d)	78.67
					全磷	g/(头·d)	11.05
					铜	mg/(头·d)	185.14
					锌	mg/(头·d)	352.72
	奶牛	育成牛	312	粪便量		kg/(头·d)	15.67
				尿液量		L/(头·d)	7.23
				污染物	化学需氧量	g/(头·d)	3166.11 (2928.2+237.91)
					全氮	g/(头·d)	110.95
					全磷	g/(头·d)	24.06
					铜	mg/(头·d)	95.20
					锌	mg/(头·d)	441.29

续表

区域	动物种类	饲养阶段	参考体重/kg	污染物指标		单位	产污系数
东北区	奶牛	产奶牛	665	粪便量		kg/(头・d)	33.47
				尿液量		L/(头・d)	15.02
				污染物	化学需氧量	g/(头・d)	6185.11 (5586.6+598.51)
					全氮	g/(头・d)	257.70
					全磷	g/(头・d)	54.55
					铜	mg/(头・d)	195.63
					锌	mg/(头・d)	972.85
	肉牛	育肥牛	372	粪便量		kg/(头・d)	13.89
				尿液量		L/(头・d)	8.78
				污染物	化学需氧量	g/(头・d)	3086.39 (2762.2+324.19)
					全氮	g/(头・d)	150.81
					全磷	g/(头・d)	17.06
					铜	mg/(头・d)	46.55
					锌	mg/(头・d)	283.24
	蛋鸡	育雏育成	1.0	粪便量		kg/(只・d)	0.06
				污染物	化学需氧量	g/(只・d)	12.94
					全氮	g/(只・d)	0.67
					全磷	g/(只・d)	0.13
					铜	mg/(只・d)	0.93
					锌	mg/(只・d)	3.20
		产鸡蛋	1.5	粪便量		kg/(只・d)	0.10
				污染物	化学需氧量	g/(只・d)	21.69
					全氮	g/(只・d)	1.12
					全磷	g/(只・d)	0.23
					铜	mg/(只・d)	1.46
					锌	mg/(只・d)	2.95
	肉鸡	商品肉鸡	1.6	粪便量		kg/(只・d)	0.18
				污染物	化学需氧量	g/(只・d)	34.15
					全氮	g/(只・d)	1.85
					全磷	g/(只・d)	0.48
					铜	mg/(只・d)	2.10
					锌	mg/(只・d)	11.51

续表

区域	动物种类	饲养阶段	参考体重/kg	污染物指标		单位	产污系数
华东区	生猪	保育	32	粪便量		kg/(头·d)	0.54
				尿液量		L/(头·d)	1.02
				污染物	化学需氧量	g/(头·d)	164.89 (143.64+21.25)
					全氮	g/(头·d)	11.35
					全磷	g/(头·d)	1.44
					铜	mg/(头·d)	161.11
					锌	mg/(头·d)	154.19
		育肥	72	粪便量		kg/(头·d)	1.12
				尿液量		L/(头·d)	2.55
				污染物	化学需氧量	g/(头·d)	337.90 (299.63+38.27)
					全氮	g/(头·d)	25.40
					全磷	g/(头·d)	3.21
					铜	mg/(头·d)	190.55
					锌	mg/(头·d)	281.60
		妊娠	232	粪便量		kg/(头·d)	1.58
				尿液量		L/(头·d)	5.06
				污染物	化学需氧量	g/(头·d)	472.34 (411.39+60.95)
					全氮	g/(头·d)	39.60
					全磷	g/(头·d)	5.11
					铜	mg/(头·d)	155.49
					锌	mg/(头·d)	405.82
	奶牛	育成牛	310	粪便量		kg/(头·d)	15.09
				尿液量		L/(头·d)	6.81
				污染物	化学需氧量	g/(头·d)	2832.72 (2661.02+171.7)
					全氮	g/(头·d)	107.77
					全磷	g/(头·d)	12.48
					铜	mg/(头·d)	155.69
					锌	mg/(头·d)	615.62

续表

区域	动物种类	饲养阶段	参考体重/kg	污染物指标		单位	产污系数
华东区	奶牛	产奶牛	540	粪便量		kg/(头·d)	31.60
				尿液量		L/(头·d)	15.24
				污染物	化学需氧量	g/(头·d)	5731.70 (5317.1+414.6)
					全氮	g/(头·d)	214.51
					全磷	g/(头·d)	38.47
					铜	mg/(头·d)	309.11
					锌	mg/(头·d)	1355.06
	肉牛	育肥牛	462	粪便量		kg/(头·d)	14.80
				尿液量		L/(头·d)	8.91
				污染物	化学需氧量	g/(头·d)	3114.00 (2919.1+194.9)
					全氮	g/(头·d)	153.47
					全磷	g/(头·d)	19.85
					铜	mg/(头·d)	102.95
					锌	mg/(头·d)	468.41
	蛋鸡	育雏育成	1.2	粪便量		kg/(只·d)	0.07
				污染物	化学需氧量	g/(只·d)	14.17
					全氮	g/(只·d)	0.84
					全磷	g/(只·d)	0.33
					铜	mg/(只·d)	0.91
					锌	mg/(只·d)	7.13
		产鸡蛋	1.7	粪便量		kg/(只·d)	0.15
				污染物	化学需氧量	g/(只·d)	18.50
					全氮	g/(只·d)	1.06
					全磷	g/(只·d)	0.51
					铜	mg/(只·d)	1.95
					锌	mg/(只·d)	11.35
	肉鸡	商品肉鸡	2.4	粪便量		kg/(只·d)	0.22
				污染物	化学需氧量	g/(只·d)	42.33
					全氮	g/(只·d)	1.02
					全磷	g/(只·d)	0.50
					铜	mg/(只·d)	2.43
					锌	mg/(只·d)	16.03

续表

区域	动物种类	饲养阶段	参考体重/kg	污染物指标		单位	产污系数
中南区	生猪	保育	27	粪便量		kg/(头·d)	0.61
				尿液量		L/(头·d)	1.88
				污染物	化学需氧量	g/(头·d)	187.37 (156.96+30.41)
					全氮	g/(头·d)	19.83
					全磷	g/(头·d)	2.51
					铜	mg/(头·d)	82.24
					锌	mg/(头·d)	145.61
		育肥	74	粪便量		kg/(头·d)	1.18
				尿液量		L/(头·d)	3.18
				污染物	化学需氧量	g/(头·d)	358.82 (311.87+46.95)
					全氮	g/(头·d)	44.73
					全磷	g/(头·d)	5.99
					铜	mg/(头·d)	118.79
					锌	mg/(头·d)	290.91
		妊娠	218	粪便量		kg/(头·d)	1.68
				尿液量		L/(头·d)	5.65
				污染物	化学需氧量	g/(头·d)	542.45 (492.18+50.27)
					全氮	g/(头·d)	51.15
					全磷	g/(头·d)	11.18
					铜	mg/(头·d)	113.55
					锌	mg/(头·d)	365.47
	奶牛	育成牛	328	粪便量		kg/(头·d)	16.61
				尿液量		L/(头·d)	11.02
				污染物	化学需氧量	g/(头·d)	3324.53 (2096.6+227.63)
					全氮	g/(头·d)	139.76
					全磷	g/(头·d)	25.99
					铜	mg/(头·d)	158.39
					锌	mg/(头·d)	731.67

续表

<table>
<tr><th>区域</th><th>动物种类</th><th>饲养阶段</th><th>参考体重/kg</th><th colspan="2">污染物指标</th><th>单位</th><th>产污系数</th></tr>
<tr><td rowspan="32">中南区</td><td rowspan="8">奶牛</td><td rowspan="8">产奶牛</td><td rowspan="8">624</td><td colspan="2">粪便量</td><td>kg/(头・d)</td><td>33.01</td></tr>
<tr><td colspan="2">尿液量</td><td>L/(头・d)</td><td>17.98</td></tr>
<tr><td rowspan="6">污染物</td><td>化学需氧量</td><td>g/(头・d)</td><td>6793.31
(6422.8+370.51)</td></tr>
<tr><td>全氮</td><td>g/(头・d)</td><td>353.41</td></tr>
<tr><td>全磷</td><td>g/(头・d)</td><td>62.46</td></tr>
<tr><td>铜</td><td>mg/(头・d)</td><td>307.44</td></tr>
<tr><td>锌</td><td>mg/(头・d)</td><td>1631.21</td></tr>
<tr><td colspan="0" style="display:none"></td></tr>
<tr><td rowspan="8">肉牛</td><td rowspan="8">育肥牛</td><td rowspan="8">316</td><td colspan="2">粪便量</td><td>kg/(头・d)</td><td>13.87</td></tr>
<tr><td colspan="2">尿液量</td><td>L/(头・d)</td><td>9.15</td></tr>
<tr><td rowspan="6">污染物</td><td>化学需氧量</td><td>g/(头・d)</td><td>2411.40
(2272.7+138.70)</td></tr>
<tr><td>全氮</td><td>g/(头・d)</td><td>65.93</td></tr>
<tr><td>全磷</td><td>g/(头・d)</td><td>10.52</td></tr>
<tr><td>铜</td><td>mg/(头・d)</td><td>68.57</td></tr>
<tr><td>锌</td><td>mg/(头・d)</td><td>276.19</td></tr>
<tr><td colspan="0" style="display:none"></td></tr>
<tr><td rowspan="12">蛋鸡</td><td rowspan="6">育雏育成</td><td rowspan="6">1.3</td><td colspan="2">粪便量</td><td>kg/(只・d)</td><td>0.12</td></tr>
<tr><td rowspan="5">污染物</td><td>化学需氧量</td><td>g/(只・d)</td><td>21.86</td></tr>
<tr><td>全氮</td><td>g/(只・d)</td><td>0.96</td></tr>
<tr><td>全磷</td><td>g/(只・d)</td><td>0.15</td></tr>
<tr><td>铜</td><td>mg/(只・d)</td><td>0.44</td></tr>
<tr><td>锌</td><td>mg/(只・d)</td><td>3.80</td></tr>
<tr><td rowspan="6">产鸡蛋</td><td rowspan="6">1.8</td><td colspan="2">粪便量</td><td>kg/(只・d)</td><td>0.12</td></tr>
<tr><td rowspan="5">污染物</td><td>化学需氧量</td><td>g/(只・d)</td><td>20.50</td></tr>
<tr><td>全氮</td><td>g/(只・d)</td><td>1.16</td></tr>
<tr><td>全磷</td><td>g/(只・d)</td><td>0.23</td></tr>
<tr><td>铜</td><td>mg/(只・d)</td><td>0.82</td></tr>
<tr><td>锌</td><td>mg/(只・d)</td><td>5.37</td></tr>
<tr><td rowspan="6">肉鸡</td><td rowspan="6">商品肉鸡</td><td rowspan="6">0.6</td><td colspan="2">粪便量</td><td>kg/(只・d)</td><td>0.06</td></tr>
<tr><td rowspan="5">污染物</td><td>化学需氧量</td><td>g/(只・d)</td><td>13.05</td></tr>
<tr><td>全氮</td><td>g/(只・d)</td><td>0.71</td></tr>
<tr><td>全磷</td><td>g/(只・d)</td><td>0.06</td></tr>
<tr><td>铜</td><td>mg/(只・d)</td><td>0.72</td></tr>
<tr><td>锌</td><td>mg/(只・d)</td><td>6.94</td></tr>
</table>

续表

区域	动物种类	饲养阶段	参考体重/kg	污染物指标		单位	产污系数
西南区	生猪	保育	21	粪便量		kg/(头·d)	0.47
				尿液量		L/(头·d)	1.36
				污染物	化学需氧量	g/(头·d)	142.02(117.58+21.44)
					全氮	g/(头·d)	10.97
					全磷	g/(头·d)	1.94
					铜	mg/(头·d)	102.64
					锌	mg/(头·d)	131.67
		育肥	71	粪便量		kg/(头·d)	1.34
				尿液量		L/(头·d)	3.08
				污染物	化学需氧量	g/(头·d)	403.67(354.70+48.97)
					全氮	g/(头·d)	19.74
					全磷	g/(头·d)	4.84
					铜	mg/(头·d)	236.47
					锌	mg/(头·d)	275.55
		妊娠	238	粪便量		kg/(头·d)	1.41
				尿液量		L/(头·d)	4.48
				污染物	化学需氧量	g/(头·d)	446.41(374.20+78.21)
					全氮	g/(头·d)	22.02
					全磷	g/(头·d)	6.55
					铜	mg/(头·d)	89.17
					锌	mg/(头·d)	312.50
	奶牛	育成牛	370	粪便量		kg/(头·d)	15.09
				尿液量		L/(头·d)	6.81
				污染物	化学需氧量	g/(头·d)	2832.72(2661.0+171.72)
					全氮	g/(头·d)	107.77
					全磷	g/(头·d)	12.48
					铜	mg/(头·d)	155.69
					锌	mg/(头·d)	615.62

续表

区域	动物种类	饲养阶段	参考体重/kg	污染物指标		单位	产污系数
西南区	奶牛	产奶牛	540	粪便量		kg/(头·d)	31.60
				尿液量		L/(头·d)	15.24
				污染物	化学需氧量	g/(头·d)	5731.70 (5317.1+414.60)
					全氮	g/(头·d)	214.51
					全磷	g/(头·d)	38.47
					铜	mg/(头·d)	309.11
					锌	mg/(头·d)	1355.06
	肉牛	育肥牛	431	粪便量		kg/(头·d)	12.10
				尿液量		L/(头·d)	8.32
				污染物	化学需氧量	g/(头·d)	2235.21 (2052.8+182.41)
					全氮	g/(头·d)	104.10
					全磷	g/(头·d)	10.17
					铜	mg/(头·d)	29.32
					锌	mg/(头·d)	236.89
	蛋鸡	育雏育成	1.3	粪便量		kg/(只·d)	0.12
				污染物	化学需氧量	g/(只·d)	21.86
					全氮	g/(只·d)	0.96
					全磷	g/(只·d)	0.15
					铜	mg/(只·d)	0.44
					锌	mg/(只·d)	3.80
		产鸡蛋	1.8	粪便量		kg/(只·d)	0.12
				污染物	化学需氧量	g/(只·d)	20.50
					全氮	g/(只·d)	1.16
					全磷	g/(只·d)	0.23
					铜	mg/(只·d)	0.82
					锌	mg/(只·d)	5.37
	肉鸡	商品肉鸡	0.6	粪便量		kg/(只·d)	0.06
				污染物	化学需氧量	g/(只·d)	13.05
					全氮	g/(只·d)	0.71
					全磷	g/(只·d)	0.06
					铜	mg/(只·d)	0.72
					锌	mg/(只·d)	6.94

续表

区域	动物种类	饲养阶段	参考体重/kg	污染物指标		单位	产污系数
西北区	生猪	保育	30	粪便量		kg/(头·d)	0.77
				尿液量		L/(头·d)	1.84
				污染物	化学需氧量	g/(头·d)	207.52 (183.91+23.61)
					全氮	g/(头·d)	21.49
					全磷	g/(头·d)	2.78
					铜	mg/(头·d)	199.89
					锌	mg/(头·d)	104.65
		育肥	65	粪便量		kg/(头·d)	1.56
				尿液量		L/(头·d)	2.44
				污染物	化学需氧量	g/(头·d)	397.12 (365.16+31.96)
					全氮	g/(头·d)	36.77
					全磷	g/(头·d)	4.88
					铜	mg/(头·d)	182.40
					锌	mg/(头·d)	123.14
		妊娠	195	粪便量		kg/(头·d)	1.47
				尿液量		L/(头·d)	4.06
				污染物	化学需氧量	g/(头·d)	357.97 (317.54+40.43)
					全氮	g/(头·d)	40.79
					全磷	g/(头·d)	5.24
					铜	mg/(头·d)	58.32
					锌	mg/(头·d)	91.08
	奶牛	育成牛	378	粪便量		kg/(头·d)	10.50
				尿液量		L/(头·d)	6.50
				污染物	化学需氧量	g/(头·d)	2013.97 (1748.8+265.17)
					全氮	g/(头·d)	108.03
					全磷	g/(头·d)	9.54
					铜	mg/(头·d)	73.28
					锌	mg/(头·d)	227.49

续表

区域	动物种类	饲养阶段	参考体重/kg	污染物指标		单位	产污系数
西北区	奶牛	产奶牛	670	粪便量		kg/(头·d)	19.26
				尿液量		L/(头·d)	12.13
				污染物	化学需氧量	g/(头·d)	3600.16 (3169.6+430.56)
					全氮	g/(头·d)	185.89
					全磷	g/(头·d)	17.92
					铜	mg/(头·d)	137.49
					锌	mg/(头·d)	542.85
	肉牛	育肥牛	431	粪便量		kg/(头·d)	12.10
				尿液量		L/(头·d)	8.32
				污染物	化学需氧量	g/(头·d)	2235.21 (2052.8+182.4)
					全氮	g/(头·d)	104.10
					全磷	g/(头·d)	10.17
					铜	mg/(头·d)	29.32
					锌	mg/(头·d)	236.89
	蛋鸡	育雏育成	1.2	粪便量		kg/(只·d)	0.06
				污染物	化学需氧量	g/(只·d)	12.94
					全氮	g/(只·d)	0.67
					全磷	g/(只·d)	0.13
					铜	mg/(只·d)	0.93
					锌	mg/(只·d)	3.20
		产鸡蛋	1.5	粪便量		kg/(只·d)	0.10
				污染物	化学需氧量	g/(只·d)	21.69
					全氮	g/(只·d)	1.12
					全磷	g/(只·d)	0.23
					铜	mg/(只·d)	1.46
					锌	mg/(只·d)	2.95
	肉鸡	商品肉鸡	1.6	粪便量		kg/(只·d)	0.18
				污染物	化学需氧量	g/(只·d)	34.15
					全氮	g/(只·d)	1.85
					全磷	g/(只·d)	0.48
					铜	mg/(只·d)	2.10
					锌	mg/(只·d)	11.51

注：括号内表示固体粪便中有机质可能转化成的 COD 量和尿液中的 COD 含量。

除此以外，许多学者还在公开发表文献中对各省、地市等更小区域的产污系数进行了估算。各区域畜禽产污系数与全国或大区产污系数均存在较大差异，即使是不同省份同一生长阶段的畜种的产污系数也存在一定差别。分省或分地区产污系数的研究主要针对特定养殖场，因此具有更精确、实用性更强的特点，更能真实反映各地区的畜禽养殖污染物的产生量（见表 3-3）。

表 3-3 中国分省主要畜种产污系数数据表 [4]

省市区	奶牛	肉牛	猪	肉鸡	蛋鸡	役用牛
北京市	42.393	24.432	4.288	0.107	0.16	25.345
天津市	48.013	25.369	3.85	0.12	0.165	25.345
内蒙古自治区	48.01	25.368	4.863	0.12	0.165	25.345
河北省	42.02	21.555	3.215	0.12	0.165	25.345
山西省	42.02	21.555	3.215	0.12	0.165	25.345
辽宁省	45.15	22.623	4.665	0.14	0.133	25.285
吉林省	47.057	23.099	4.303	0.14	0.12	25.285
黑龙江省	47.745	23.271	4.303	0.14	0.12	25.285
上海市	45.238	23.164	3.603	0.165	0.113	24.785
江苏省	46.478	23.474	3.547	0.197	0.123	24.785
浙江省	44.581	23	3.747	0.17	0.15	24.785
安徽省	42.475	22.474	2.77	0.22	0.113	24.785
福建省	48.293	23.928	3.884	0.197	0.125	24.785
山东省	41.467	22.222	2.77	0.22	0.125	24.785
江西省	43.3	22.335	4.13	0.06	0.123	27.65
河南省	42.157	22.049	4.477	0.077	0.117	27.65
湖北省	51.267	26.218	4.093	0.06	0.12	27.65
湖南省	53.45	27.436	4.4	0.06	0.12	27.65
广东省	46.065	23.026	4.315	0.088	0.121	27.65
广西壮族自治区	51.267	26.218	5.13	0.06	0.12	27.65
海南省	46.9	23.235	3.49	0.06	0.12	27.65
重庆市	44.983	23.897	5.135	0.06	0.12	24.785
四川省	48.317	26.119	4.803	0.06	0.12	24.785
贵州省	51.238	27.455	5.063	0.06	0.12	24.785
云南省	53.793	29.052	3.947	0.067	0.13	24.785
西藏自治区	48.317	26.119	4.983	0.06	0.12	24.785
甘肃省	39.247	23.348	5.03	0.18	0.095	22.335
新疆维吾尔自治区	39.247	23.348	5.03	0.18	0.095	22.335
陕西省	42.723	23.22	5.098	0.153	0.113	22.335
青海省	39.247	23.348	5.03	0.18	0.095	22.335
宁夏回族自治区	36.935	22.963	5.098	0.17	0.103	22.335
平均	45.464	24.03	4.267	0.123	0.126	25.175

3.1.1.2 数学模型法

数学模型法是根据全面且可靠的基础数据及实测数据，利用现代数据处理技术，找出各参量之间的函数关系建立起来的预测粪便主要污染物含量的数学模型。目前国内外预测畜禽粪便主要污染物含量的数学模型主要集中于以下 3 个方面。

（1）基于日粮营养组成快速预测畜禽粪便主要污染物含量

基于理论分析和实验基础，探讨畜禽日粮营养组成与其粪便主要污染物含量的相关性，建立了基于日粮营养组成快速预测畜禽粪便主要污染物含量的回归方程。国内外学者建立了许多基于日粮营养组成快速预测畜禽粪便主要污染物含量的模型，不同地区、不同畜禽种类所适用的模型也有所区别。表 3-4 列出了国内外模型。

表 3-4　国内外畜禽粪便主要污染物产生量预测模型

畜种	因变量	自变量	预测方程	预测精度	数据来源
奶牛	FN	NI、DMI	$y=33.21+0.125\times NI+4.877\times DMI$	—	[5]
育肥猪	FN	NI	$y=0.797+0.135\times NI$	0.50	[6]
蛋鸡	FN	NI	$y=8.150\times NI^2-24.47\times NI+20.081$	0.59	[7]
肉鸡	FN	日龄/d、采食量/g、NI	$y=0.065\times$ 日龄 $-0.018\times$ 采食量 $+0.064\times NI+0.500$	0.76	[8]

注：FN—粪便氮含量，g/d；DMI—摄入的干物质，kg/d；NI—摄入氮含量，g/d。

（2）基于粪便理化指标快速预测畜禽粪便主要污染物含量

畜禽粪便的理化指标，如比重、电导率、干物质以及总固体等与其有机质、氮、磷含量等存在较强的相关关系，基于粪便理化指标可建立快速预测其有机质、氮、磷含量的回归方程。粪便有机质含量与其比重、干物质具有较强的线性相关性，总磷则与干物质、密度、pH 值及比重的线性相关性较强，而粪便总氮含量与总固体、干物质、比重及电导率等建立的二元或多元回归方程的相关系数较高。表 3-5 是部分公开文献中利用理化指标预测畜禽粪便重要污染物含量的预测模型。

表 3-5　利用理化指标预测畜禽粪便重要污染物含量的预测模型

畜种	因变量	自变量	预测方程	R^2	数据来源
奶牛	C	DM	$y=0.412\times DM-1.879$	0.98	[9]
生猪	OM	SG	$y=1924.6\times SG-1924.4$	0.92	[10]
蛋鸡	TN	DM	$y=0.01\times DM^2+0.142\times DM-1.594$	0.83	[7]

注：OM—有机质，g/kg；C—碳含量，g/kg；SG—比重，%；DM—干物质，g/kg；TN—总氮，%。

（3）基于近红外光谱分析快速预测畜禽粪便主要污染物含量

首先通过采集已知样品的近红外光谱图，并通过化学计量学对光谱进行处理，将其与不同性质参数的参考数据相关联，从而在光谱图和其参考数据之间建立起模型。然后通过测定未知样品的光谱，并根据已建立的校正模型来快速预测未知样品的组成或性质。

虽然产污系数法在测算的适用性和准确性上仍有不足，例如，未区分不同区域气候特点、未规避季节因素、未考虑不同生长阶段、未适应养殖模式变化等，但目前我国畜禽粪便区域资源量的估算仍以产污系数法为主。

3.1.2 资源种类和数量

目前，我国畜禽粪便的种类主要包括奶牛、肉牛、生猪、役用牛、肉禽、蛋鸡、兔、马、驴、骡、羊等畜禽的粪便。对于宏观资源量的估算，仍以产污系数法为主。单位个体畜禽每日的粪便产排污系数见表 3-6。

表 3-6 主要畜禽粪便产排污系数 [11]

种类	粪尿量/(kg/d)					
	华北区	东北区	华东区	中南区	西南区	西北区
猪	3.40	4.10	2.97	3.74	3.57	3.54
奶牛	46.05	48.49	46.84	50.99	46.84	31.39
肉牛	22.10	22.67	23.71	23.02	20.42	20.42
役用牛	23.02	22.90	21.90	27.63	21.90	17.00
蛋鸡	0.17	0.10	0.15	0.12	0.12	0.10
肉禽	0.12	0.18	0.22	0.06	0.06	0.18
兔	0.15	0.15	0.15	0.15	0.15	0.15
马	5.90	5.90	5.90	5.90	5.90	5.90
驴、骡	5.00	5.00	5.00	5.00	5.00	5.00
羊	0.87	0.87	0.87	0.87	0.87	0.87

该表以《第一次全国污染源普查畜禽养殖业源产排污系数手册》为基础，根据畜禽各饲养阶段的天数，对产排污系数进行适当选取和修正。兔、羊、马、驴、骡等的产排污系数来自相关文献。

除产污系数外，在估算资源数量时还需要确定饲养期。随着科技进步，畜禽的饲养期在发生变化，不同饲养形式，其饲养期也不同。中国暂未发布近年畜禽饲养期的权威数据，本书各类畜禽的饲养期主要来源于相关文献。猪饲养期为 199d，以出栏量作为饲养量；牛、羊、马、驴、骡、蛋鸡的饲养期大于 365d，以年底存栏量为饲养量；肉鸡、鸭、鹅饲养期 210d，出栏量作为饲养量；兔的饲养期 90d，饲养量 51679.1 万只。根据《中国畜牧业年鉴 2015》中畜禽的存出栏量数据（见表 3-7），可估算出 2014 年我国畜禽粪便的资源总量（见表 3-8）。

表 3-7 《中国畜牧业年鉴 2015》中畜禽存出栏量[1]

项目	单位	2014 年	2013 年	2014 年比 2013 年增减	
				绝对数	%
当年畜禽出栏					
牛	万头	4929.2	4828.2	101.0	2.1
马	万头	154.3	149.3	5.1	3.4
驴	万头	226.6	237.8	−11.2	−4.7
骡	万头	47.9	47.9	0.0	0.1
骆驼	万头	8.5	7.7	0.8	10.2
猪	万头	73510.4	71557.3	1953.1	2.7
羊	万只	28741.6	27586.8	1154.8	4.2
家禽	亿只	115.4	119.0	−3.6	−3.0
兔	万只	51679.1	50366.5	1312.5	2.6
畜禽年末存栏数					
大牲畜	万头	12022.9	11853.2	169.7	1.4
牛	万头	10578.0	10385.1	192.9	1.9
肉牛	万头	7040.9	6838.6	202.3	3.0
奶牛	万头	1499.1	1441.0	58.0	4.0
马	万头	604.3	602.7	1.6	0.3
驴	万头	582.6	603.4	−20.7	−3.4
骡	万头	224.6	230.4	−5.8	−2.5
骆驼	万头	33.4	31.6	1.7	5.6
猪	万头	46582.7	47411.3	−828.5	−1.7
羊	万只	30314.9	29036.3	1278.7	4.4
山羊	万只	14465.9	14034.5	431.4	3.1
绵羊	万只	15849.0	15001.7	847.3	5.6
家禽	亿只	57.8	57.1	0.7	1.2
兔	万只	22274.6	22345.3	−70.7	−0.3

表 3-8 2014 年我国畜禽粪便的资源总量

畜禽种类	资源量	单位
猪	5.2	亿吨
奶牛	2.5	亿吨
肉牛	3.3	亿吨
役用牛	1.7	亿吨
蛋鸡	1.3	亿吨
肉禽	3.3	亿吨

续表

畜禽种类	资源量	单位
兔	0.07	亿吨
马	0.13	亿吨
驴、骡	0.15	亿吨
羊	1.0	亿吨
总计	18.65	亿吨

3.1.3 资源空间分布

从全国总体来看，我国畜禽粪便污染情况比较严峻。由于各省畜禽养殖数量和饲养结构的不同，10 类畜禽粪便在 31 个省份的区域分布具有明显的差异（见表 3-9）。山东省，河南省，四川省，湖南省，河北省和云南省 6 省为粪便排放大省，在 1 亿吨以上，6 省总计约占全国粪便资源总量的 46%，其中河南省和四川省位居第一，达 1.88 亿吨，以肉牛和猪粪便资源为主；山东省位居第二，粪便量为 1.52 亿吨，以肉禽粪便资源为主，其次是肉牛和猪的粪便；上海、天津、北京 3 市由于人口密度大，工业发达，发展畜禽养殖业所需的水、土地等资源有限，畜禽粪便资源最少，不足 0.1 亿吨。在污染量大于等于 0.1 亿吨的 10 个省、自治区中，除四川省、云南省、广西壮族自治区外，其他基本集中于东部地区和东北地区。西藏自治区、青海省、宁夏回族自治区、新疆维吾尔自治区由于畜禽养殖业欠发达，畜禽粪便资源总量不大，以奶牛和羊粪便为主。

总体来看，经济发展水平较高和人口密度较大的东部地区，畜禽饲养较为发达，单位耕地面积的畜禽粪便污染也越严重[12]。畜禽养殖向人口密集、土地资源短缺的东部各省份聚集，不仅加重了环境污染，也增加了畜禽粪便污染对食品和人体健康影响的风险。

表 3-9 全国畜禽粪便污染情况[12]

位置	总排放量/10^9t	总污染量/10^9t	耕地面积/(10^4/hm^2)	单位耕地污染量/(t/hm^2)
全国	19.00	2.29	12171.59	1.88
北京市	0.09	0.01	23.17	5.07
天津市	0.09	0.01	44.11	2.81
河北省	1.19	0.13	631.73	2.04
山西省	0.25	0.03	405.58	0.71
内蒙古自治区	0.11	0.02	714.72	0.22

续表

位置	总排放量/10^9 t	总污染量/10^9 t	耕地面积/(10^4/hm^2)	单位耕地污染量/(t/hm^2)
辽宁省	0.95	0.11	408.53	2.63
吉林省	0.76	0.07	553.46	1.33
黑龙江省	0.92	0.08	1183.01	0.68
上海市	0.05	0.01	24.40	3.33
江苏省	0.52	0.08	476.38	1.70
浙江省	0.27	0.05	192.09	2.72
安徽省	0.60	0.09	573.02	1.53
福建省	0.32	0.05	133.01	4.08
江西省	0.62	0.09	282.71	3.31
山东省	1.52	0.19	751.53	2.47
河南省	1.88	0.23	792.64	2.94
湖北省	0.78	0.11	466.41	2.28
湖南省	1.07	0.15	378.94	3.91
广东省	0.74	0.13	283.07	4.64
广西壮族自治区	0.87	0.11	421.75	2.51
海南省	0.15	0.02	72.75	2.56
重庆市	0.38	0.04	223.59	1.84
四川省	1.88	0.21	594.74	3.50
贵州省	0.65	0.05	448.53	1.16
云南省	1.14	0.10	607.21	1.64
西藏自治区	0.00	0.00	36.16	0.03
陕西省	0.34	0.04	405.03	1.02
甘肃省	0.65	0.06	465.88	1.30
青海省	0.01	0.00	54.27	0.29
宁夏回族自治区	0.16	0.01	110.71	1.20
新疆维吾尔自治区	0.04	0.01	412.46	0.17

3.1.4　理化特性

畜禽粪便主要是指养殖过程中产生的畜禽粪尿，组成成分极其复杂，多为多种复杂高分子有机化合物组成的复合体和少量矿物元素成分。

畜禽粪便物理、化学、生物及热特性等基础数据是畜禽粪便资源化利用最基本的技术参数，全面系统地分析和了解畜禽粪便基础特性，可为实现畜禽粪便科学、高效和安全利用提供数据支撑，是发展优质、高效、低耗生物质产业的基础。我国幅员辽阔，畜禽粪便资源种类繁多，分布范围广，畜禽养殖规模、管理模式、饲料配方、粪便清理和储存方式多种多样，这种现状直接导致畜禽粪便组分、结构及相关特性迥异。

畜禽粪便随畜禽的种类、体重、所给的饲料特征、饮水量、饲养形态、季节和畜禽体质的不同，其性质和数量也有很大不同。例如，牛粪的碳氮比（C/N）较高，但较难分解的有机物较多；而鸡粪中氮磷和钾等肥料成分比例较高，含易分解的有机物（BOD）较多。

下面将分类介绍畜禽粪便的相关理化特性。

3.1.4.1 工业组成

畜禽粪便的工业组成包括水分、挥发分、固定碳和灰分，其中挥发分和固定碳是其可燃成分，不同畜禽粪便的工业组成见表3-10。畜禽粪便中的水分含量较高，主要以自由水的形态存在。挥发分是指畜禽粪便与空气隔绝，在一定温度条件下加热一定时间后，由有机物分解出来的液体和气体产物的总和，不包括游离水分。挥发分是反映畜禽粪便燃料质量的重要指标，挥发分含量越高，着火点越低，但火焰温度也较低。固定碳是畜禽粪便中以单质形式存在的碳，其燃点比较高。灰分是不可燃烧的部分，主要为无机矿物质元素的氧化物，组成成分主要有二氧化硅、氧化铝、五氧化二磷、氧化钾、氧化钠、氧化镁、氧化钙、氧化铁、氧化锌和氧化铜。灰分含量越高，燃烧越不稳定[13,14]。

表3-10 不同畜禽粪便的工业组成

种类	水分/%	挥发分/%	固定碳/%	灰分/%
猪粪	70～80	60～70	10～15	20～25
牛粪	75～85	70～80	15～20	15～25
鸡粪	70～80	60～70	10～15	20～30
羊粪	50～60	60～70	10～15	15～20

3.1.4.2 元素组成

畜禽粪便的元素组成包括碳、氢、氧、氮、硫等。碳是畜禽粪便中的主要元素，其含量的多少决定其热值。畜禽粪便因地域、气候、饲养方式等不同，其元素含量也存在较大差异。

表3-11是典型畜禽粪便元素组成。

表3-11 典型畜禽粪便元素组成[14] 单位：%

种类	碳	氢	氮	氧
猪粪	43.03	6.80	3.08	47.09
牛粪	42.07	5.60	1.75	50.28
鸡粪	31.54	4.48	4.28	59.70
羊粪	37.85	5.69	2.20	54.26

3.1.4.3 热值

热值又称发热量，指单位质量的畜禽粪便完全燃烧后，在冷却至原有温度时所释放的热量，其国际单位为 kJ/kg。热值是畜禽粪便利用热化学转化并进行能源化利用的重要参数，也是进行燃烧的热平衡、热效率计算不可缺少的参数。热值的表示方法主要有弹筒热值、高位热值和低位热值。

表 3-12 是畜禽粪便典型的高位热值和低位热值。

表 3-12　畜禽粪便典型热值[14]

种类	高热位值 HHV	低热位值 LHV
猪粪	18.80	17.12
牛粪	17.01	15.64
鸡粪	12.15	11.02
羊粪	15.27	13.89

3.1.4.4 营养元素

畜禽粪便中有机物、有机碳、凯氏氮、氨氮、有机氮、碳氮比、磷、有效磷、钾、钠、钙、镁、铁、铜和锌是评价畜禽粪便肥料价值的重要参数（见表 3-13）。有机质可补充土壤有机碳，提高土壤生物活性、磷、钾、钠、钙、镁、铁、铜和锌是农作物生长所必需的营养物质。将畜禽粪便施用于农田，有利于改良土壤结构，提高土壤肥力和农作物产量。对氮素含量来说，鸡粪含氮量范围为 0.60%～4.85%，平均为 2.08%。猪粪含氮量略高于鸡粪，含量范围为 0.20%～5.19%，平均为 2.28%。对牛粪来说，全氮含量范围为 0.32%～4.13%，平均为 1.56%。羊粪的含氮量较低，含量范围为 0.25%～3.08%，平均为 1.31%[15]。

表 3-13　代表性畜禽粪便的分析

种类	水分	有机物	碳	氮	灰分	总磷	钾	钙	镁	BOD
牛粪	84.3	72.6	41.4	1.8	23	2.75	2.7	3.7	1.5	22～26
猪粪	81.1	80.9	41.5	3.9	11	1.91	4.8	4.9	1.6	55～60
鸡粪	75～80	72.9	42.2	4.6	9	2.73	8.6	10.9	1.6	65～70

注：1. BOD 单位 g/kg（以初始物料计）；

2. 其他单位为%（除水分外均以干物质计）。

对磷素（P_2O_5，下同）含量来说，鸡粪含磷量范围为 0.39%～6.75%，平均为 3.53%。猪粪含磷量范围较大，为 0.39%～9.05%，平均为 3.97%。对牛粪来说，磷素的含量远远小于猪粪，含量范围为 0.22%～8.74%，平均为 1.49%。羊粪的含磷量更低，含量范围为 0.35%～2.72%，平均只有 1.03%。

对钾素（K_2O，下同）含量来说，鸡粪含钾量范围为 0.59%～4.63%，平均为 2.38%。猪粪含钾量范围较大，为 0.94%～6.65%，平均为 2.09%，总的来看，猪粪的含钾量低于鸡粪。牛粪中钾素的含量更低，平均含钾量为 1.96%。羊粪的含钾量较高，含量范围为 0.89%～3.70%，平均为 2.40%[16]。

3.1.4.5 纤维素含量

畜禽粪便中纤维素、半纤维素、木质素的含量对堆肥、厌氧发酵制备沼气等资源化过程具有重要影响。因饲养方式的不同上述成分含量差异较大，表 3-14 列出的畜禽粪便中纤维素、半纤维素、木质素含量仅供参考。

表 3-14 畜禽粪便中纤维素类物质含量[17]

原料名称	含水量/%	总固体/%	粗蛋白/%	粗纤维/%	粗脂肪/%	碳氮比(C/N)
猪粪	83.2	16.81	23.9	14.7	8.2	13/1
牛奶粪	83.1	16.88	12.7	37.6	2.5	25/1
羊粪	62.2	37.82	15.6	32.4	3.6	24/1

3.1.4.6 pH 值和电导率

pH 值和电导率是衡量畜禽粪便质量的重要指标。pH 值是影响微生物生长繁殖的重要因素之一。电导率代表畜禽粪便中可溶性盐的含量，过高的电导率则会影响作物生长和作物种子发芽率，不能直接施入土壤。

3.1.4.7 产气性能

利用畜禽粪便制备沼气是其资源化利用的主要方式之一，因此，在这里也列出部分畜禽粪便厌氧发酵产沼气的相关性能，以作参考，畜禽粪便干物质产气率见表 3-15。

表 3-15 畜禽粪便干物质产气率[17]　　单位：m^3/kg

畜禽	粪	尿
猪	0.2	0.2
羊	0.3	0.1
鸡	0.4	—
兔	0.2	—
鸭鹅	0.2	—
牛马驴骡	0.3	0.2

3.2 资源利用现状

畜禽粪便是农业面源污染的最大的来源之一，农业面源污染 90%以上 COD 来自畜禽粪便[18]。全国每年产生 38 亿吨畜禽粪便，有效处理率却不到 50%[19]，这已成为困扰养殖业健康发展的重大瓶颈和影响农村环境的突出问题。2015年农业部在“全国农业生态环境保护与治理工作会议”上提出，到2020年，规模畜禽养殖场（区）75%以上实现配套建设废弃物储存处理利用设施。畜禽粪便既是排泄废物，又是一种特殊形态的可再生资源，经无害化处理后在农业上具有很大开发潜力，通过有效地处理，可变为高效有机肥料，减少化肥用量，降低生产成本。应用畜禽粪便生产沼气，开发利用生物能源，对节约自然资源，防止环境污染，实现生态环境良性循环具有重要意义。自20世纪50年代美国首先以鸡粪作为牛、羊补充饲料试验成功后，我国和日本、英国、法国、德国、新加坡、澳大利亚等国家和地区普遍开展粪便的应用研究[20]。

按照“减量化、无害化、资源化”的原则，采用过程控制与末端治理相结合的方式，就地结合、就地利用，实现“零排放”；加大力度、加快速度、合理利用畜禽粪污资源，使种植业与畜禽养殖业有机结合，形成优势互补和良性循环的有机体，变废为宝，发挥其经济效益和社会效益，促进畜牧业与种植业、农村生态建设协调发展的产业模式。

现阶段畜禽粪污处理和资源化利用的模式主要有：生态循环型模式和能源环保型模式两种类型[21~23]。

（1）生态循环型模式

畜牧养殖产生的粪污通过固液分离，固体部分通过翻抛机等设备加工成有机肥，用于牧草及农作物种植；污水进入厌氧发酵罐处理系统，沼渣用于加工有机肥，沼液用于光伏大棚内水藻池塘浮萍养殖，沼气用作燃料；污水经浮萍养殖池塘（污水处理系统）净化后，出水泵入净水存储利用池内，用于牧草及农作物种植用水，或利用中水处理设备再净化，通过净水管网用于畜牧养殖。光伏大棚在棚顶安装薄膜太阳能电池板，将太阳能转化为电能，通过太阳能存储利用系统，可用于有机肥加工、水藻养殖、畜牧生产等，同时可以保障浮萍养殖对环境温湿度的要求。实现畜牧生产资源的循环再利用，粪污实现“零排放”，达到清洁、安全、高效生产的目标，建立一种“畜牧养殖—有机肥加工—光伏发电—浮萍养殖—净水利用—牧草种植”的新型循环经济模式。

（2）能源环保型模式

指畜禽养殖场的污水处理后达标排放或以回用为最终目标的处理工艺，本模式是农业部倡导的、以厌氧发酵制取沼气为核心并结合环保要求的处理和利用方式。首先将粪污进行固液分离，分离出的粪渣出售或生产有机肥，然后液体进入厌氧处理系统和好氧处理系统，以实现达标排放。其投资额比生态型沼气工程高，每年的运行成本高于产生收益，不产生利润。

优点在于经好氧处理后，污水水质达到《畜禽养殖业污染物排放标准》，可直接排放，且工艺处理单元效率高、管理及操作自动化水平高、适用范围广。当前规模化养殖场粪污的污染已经不容忽视，但是粪便中含有植物所需N、P、K及其他养分，可作为肥料施用于农田，因此畜禽粪便在产生污染的同时，还是宝贵的农业资源，所以不但要控制污染，还应对其进行合理利用。按照可持续发展的要求，加强源头控制和养殖过程控制，减少污染物排放。在粪污的处理方面，尽量实现因地制宜，选择能耗低、效率高、效益好，符合当地畜牧业发展的处理工艺，做好畜禽养殖污染防治工作，使畜牧业和农业相辅相成。

3.2.1 肥料化利用

畜禽原粪含有大量有机质和氮、磷、钾、其他微量元素等植物必需的营养元素及各种生物酶和微生物，是一种优质的有机肥，施用有机肥对提高土壤有机质及其肥力、改良土壤结构、维持农作物长期优质高产起着化肥不可替代的作用。因此畜禽粪便肥料化不但是解决畜禽污染问题的有效途径，也是实现废物资源化利用的有效方法[24]。

畜禽粪便中的营养成分必须经微生物降解腐熟，即堆肥化处理后才能被植物利用。如果不加处理地施用鲜粪尿（施生粪），有机质在降解过程中产生的热量、氨和硫化氢等会对植物根系不利。畜禽粪便中含有大量的病原体，还有可能对环境造成恶臭和病原菌污染。畜禽粪便堆肥化处理流程通常为畜禽养殖场粪便经收集、储存后进行堆肥处理，堆肥产品经干燥、加入添加剂、造粒等一系列后处理后作为肥料进行土地利用，或包装作为商品肥出售。

畜禽粪便堆肥处理通过生物发酵法得以实现，生物发酵法历史悠久，技术较为成熟。在堆肥过程中，可杀死大部分病原微生物及寄生虫卵，也可除去臭气，方法简单易行，投资少。故目前堆肥处理技术已成为我国畜禽粪便无害化处理（处置）、资源化利用的重要手段[25]。

3.2.1.1 肥料化利用概述

（1）基本原理

畜禽粪污肥料化利用属于好氧发酵，利用好氧微生物将复杂的有机物分解为稳定的腐殖质，同时产生热能，粪便内部温度逐渐升高，达到60～70℃高温并且能够持续数天，不仅降低水分，同时杀灭其中的有害病原微生物、寄生虫、虫卵和杂草种子等，腐熟后的物料不再有臭味，易于被作物吸收，整个过程根据工艺不同持续几十天到几个月，最终完成从粪到肥的转变过程[26]。

图3-1所示为堆肥基本过程。

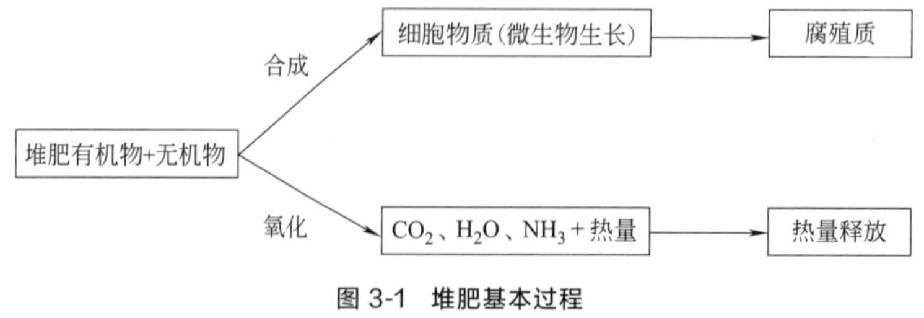

图3-1 堆肥基本过程

（2）基本条件和影响因素

1）碳氮比（C/N）

微生物在新陈代谢获得能量和合成细胞的过程中，需要消耗一定量的碳和氮[27～29]，一般认为，堆肥碳氮比为25～35最佳，而畜禽粪便的碳氮比较低，鸡粪为7.9～10.7，猪粪为7.1～13.2，牛粪为15.2～21.5，因此在堆肥前应掺入一定量的锯末、碎稻草、秸秆等调理剂，同时起到调节水分和使粪便疏松利于通气的作用。锯末碳氮比为500左右，稻草为50左右，麦秸为60左右。

2）含水率

适宜含水率与堆料的有机质含量有关，一般含水率在45%～60%为宜[30,31]。当含水率低于30%时，微生物分解过程就会受到抑制，当含水率高于70%时，通气性差，好氧微生物的活动会受到抑制，厌氧微生物的活动加强，产生臭气。

3）温度

堆肥最高温度可达75℃左右，一般认为，堆肥温度保持在55～65℃为好[32]，可通过调整通风量来控制温度。

4）通风供氧

微生物的活动与氧含量密切相关，供氧量的多少影响堆肥速度和质量。堆肥中常用斗式装载机、发酵槽的搅拌机等设备翻动来实现通风供氧，也可通过鼓风机实行强制通风。

5）pH值

堆肥中pH值随时间和温度而变化，可作为有机质分解状况的标志。

6）接种剂

加入接种剂可以加快发酵速度，自20世纪90年代中期起，国外某些微生物发酵菌剂产品（如EM、酵素菌、TM等）及应用技术进入我国[33]。近几年来湖北省、北京市、上海市等地相继开展有机肥生物发酵菌株选育、生产工艺和肥效等研究工作，并在堆肥过程的参数控制、配套机械装置应用及堆肥产品的腐熟指标等方面获得大量试验资料，部分研究结果开始生产试用。

（3）堆肥产品的作用

有机肥具有增产增收、培肥地力、提高农产品品质等多种功效。肥料中一般含有或添加大量的微生物，微生物的生长和繁殖为解磷、解钾等功能创造了良好的环境，可以改善土壤的团粒结构，增强保水及通气功能，提高化肥的肥效。另外，有机复合肥中加入无机化肥可以提高肥料中的有效养分，保证作物生长的需要。如果在肥料中或施入土壤后添加功能微生物分解有机质及难溶解性磷、钾等，可以使作物更有效的吸收利用，既能增强土壤肥力，又能促进作物对氮、磷、钾养分的平衡吸收，提高化肥的利用率。三类肥料各有优势，应该充分发挥利用，相互促进、互补长短。

随着畜禽养殖业的发展，产生大量畜禽粪便。畜禽粪便经生物技术发酵、脱臭加工后，不仅可以消除污染，保护环境，而且可以获得大量优质有机肥料。可根据不同作物、不同土质、不同地区的要求生产系列专用肥料，充分发挥肥料的功效。

事实上，目前由于无机化肥的大量施用，导致地力水平的下降和环境污染，来自生态农业和环境保护的压力将会越来越大。随着生活水平的提高，人们对农产品品质的要求也越来越高，这些因素将在相当程度上限制无机化肥的施用量。而有机肥（生物肥、复合肥）以其优良的性能，顺应生态农业的发展方向，具有很好的社会效益、经济效益和生态效益。随着农业的发展，有机肥（生物肥、复合肥）的施用将成为增加农业投入的一种主要途径，因此有广阔的市场前景。

总结起来有机肥有以下优点：

① 施用堆肥可提供作物各生长时期所需要的养分。堆肥含有作物生长所需的氮、磷、钾等元素，硫、钙、镁等中量、微量元素以及氨基酸、蛋白质、糖、脂肪等各种有机养分，在养分组成上更适于作物生长的需要。同时由于有机肥含有生物物质、抗生素等，能增强作物的抗逆性和对不良环境的适应能力。

② 施用堆肥可提高作物产量和改善农产品品质。由于有机肥既含有多种无机元素，又含有多种有机养分，还含有大量的微生物和酶，可提供作物全面的营养物质，因此可以对改善农产品品质，提高农产品产量有重大作用。

③ 施用堆肥可提高土壤肥力。施用堆肥可以改善土壤结构，增加土壤养分，提高土壤生物活性。施用有机肥料是保持土壤肥力、促进可持续发展的重要措施，农业部“沃土工程”项目对增施有机肥料提出了明确的要求。

（4）堆肥的质量标准

1）有害污染物的控制标准

采用畜禽粪便作为有机肥生产原料，要考虑到畜禽粪便中所含有害物质的影响，主要是重金属的影响。堆肥产品应满足一定的质量标准。目前，有机肥只有农业行业标准，没有制定国家标准，畜禽粪便的标准可以参考我国控制污泥中污染物危害的《农用污泥污染物控制标准》(GB 4284—2018)，其中污泥产物的污染物浓度限值见表 3-16。

表 3-16　污泥产物的污染物浓度限值（GB 4284—2018）

项　　目	污染物限值	
	A 级污泥产物	B 级污泥产物
总镉(以干基计)/(mg/kg)	<3	<15
总汞(以干基计)/(mg/kg)	<3	<15
总铅(以干基计)/(mg/kg)	<300	<1000
总铬(以干基计)/(mg/kg)	<500	<1000
总砷(以干基计)/(mg/kg)	<30	<75
总镍(以干基计)/(mg/kg)	<100	<200
总锌(以干基计)/(mg/kg)	<1200	<3000
总铜(以干基计)/(mg/kg)	<500	<1500
矿物油(以干基计)/(mg/kg)	<500	<3000
苯并[a]芘(以干基计)/(mg/kg)	<2	<3
多环芳烃(PAHs)(以干基计)/(mg/kg)	<2	<6

2）对营养物质的要求

作为堆肥产品应该对有机肥中氮、磷等基本营养元素的含量有相应的要求。这是增加肥料肥效、提高作物产量的基本保证。特别应该考虑的是有机肥的主要目的在于改善土壤结构，提高土壤综合肥力，有利于生态农业良性发展。所以应保证有足够的有机质含量，同时还应该保持适量的营养物含量。日本提出的污泥肥料对有机物及氮、磷等的要求见表 3-17。

表 3-17　日本污泥肥料对有机物及氮、磷等的要求[34]

项目 \ 品质基准		基准值	
		污泥干燥制品	污泥发酵制品
需要的品质指标	有机物	干物中　35%以上	干物中　35%以上
	总氮	干物中　2%以上	干物中　1.5%以上
	总磷	干物中　2%以上	干物中　1%以上
	碱度	干物中　25%以上	干物中　25%以上
不需要的品质指标	水分	现物中　30%以下	现物中　50%以下
	pH 值		现物中　8.5%以下

3）其他要求

关于有机肥的生产，目前我国还未制定出强制性执行的国家标准。个别企业和有关研究单位在一段时间的研究和应用基础上，提出了一些参考标准。

① 含水率：堆肥产品存放时，含水率应<30%，袋装堆肥含水率应<20%。控制堆肥含水率的要求，是因为水分在运输中有损耗，也是为了保持堆肥良好的撒播性。

② 无害率：根据卫生要求与农作物生长需要，堆肥中动植物的致病菌、杂草种子、害虫卵等应已杀灭，堆肥产品的施用必须对环境、土壤和农作物完全无害。

③ 惰性材料：为了有利于堆肥产品的利用，堆肥中的惰性材料如玻璃、陶瓷、金属、石头、塑料、橡胶、木材等必须去除。

④ 含盐量：堆肥含盐量高，易造成土壤酸化并损害作物根部功能，影响作物生长。堆肥产品含盐量一般在 1%～2%。

⑤ 成品外观：成品堆肥外观应是茶褐色或黑褐色，无恶臭，质地松散，具有泥土芳香气味。

3.2.1.2　好氧堆肥工艺流程

现代化的堆肥生产一般采用好氧堆肥工艺，通常由前（预）处理、主发酵（亦可称一次发酵、一级发酵或初级发酵）、后发酵（亦可称二次发酵、二级发酵或次级发酵）、后处理、脱臭和储存等工序组成。畜禽粪便发酵堆肥工艺流程见图 3-2。

（1）前处理

以畜禽粪便为主要原料进行堆肥时，由于其含水率过高，前处理的主要任务是调整水分和碳氮比，有时需添加菌种和酶制剂，以促进发酵过程正常进行。

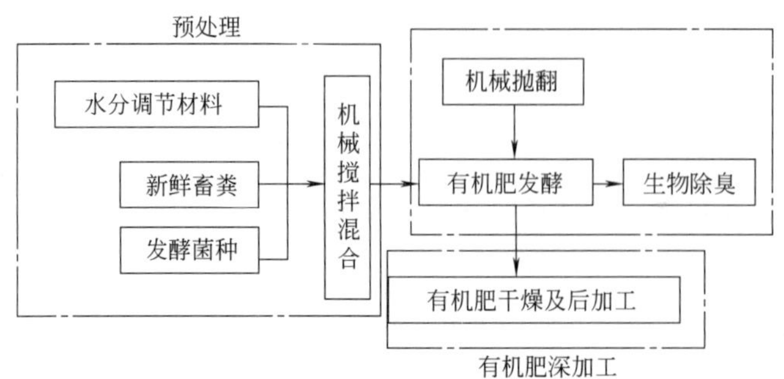

图 3-2 畜禽粪便发酵堆肥工艺流程

堆肥发酵受场地和时间的限制，因此畜禽粪污有必要进行一定量的储存，以便在合适的条件下可以对其进行堆肥发酵。

(2) 主发酵

主发酵阶段可在露天或发酵装置内进行，通过翻堆或强制通风向堆积层或发酵装置内供给氧气。在露天或发酵装置内堆肥时，由于原料和土壤中存在的微生物作用而开始发酵，微生物吸取有机物的碳、氮等营养成分，在合成细胞质自身繁殖的同时，将细胞中吸收的物质分解而产生热量。一般将温度升高到开始降低为止的阶段称为主发酵阶段。

(3) 后发酵

后发酵阶段即堆肥腐熟阶段，经过主发酵的半成品被送到后发酵工序，将主发酵工序尚未分解的及较难分解的有机物进一步分解，使之变成腐植酸、氨基酸等比较稳定的有机物，得到完全成熟的堆肥成品。一般把物料堆积到 1～2m 高进行后发酵，通常不进行通风，但每周要进行一次翻堆。

(4) 后处理

经过分选工序以去除杂物，并根据需要（如生产精制堆肥）进行再干燥、破碎、造粒。后处理工序除干燥、分选、破碎、造粒设备外，还包括打包装袋、压实选粒等设备。在实际工艺过程中，根据实际需要来组合后处理设备。

(5) 脱臭和储存

在堆肥工艺过程中，每个工序系统有臭气产生，主要有氨、硫化氢、甲基硫醇、胺类等，必须进行脱臭。去除臭气的方法主要有化学除臭剂除臭，水、酸、碱水溶液等吸收剂吸收法，臭氧氧化法，活性炭、沸石、熟堆肥等吸附剂吸附法等。其中，经济而实用的方法是熟堆肥氧化吸附除臭法。在露天堆肥时，可在堆肥表面覆盖熟堆肥，以防止臭气逸散。较为多用的除臭装置是堆肥过滤器，当臭气通过该装置，恶臭成分被堆肥（熟化后的）吸附，进而被其中好氧微生物分解而脱臭。

堆肥的供应期多半是集中在秋天和春天，中间隔半年，因此，一般的堆肥工厂有必要设置至少能容纳 6 个月产量的储藏设备。储存方式可直接堆存在发酵池中或袋装。堆肥成品可以在室外堆放，但此时必须有不透雨层防水。要求包装袋干燥而透气，如果密闭和受潮会影响堆肥产品的质量。

3.2.1.3 好氧堆肥技术的实现方式

（1）静态好氧堆肥方式

1）直接堆肥

传统的堆肥方式是将畜禽粪便堆成长条形，长 10～15m，宽 2～4m，高 1.5～2m，在气温 20℃左右需腐熟 15～20d，其间需翻堆 1～2 次，以供氧、散热并使其发酵均匀，此后需静置堆放 2～3 个月即可完全腐熟。为加快发酵速度，可在垛内埋秸秆束或垛底铺设通风管，在堆垛后的前 20d 因经常通风，则不必翻垛，温度可升至 60℃，此后在自然温度下堆放 2～3 个月即可完全腐熟，直接堆肥示意见图 3-3。这种方法成本低，处理周期长，占地面积大，受天气影响大，生产成本低。比较适合小型畜禽场使用，中型畜禽场如果采用此种方式，翻堆的工作量大。为防止污染土壤，堆肥场应做防渗处理和防雨棚[35]。

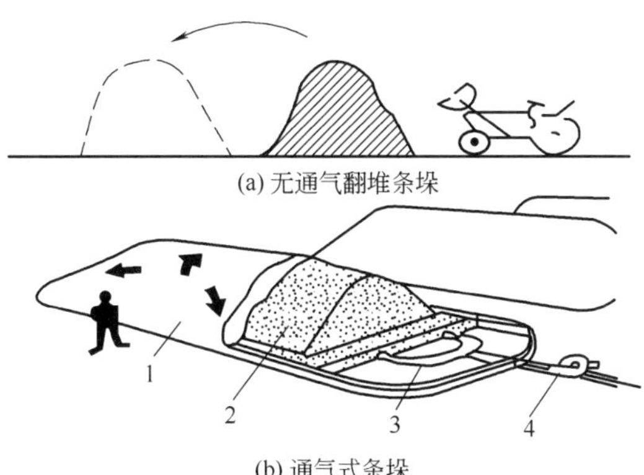

(c) 现场图

图 3-3　直接堆肥示意

1—表层为已腐熟的堆肥；2—畜粪及调理剂；3—打孔的通气管；4—鼓风机

2）发酵槽堆肥

发酵槽堆肥基本由发酵槽、搅拌机、通气装置和发酵大棚（车间）四部分组成。使用通气装置可以加快发酵速度，但是耗电量大，有些发酵槽堆肥不用通气装置，只通过搅拌来提供氧气。发酵槽的形式有跑道形、直线形、圆形。目前市场上大部分为直线形，长 40～50m。为了提高设备利用率，提高处理量，大都采用并联式发酵槽，一般为 2～4 个槽，最多可达 6 个槽，共用 1 套搅拌机，用 1 台移行车实现搅拌机在槽与槽之间的移动。在堆肥过程中，搅拌机在发酵槽的轨道上移动，从粪便的入口端移到出口端，把粪便完整地搅拌一遍，同时把粪便向出口端推移一定距离，再从出口端返回，如此周而复始，最终完成发酵过程。

为了充分利用太阳能，发酵大棚（车间）覆盖材料用玻璃钢、阳光板、塑料薄膜，白天阳光充足时，放置于大棚内的物料相当于蓄能剂，吸收大量太阳能，夜晚温度降低时热量缓慢释放。在东北等寒冷地区利用太阳能难以达到发酵所需的温度时，发酵大棚内需要增加供暖设备进行局部加温。发酵槽做成半地下式也有利于冬季保温。

发酵槽堆肥基本工艺流程见图 3-4。

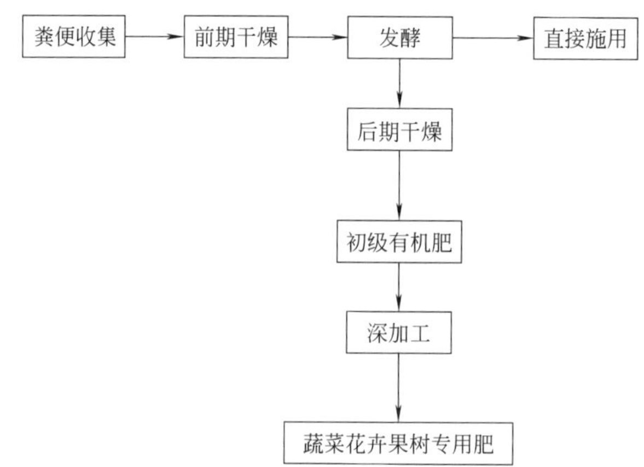

图 3-4　发酵槽堆肥基本工艺流程

根据搅拌原理和设备特点，主要分为以下 3 类。

① 深槽发酵搅拌机（见图 3-5），该设备由行走车、搅拌车、螺旋搅拌器、液压系统、自动控制系统等部分组成，行走车放置在发酵槽轨道上，可以沿轨道纵向移动，搅拌车放置在行走车的横向轨道上，可以沿轨道横向移动，螺旋搅拌器悬挂在搅拌车上，有一对可垂直升降且相向旋转的搅拌螺旋，螺旋搅拌器既可以随着搅拌车横向移动，又可以随着行走车纵向移动，液压系统提供行走车纵向移动、搅拌车横向移动及螺旋搅拌器垂直升降所需动力，自动控制系统可以控制设备的工作间隔时间、行走车和搅拌车的移动速度及螺旋搅拌器的倾斜角度等。

该设备的螺旋搅拌器具有 3 个功能：a. 将料层底部的物料搅拌翻起并沿螺旋倾斜方向向后抛洒，使物料在运动过程中与空气充分接触，为物料充分发酵补充所需的氧气；b. 翻动物料时，可加速发酵热量蒸发的水分快速挥发；c. 可将物料从进料端逐渐向出料端输送。

表 3-18 为深槽发酵搅拌机主要经济技术参数。

图 3-5　深槽发酵搅拌机

表 3-18　深槽发酵搅拌机主要经济技术参数

序号	型号	装机容量/kW	发酵槽尺寸/m×m×m	占地面积/m^2	年产有机肥/t
1	FG6000	20.5	60×6×1.8	520	3000
2	FG8000	28	60×8×1.8	650	4000
3	FG12000	35.5	60×12×1.8	950	6000

主要特点：a. 发酵料层深达 1.5～1.6m，处理量大，适应有机肥产业化的要求；b. 物料含水率调节至 50%～60%，发酵最高温度可达 70℃左右；c. 发酵干燥周期 30～40d，产品含水率为 25%～30%；d. 发酵彻底，产品达到无害化要求，无明显臭味；e. 设备自动化程度高，可实现全程智能操作；f. 设备使用寿命长，易损件少，更换方便；g. 节省能源，生产成本低；h. 备有加温、补气设施，不受天气影响，可实现一年四季连续生产；i. 发酵过程中喷洒助酵除臭剂，废气达到国家环保二级排放标准。

② 浅槽发酵搅拌机。发酵槽一般为 0.8m 左右，搅拌设备类似于农业上用的旋耕机。优点是被处理粪便的水分含量可高一些。缺点是受搅拌机设计原理的限制；肥料堆层不能过高，一般为 0.6m 左右，占地面积大且时间长，因此处理能力小；北方地区冬季必须进行外部加温，否则难以维持连续生产。浅槽发酵搅拌机和移行车见图 3-6。

③ 行走式自动翻堆机。本装置采用传送带状的翻堆结构与自动行走系统，翻堆时渐渐地挖掘堆积物并送至机器后面来实现翻堆。对堆积物从下往上挖掘并送至较长的距离，从深度和跨度上彻底搅拌，做到重新堆制，搅拌效果好，效率高，翻堆和输送同时完成，机器边行走边翻堆自动完成全部工作过程，实现流水式有机肥生产。因翻堆是靠从下往上的逐步挖掘来完成，对堆积物无选择，适应性广，适用于利用畜禽粪便、作物秸秆、农产品加工副料、生活垃圾等生产有机肥。整套机器结构简单、加工容易、耗能少，成本低。并列式发酵槽和单列式发酵槽见图 3-7。

(a)

(b)

图 3-6 浅槽发酵搅拌机和移行车

(a)

(b)

图 3-7 并列式发酵槽和单列式发酵槽

每条生产线一般由 4 条发酵槽和配套机械组成，设计的标准规格为日处理量 $30m^3$，日出肥 10～15t。搅拌机、翻堆机、粉碎机和筛分机组成机械处理系统。每个生产线年产 4000～5000t 有机肥。

(2) 动态好氧堆肥方式

1) 转筒式堆肥装置

转筒式发酵器特别适合小型畜禽粪便堆肥，在控制的旋转速度下，物料不断滚动从而形成好氧的环境[36,37]。物料从上部投加，从下部自动出料，具有较高自动化程度的转筒式堆肥装置见图 3-8。

2) 高效生物发酵塔堆肥

生物发酵塔（见图 3-9）一般为 6 层，顶层放新鲜粪便，底层为腐熟后的粪便，通过翻板翻动使物料逐层下移，每天向下移动 1 层，在移动过程中完成发酵过程，6d 后粪便到达底层，完成由粪便向肥料的转变过程，该成套设备可以用来处理畜禽粪便、有机垃圾等，达到快速除臭、干燥、无害化的目的，处理周期 5～7d；电耗为 5～8kW·h/t 鲜料，煤耗为 10～20kg 标煤/t 鲜料。图 3-10 为发酵塔工艺流程。

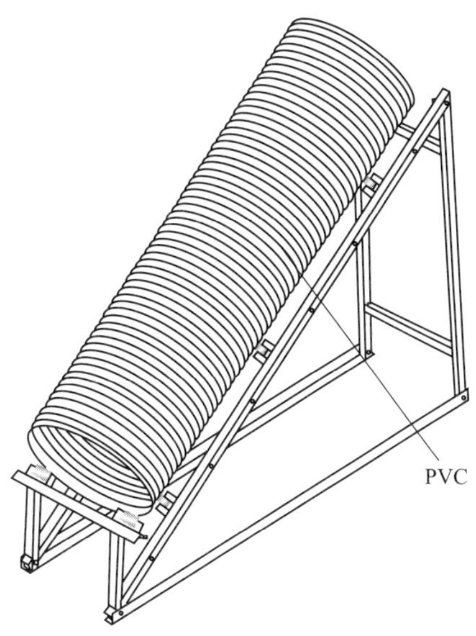

图 3-8　转筒式堆肥装置

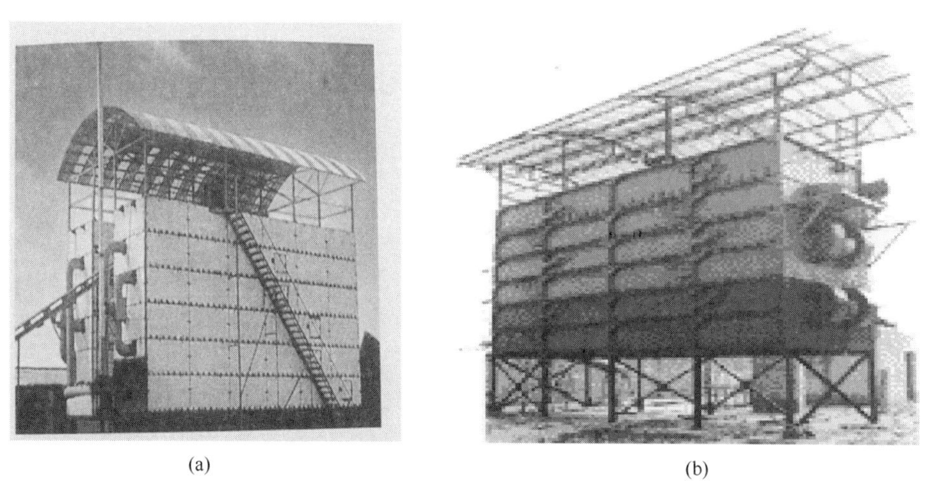

图 3-9　生物发酵塔外景

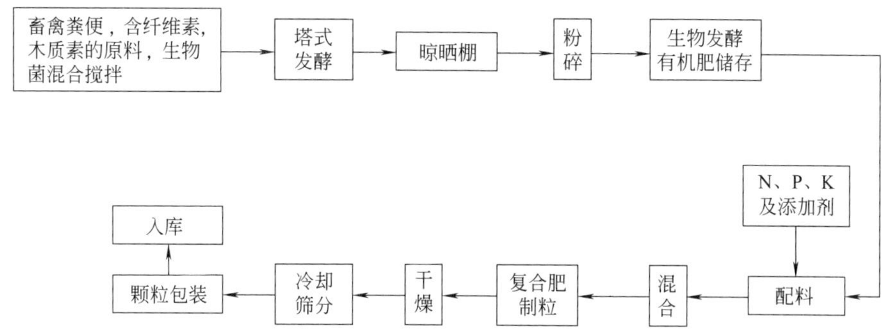

图 3-10　发酵塔工艺流程

表 3-19 为发酵塔技术参数。

表 3-19　发酵塔技术参数

序号	处理量/(t/a)	外型尺寸/m×m×m	装机功率/kW	进料水分/%	出料水分/%	周期/d
1	2500	6.3×2.6×6.2	28.3	55	20～30	5～7
2	5000	6.3×2.6×6.2	40.1	55	20～30	5～7
3	10000	12.6×2.6×6.2	49.9	55	20～30	5～7
4	20000	12.6×2.6×6.2	95	55	20～30	5～7

生物发酵塔堆肥主要特点：

① 发酵设备经久耐用，连续进料、连续出料，采用耐腐蚀材料制作，使用寿命8～15 年；可连续进料和出料，符合养殖场每天出粪及成品车间全天候生产的要求。

② 发酵速度快，能耗低。塔式分层好氧发酵，通气性好，发酵热利用充分，发酵周期 5～7d。水分散失条件好，不需人工翻堆和另设烘干系统，基本不耗电，综合能耗低。

③ 生产环境好，自动化程度高。不受气候影响，全天候运行；充分利用窨，占地面积小，自动化程度高。

④ 发酵产品质量好，转化率高，除臭快（1～2d 基本除臭）。

⑤ 应用范围广。可用于处理畜禽粪便、农副产品下脚料、有机垃圾、活性污泥，还可用于饲料塔发酵。缺点是发酵的塔楼为钢结构，一次性投资大且畜禽粪便腐蚀性极强，塔楼寿命短。寒冷地区难以正常运行。

畜禽粪便处理后成为有机肥，根据各地土壤情况，加入一定量的氮、磷、钾肥，经过进一步的深加工，加工成有机无机复混肥。一般畜禽场以环保为目的，进一步深加工已经独立于畜禽场的管理体系，国内有不少专门的有机无机复混肥加工厂，有机无机复混肥生产工艺流程见图 3-11。

某有机无机复混肥生产成套设备生产现场见图 3-12。

① 工艺组成。利用氮、磷、钾等原材料制造出含多种养分，便于农作物吸收的颗粒肥料。它包括原材料干燥、冷却、分级、包膜、抛光、电脑计量包装等一系列生产工艺，可生产高、中、低含量的多元复合肥。

② 生产规模。年产 5000 吨至 20 万吨，车间布置有多层楼房结构和单层厂房结构。

③ 工艺流程。先进、可靠，规格齐全，可按用户要求设计成多层楼房结构或单层厂房结构。准确、快捷的电脑自动配料、自动计量包装。

3.2.2　能源化利用

畜禽粪便（污）能源化手段主要有两种。

一种是进行厌氧发酵生产沼气，为生产生活提供能源，同时沼渣和沼液又是很好的有机肥料和饲料。

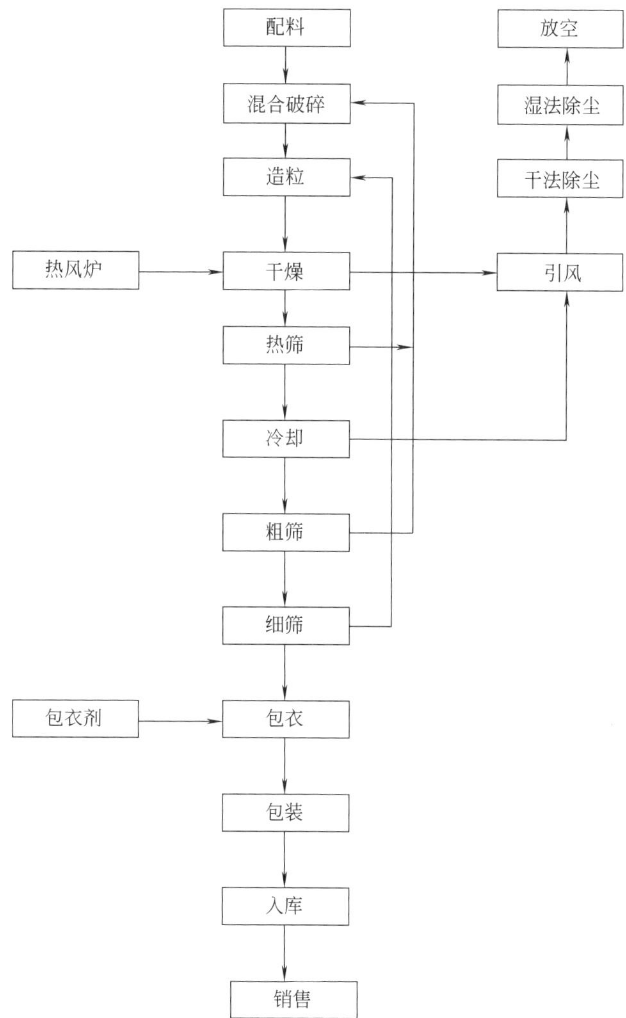

图 3-11　有机无机复混肥生产工艺流程

图 3-12　有机无机复混肥生产成套设备生产现场

另一种是将畜禽粪便直接投入专用炉中焚烧或热解，供应生产用热和发电。

由于畜禽粪污含水量较高，利用焚烧或热解技术处理，需要大量耗时风干或大量耗能烘干，因此利用该技术处理畜禽粪污应用较少，本章仅介绍应用较为普遍的厌氧发酵产沼气的能源化利用方式。

3.2.2.1 畜禽粪污的厌氧能源化利用模式

厌氧发酵是目前处理畜禽粪污最重要的技术之一。以厌氧发酵制沼气为核心的循环农业模式，以“三沼”综合利用为核心，将种植业与养殖业紧密结合，建立资源、环境、效益、效率兼顾的农业生产系统工程。系统中的养殖业包括生猪、牛、鸡等，种植业包括蔬菜、水果、粮食及其他各类经济作物，具有多组成、多层次、多时序、多产品的特点。该模式较好地处理了畜禽养殖的环境污染问题，又提高了蔬菜、水果等农作物的产出率和优质品率，在提高生产效率的同时，有效地促进了农民使用清洁燃料、改善生态环境、调整农业产业结构、增加农民收入。同时，可与我国现代农业发展涌现出来的各项节水、节地和清洁生产技术与科技相结合，在原有物质、能量充分循环利用的基础上，进一步降低生产能耗、减少碳排放、提升资源利用效率、提高农业产出能力。

厌氧发酵技术在畜禽粪污处理实践中主要采取以下模式[38~41]。

(1) 厌氧还田模式

又称农牧结合方式，根据畜禽粪便污水中养分含量和作物生长的营养需要，将畜禽养殖场产生的废水和粪便无害化处理后施用于农田、果园、菜园、苗木、花卉种植以及牧草地等，实现种养结合，该方式适用于远离城市、土地宽广、周边有足够农田的养殖场。

厌氧还田模式的工艺流程见图 3-13。

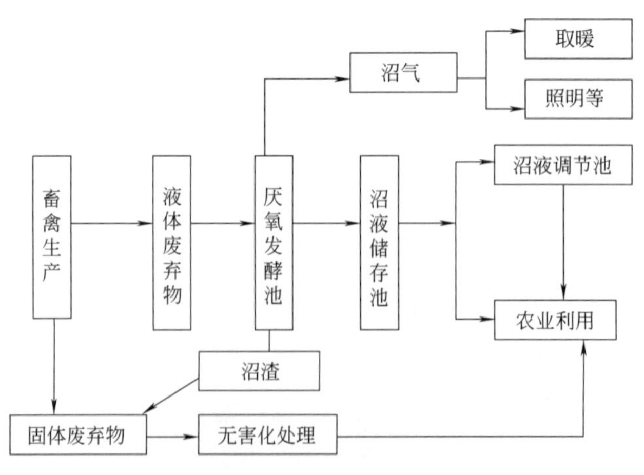

图 3-13 厌氧还田模式工艺流程

(2) 厌氧自然处理模式

采用氧化塘、土地处理系统或人工湿地等自然处理系统对厌氧处理出水进行处理。主要利用氧化塘的藻菌共生体系的好氧分解氧化（好氧细菌）、厌氧消化（厌氧细菌）和光合作用（藻类和水生植物），土地处理系统的生物、化学、物理固定与降解作用，以及人工湿地的植物、微生物作用对厌氧处理出水进行净化。适用于距城市较远，土地宽广，地价较低，有滩涂、荒地、林地或低洼地可作粪污自然生态处理的地区。

厌氧自然处理模式的工艺流程见图3-14。

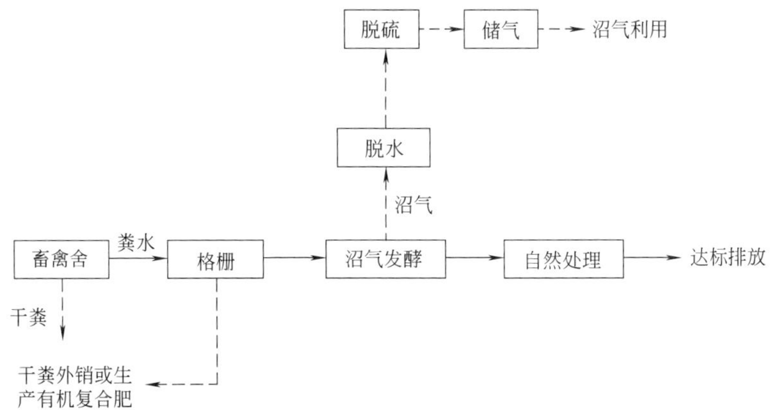

图3-14　厌氧自然处理模式工艺流程

（3）厌氧达标排放模式

即采用工业化处理污水的模式处理生猪养殖场排放的粪污，该方式的畜禽养殖粪污处理系统由预处理、厌氧处理（沼气发酵）、好氧处理、后处理、污泥处理及沼气净化、储存与利用等部分组成。需要较为复杂的机械设备和要求较高的构筑物，其设计、运转均需要具有较高技术水平的专业人员来执行。适用于地处大城市近郊、经济发达、土地紧张地区的规模养猪场粪污处理。采用这种模式的一般为大型规模养殖场。

厌氧达标排放模式工艺流程如图3-15所示。

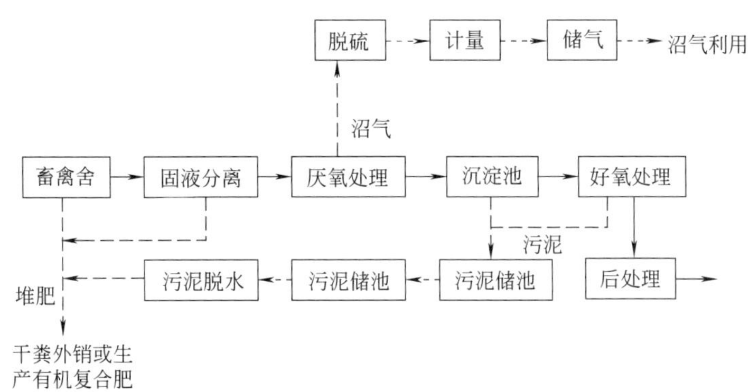

图3-15　厌氧达标排放模式工艺流程

（4）厌氧沼气发电模式

将厌氧发酵处理产生的沼气用于发电，产生电能和热能。具体过程是将畜禽养殖场鲜粪集中收集后，通过上料系统投入厌氧反应器。畜禽舍冲洗水汇集到集水池后泵入厌氧反应器的前部，在反应器内搅拌装置作用下，形成高浓度的发酵液。粪污经厌氧消化，产生的沼气进入发电系统进行发电。沼渣、沼液经平板滤池过滤脱水，分离的沼渣作为有机肥，沼液进入储存池作为液态有机肥直接施用于农田或处理达标后排放。沼气发电不仅解决了养殖废弃物的处理问题，而且产生了大量的热能和电能，符合能源再循环利用的环保理念，具有较好的经济效益。

厌氧沼气发电模式的工艺流程见图 3-16。

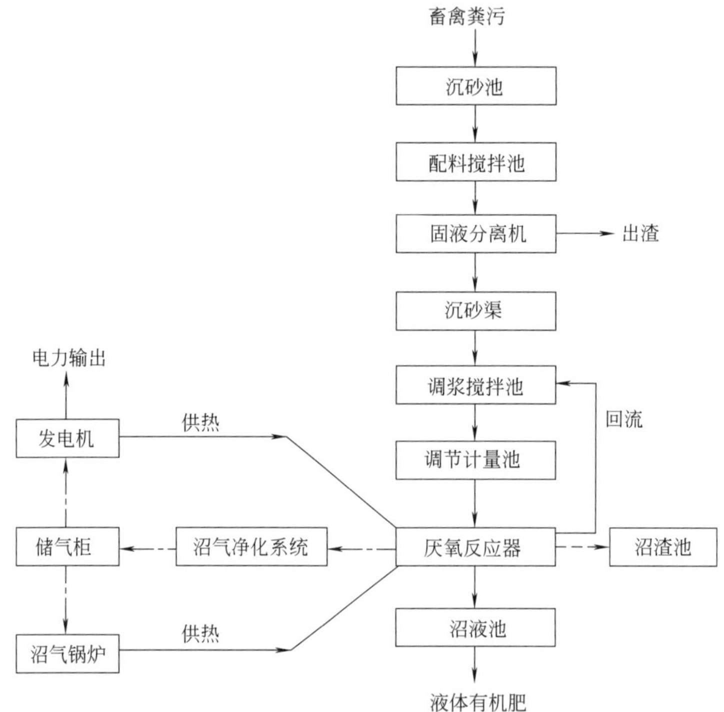

图 3-16 厌氧沼气发电模式工艺流程

3.2.2.2 畜禽粪污的厌氧能源化工艺技术现状

沼气厌氧发酵技术不断改进，已由最初的水压式发展到较先进的浮罩式、集气罩式、干湿分离式和太阳能式等池型；开始应用干发酵、两步发酵、干湿结合发酵、太阳能加热发酵等发酵工艺新技术；由小型沼气池逐步向发酵罐、大中型集中供气沼气发酵工程发展；发酵温度采用常温（10～26℃）、中温（28～38℃）和高温（48～55℃），气压有低压式、恒压式等多种形式。

沼气工程在有效处理粪污的同时，还能获得大量沼气[42～44]。猪粪中温（35～38℃）装置产气率达 1.7～2.2$m^3/(m^3 \cdot d)$；猪粪常温（18～25℃）装置产气率达 1.5～2.0$m^3/(m^3 \cdot d)$；猪粪低温（9～13℃）装置产气率达 0.2～0.3$m^3/(m^3 \cdot d)$；奶牛粪装置产气率达 1.2～1.5$m^3/(m^3 \cdot d)$；鸡粪高温塞流工艺，装置产气率达 3.0～3.6$m^3/(m^3 \cdot d)$。

部分畜禽场沼气工程的产气水平见表 3-20。

表 3-20　部分畜禽场沼气工程的产气水平

原料种类	工艺类型	装置规模/m^3	发酵温度/℃	产气率/[m^3/(m^3·d)]
鸡粪	塞流式	2×160	35～50	2.4～4.0
	塞流式	100	50	3.0～3.6
	UASB+AF	200	30	1.35～2.08
	UASB	128	23～25	1.0
猪粪	USR	300	35～38	1.7～2.2
	UASB+AF	2×130	16～33	0.8～1.3
牛粪	USR	120	35	1.5

3.2.2.3　以厌氧能源化为核心的畜禽粪污综合利用方式

以厌氧能源化为核心的畜禽粪污综合利用是指畜禽粪污经厌氧发酵后，所产生的沼气、沼液、沼渣按食物链关系作为下一级生产活动的原料、肥料、饲料、添加剂和能源等进行再利用。

（1）沼气综合利用

沼气的主要的成分是 CH_4 和 CO_2，还含有少量其他气体，如 H_2、H_2S、CO、N_2 和 O_2，以及除甲烷外的其他烃类化合物（C_mH_n）。沼气的产量受废水中有机物质成分和浓度的影响很大，同时根据工艺所采用的厌氧方法，产气率也有很大区别。

1）作为燃料

沼气的主要成分是甲烷，它是一种发热量很高的可燃气体，其热值约为 37.84kJ/L。沼气中含甲烷 60%时，沼气的热值约为 22.7kJ/L，是一种优质的气体燃料，可以供农户烧火做饭、取暖等。沼气除用作生活燃料外，还可供生产用能。畜牧场的沼气工程规模较小，通常将制取的沼气供职工家属宿舍、食堂等燃烧用。也可用沼气来发电，以补充电力的不足。

2）其他应用

把沼气通入种植蔬菜的大棚或温室内燃烧，利用沼气燃烧产生的 CO_2 进行气体施肥，不仅具有明显的增产效果，而且生产出的是无公害蔬菜。同时利用沼气中甲烷和二氧化碳含量高、含氧量极低、甲烷无毒的特性，来调节储藏环境中的气体成分，控制粮食、水果的呼吸强度，减少养分消耗，实现无虫保鲜，达到产品增值的目的。

（2）沼液综合利用

1）沼液肥用

长期施用沼液肥可促进土壤团粒结构的形成，使土壤疏松，增强土壤保水保肥能力，改善土壤理化性状，使土壤有机质、总氮、总磷及有效磷等养分均有不同程度的提高。施用沼液对农作物病虫害不仅有防治和抑制作用，而且减少污染，降低了用肥成本。

沼液含有植物需要的各种营养元素、微量元素、生长激素和抗生素。用沼液浸泡各种农作物种子，具有催芽、刺激生长和抗病作用。同时，沼液中的氮、磷、钾等营养成分，能对种子渗透，被种子吸收，在秧苗生长中，可增强酶的催化性能，加速养分的运转和代谢。

另外，沼液作为无土栽培的营养液，既适合植物的营养要求，原料来源也广，成本低。利用沼液无泥育秧可节省秧田面积，提早育秧、早插秧，可减少用工等。

2）沼液饲用

沼液用作添加剂喂猪效果好，因为沼液中含有多种常量和微量元素，特别是氨基酸的含量十分丰富，而且均为可溶性营养物质，易于消化吸收，从而满足猪的生长需要。

沼液喂鱼不但可提高成鱼产量，降低成本，而且发病率也大大减少。用沼液养鱼有利于水中浮游微生物的生长，增强鱼池活性；有利于保存水中的溶解氧；减少鱼病。如杭州浮山养殖场沼气综合利用工程，利用厌氧工艺处理养猪、养鸡废水，所产生的沼液应用于沼液养鱼，促进浮游生物的繁殖，增加鱼饵料，节约鱼饲料。

（3）沼渣综合利用

1）沼渣肥用

沼渣含有较全面的养分和丰富的有机物，是优质有机肥料，可以做基肥，也可做追肥。用沼渣作基肥比用沼液和化肥作基肥对培肥土壤的效果要好得多，还可使作物和果树在整个生育期内基本不发生病虫害。沼渣还吸附着较多的有效养分，具有缓速储备的优点。因此，它是一种速效养分含量高，且具有缓速储备肥效的优质有机肥料，施用后不仅当季作物增产效果明显，而且对后续作物也有显著的肥效。同时，沼渣还具有改良土壤的作用，施用沼渣肥可以培肥地力、改良土壤、减少土壤板结。

2）沼渣饲用

沼渣养鱼有很多好处。人畜粪便历来是我国淡水鱼的重要肥源。人畜粪便经厌氧消化产生沼气后的发酵料液再来养鱼，既综合利用了资源，又达到了保护环境的目的，而且比直接用人畜粪便养鱼具有更好的增产效果。

3.2.3 饲料化利用

畜禽粪便中含有大量未消化的蛋白质、维生素 B、矿物质、粗脂肪和一定数量的糖类物质。如鲜猪粪蛋白质质量分数为 3.5%～4.10%，牛粪为 1.7%～2.3%，羊粪为 4.10%～4.70%，鸡粪为 11.2%～15%。另外，畜禽粪便中氨基酸品种比较齐全，且含量丰富。如干鸡粪中含有 17 种氨基酸，其质量分数达到 8.27%。目前，由于饲料短缺，特别是蛋白饲料的供求矛盾加剧，为了满足高速发展的畜牧业的饲料供应，开发新的蛋白饲料来源已成当务之急。由于鸡粪含有较高的蛋白质和齐全的氨基酸种类，目前已成为最受关注的一种非常规饲料资源。国内外大量研究结果表明，鸡粪不仅是反刍动物良好的蛋白质补充饲料，也是单胃动物和鱼类良好的饲料蛋白来源[45,46]。

3.2.3.1 鸡粪营养含量

由于鸡的肠道较短，对饲料的消化吸收能力差，饲料中约有 70%的营养成分未被消化吸收即排出体外，鸡粪中粗蛋白含量高达 25%～28%，高于大麦、小麦和玉米中的粗蛋白含量，鸡粪不仅粗蛋白含量较高，而且氨基酸的种类齐全，含量也较高，并含有丰富的矿物质和微量元素。

表 3-21 和表 3-22 为鸡粪经高温烘干后其氨基酸和矿物质元素的含量。

表 3-21　烘干鸡粪中氨基酸的含量（占干物质百分比）　　单位：%

赖氨酸	组氨酸	精氨酸	苏氨酸	丝氨酸	谷氨酸	脯氨酸	天冬氨酸	甘氨酸
0.52	0.24	0.59	0.58	0.66	1.68	0.78	1.15	1.66
丙氨酸	胱氨酸	缬氨酸	蛋氨酸	异亮氨酸	亮氨酸	酪氨酸	苯丙氨酸	总含量
0.68	0.33	0.68	0.18	0.54	0.95	0.44	0.49	12.15

表 3-22　烘干鸡粪中矿物质元素含量（占干物质百分比）　　单位：%

钙	镁	磷	钠	钾	铁	铜（10^{-6}）	锰（10^{-6}）
6.16	0.86	1.51	0.31	1.62	0.20	15	332

3.2.3.2　鸡粪饲料化技术

处理鸡粪的主要方法有微波、高温干燥、生物发酵、青储等。干燥处理多采用机械热烘干，通过高温、高压、热化、灭菌、脱臭等处理过程，将鲜鸡粪制成干粉状饲料添加剂。鸡粪发酵处理是利用某些细菌和酵母菌通过好氧发酵，有效利用鸡粪中的尿酸，使其蛋白质含量达 50%，氨基酸含量也大大提高。青储方法是将鸡粪与适量玉米、麸皮和米糠等混合装缸或入袋厌氧发酵，使其具有酒香味，营养丰富，含粗蛋白 20%和粗脂肪 57%，高于玉米等粮食作物，是养牛、猪和鱼的廉价而优质的再生饲料。

鸡粪饲料化工艺流程见图 3-17。

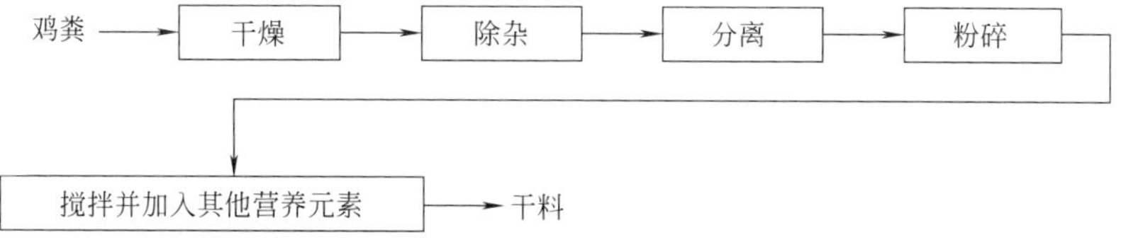

图 3-17　鸡粪饲料化工艺流程

鸡粪经高温烘干后，不仅可达到要求的水分，而且还可达到消毒、灭菌、除臭的目的。经检测，烘干鸡粪中有害物质铅、砷的含量分别为 25mg/kg、8mg/kg，小于国际规定的不超过 30mg/kg、10mg/kg 的标准；其卫生指标也已达到美国鸡粪饲料卫生标准，烘干鸡粪的卫生标准见表 3-23。

表 3-23　烘干鸡粪的卫生标准

卫生指标	烘干鸡粪	美国鸡粪饲料卫生标准
沙门氏菌	未检出	无
大肠杆菌	未检出	不超过 10 个/g
细菌总数	6000 个/g	不超过 20000/g

这充分说明，高温烘干鸡粪不仅营养价值高，营养成分齐全，而且卫生指标合格，所以可安全地用作饲料。1991年北京市峪口养鸡总场进行了用烘干鸡粪饲喂猪、牛等的试验，试验结果表明，在牛的饲料中添加适量的烘干鸡粪，可使牛的平均日增重达1000g以上；在猪的日粮配方中添加15%的烘干鸡粪，可使猪的平均日增重达500g以上，比不加鸡粪的对照组的日增重要高，且肉质和风味无任何影响，而成本却较低。

日本采用鸡粪青储发酵法制作饲料，即用干鸡粪、青草、豆饼（蛋白质来源）、米糠（促进发酵），按比例装入缸中，盖好缸盖，压上石头，进行乳酸发酵，经3～5周后，可变成调制良好的发酵饲料，适口性好，消化吸收率都很高，适于喂育成鸡、育肥猪和繁殖母猪。

从烘干鸡粪的营养和卫生指标来看，烘干鸡粪可以安全地用作饲料，而且也具有一定的经济效益。但是，由于传统观点的影响，人们对用鸡粪作饲料一直有所顾忌。专家在这方面也意见不一，所以鸡粪虽然可以安全地用作饲料，但使用范围仍然受到一定的限制。特别是2004年年初，我国部分省发生了禽流感疫情，为严防高致病性禽流感疫情的扩散，国家环保总局于当年2月下发了《关于加强畜禽养殖业环境监管，严防高致病性禽流感疫情扩散的紧急通知》，通知中要求疫区内严禁采用畜禽粪便作为饲料。而鸡粪用作肥料更为普遍，经烘干的鸡粪是一种无公害的高档有机肥料，对于无公害食品的生产和绿色基地的建设具有十分重要的意义。至于猪粪、牛粪的资源化利用还是以肥料化利用为宜。

3.2.4 其他利用

以蝇蛆昆虫取食利用粪便腐败物质的生物特性，生产蝇蛆产品，使粪便中的物质充分转化成虫体蛋白质或脂肪加工回收，蛆虫作为水产养殖饵料。同时，生产蚯蚓，加工成蚓粉，也是一种较好方法，但缺点是收集不易，劳动力投入大。近年来，美国科学家已成功在可溶性粪肥营养成分中培养出单细胞蛋白。

3.3 能源化利用潜力分析

3.3.1 利用原则

3.3.1.1 畜禽粪污处理利用的必要性和紧迫性

大力推进畜禽粪污处理及资源化，是落实党中央、国务院战略部署的重要举措，对于确保畜产品数量和质量安全、化解资源环境压力、加快农业供给侧结构性改革，意义巨大、任务紧迫。

(1) 落实党中央国务院战略部署的重要举措

畜禽养殖废弃物处理和资源化利用，关系到6亿多农村居民生产生活环境，关系到农村能源革命，关系到农业供给侧结构性改革，关系到不断改善土壤地力、治理好农业面源污染等一系列问题，党中央、国务院一直高度重视。2017年中央一号文件明确提出“大力推行高效生态循环的种养模式，加快畜禽粪便集中处理，推动规模化大型沼气健康发展”。2016年12月，习近平总书记主持召开中央财经工作领导小组第14次会议，重点研究了加快推进畜禽养殖废弃物处理和资源化问题，全面阐述了该项工作的重要意义、基本原则、处理与利用方向、任务目标等重要内容。2013年11月，李克强总理签发《畜禽规模养殖污染防治条例》。做好畜禽粪污处理与利用工作，是贯彻落实“创新、协调、绿色、开放、共享”发展理念的具体措施，是一件利国利民利长远的大好事。

(2) 加快农业供给侧结构性改革的重要支撑

当前，我国正处在加快农业供给侧结构性改革的关键时期，迫切需要优化农业产业结构，尤其是种养结构，发达国家畜牧业GDP一般占农业GDP比重在50%以上，其中美国为48%，英国为60%，澳大利亚为80%，而我国2015年仅为27.8%；迫切需要推动农业提质增效，增加绿色优质农产品供给、提高农业供给体系质量和效率，而目前农业依然是“四化同步”的短腿、农村仍然是全面小康的短板；迫切需要推动绿色生产方式，加快农业清洁生产步伐，开展化肥农药零增长行动，促进有机肥替代化肥施用，增强农业可持续发展能力，而我国化肥施用量比发达国家高20%，农药使用量高15%。做好畜禽粪污处理与利用工作，可以有效促进种养结合，加快第一、二、三产业融合，转变农业生产方式，实现农业生态、安全、健康发展。

(3) 化解农业发展资源环境压力的重要途径

我国畜禽养殖每年产生粪污38亿吨，折合氮1423万吨、磷246万吨，而目前综合利用率不足60%，导致了严重的农业面源污染。据行业统计，2014年规模畜禽养殖化学需氧量、氨氮排放量分别为1049万吨、58万吨，占当年全国总排放量的45%、25%，占农业源排污总量的95%、76%。畜禽养殖废弃物具有强烈的两面性，即是矛盾对立的两个方面：一方面是“污”，如果无害化处理及资源化利用不妥，畜禽废弃物就是严重的环境污染源；另一方面是“宝”，如果无害化处理及资源化利用得当，畜禽废弃物就是宝贵的自然资源。做好畜禽粪污处理与利用工作，既可以实现零污染、零排放，促进农业全产业链清洁生产；也可以实现废弃物的资源化，促进有机肥对化肥的有效替代，真正做到“变污为净”“变废为宝”和绿色生产。

(4) 确保畜产品数量和质量安全的重要手段

近年来，我国畜牧业发展取得了长足进步，基本实现了畜产品的数量安全和质量安全。2016年我国肉类、禽蛋和牛奶产量分别为8540万吨、3095万吨和3602万吨，人均占有量均超过世界平均水平，但是畜产品总供给和总需求仍然处在紧平衡状态，而且十分脆弱。例如，目前生猪生产效益较好但产能下降，主要原因是各地面的养殖污染压力，划定生猪禁养区、限养区、适养区，甚至个别地方简单采取一关了之、一禁了之、一拆了之方式。畜产品 2017 年第 1 季度市场抽检合格率为 99.4%，但是动物疫病、兽药残留以及加工过程中的二次污染问题，仍然是畜产品质量安全的巨大隐患。做好畜禽粪污处理与利用工作，能够有效促进种养结合、减轻养殖业环保压力，实现物质与能量在动植物生产过程中的循环利用，从而保障畜产品数量安全；能够有效控制或消灭畜禽废弃物中的病毒、细菌、微生物，净化传染源，从而保障畜产品质量安全。

3.3.1.2 畜禽粪污处理利用的基本原则和技术模式

(1) 基本原则

根据《国务院办公厅关于加快推进畜禽养殖废弃物资源化利用的意见》(国办发〔2017〕48 号) 和农业部《畜禽粪污资源化利用行动方案 (2017—2020 年)》，畜禽粪污处理利用的基本原则如下。

1) 坚持统筹兼顾

准确把握我国农业农村经济发展的阶段性特点，根据资源环境承载力和产业发展基础，统筹考虑畜牧业生产发展、粪污资源化利用和农牧民增收等重要任务，把握好工作的节奏和力度，积极作为、协同推进，促进畜牧业生产与环境保护和谐发展。

2) 坚持整县推进

以畜牧大县为重点，加大政策扶持力度，积极探索整县推进模式。严格落实地方政府属地管理责任和规模养殖场主体责任，统筹县域内种养业布局，制定种养循环发展规划，培育第三方处理企业和社会化服务组织，全面推进区域内畜禽粪污治理。

3) 坚持重点突破

以畜禽规模养殖场为重点，突出生猪、奶牛、肉牛三大畜种，指导老场改造升级，对新场严格规范管理殖密集区进行集中处理，推进种养结合、农牧循环发展。

4) 坚持分类指导

根据不同区域资源环境特点，结合不同规模、不同畜种养殖场的粪污产生情况，因地制宜推广经济适用的粪污资源化利用模式，做到可持续运行。根据粪污消纳用地的作物和土壤特性，推广便捷高效的有机肥利用技术和装备，做到科学还田利用。

(2) 区域重点及技术模式

根据我国现阶段畜禽养殖现状和资源环境特点，因地制宜确定主推技术模式。以源头减量、过程控制、末端利用为核心，重点推广经济适用的通用技术模式。

① 源头减量。推广使用微生物制剂、酶制剂等饲料添加剂和低氮低磷低矿物质饲料配方，提高饲料转化效率，促进兽药和铜、锌饲料添加剂减量使用，降低养殖业排放。引导生猪、奶牛规模养殖场改水冲粪为干清粪，采用节水型饮水器或饮水分流装置，实行雨污分离、回收污水循环清粪等有效措施，从源头上控制养殖污水产生量。粪污全量利用的生猪和奶牛规模养殖场，采用水泡粪工艺的，应最大限度

降低用水量。

② 过程控制。规模养殖场根据土地承载能力确定适宜养殖规模，建设必要的粪污处理设施，使用堆肥发酵菌剂、粪水处理菌剂和臭气控制菌剂等，加速粪污无害化处理过程，减少氮磷和臭气排放。

③ 末端利用。肉牛、羊和家禽等以固体粪便为主的规模化养殖场，鼓励进行固体粪便堆肥或建立集中处理中心生产商品有机肥；生猪和奶牛等规模化养殖场鼓励采用粪污全量收集还田利用和“固体粪便堆肥＋污水肥料化利用”等技术模式，推广快速低排放的固体粪便堆肥技术和水肥一体化施用技术，促进畜禽粪污就近就地还田利用。

在此基础上，各区域应因地制宜，根据区域特征、饲养工艺和环境承载力的不同，分别推广以下模式。

1）京津沪地区

该区域经济发达，畜禽养殖规模化水平高，但由于耕地面积少，畜禽养殖环境承载压力大，重点推广的技术模式包括：

①“污水肥料化利用”模式。养殖污水经多级沉淀池或沼气工程进行无害化处理，配套建设肥水输送和配比设施，在农田施肥和灌溉期间，实行肥水一体化施用。

②“粪便垫料回用”模式。规模奶牛场粪污进行固液分离，固体粪便经过高温快速发酵和杀菌处理后作为牛床垫料。

③“污水深度处理”模式。对于无配套土地的规模养殖场，养殖污水固液分离后进行厌氧、好氧深度处理，达标排放或消毒回用。

2）东北地区

包括内蒙古自治区、辽宁省、吉林省和黑龙江省 4 省（区）。该区域土地面积大，冬季气温低，环境承载力和土地消纳能力相对较高，重点推广的技术模式包括：

①“粪污全量收集还田利用”模式。对于养殖密集区或大规模养殖场，依托专业化粪污处理利用企业，集中收集并通过氧化塘储存对粪污进行无害化处理，在作物收割后或播种前利用专业化施肥机械施用到农田，减少化肥施用量。

②“污水肥料化利用”模式。对于有配套农田的规模养殖场，养殖污水通过氧化塘储存或沼气工程进行无害化处理，在作物收获后或播种前作为底肥施用。

③“粪污专业代能源利用”模式。依托大规模养殖场或第三方粪污处理企业，对一定区域内的粪污进行集中收集，通过大型沼气工程或生物天然气工程，沼气发电上网或提纯生物天然气，沼渣生产有机肥，沼液通过农田利用或浓缩使用。

3）东部沿海地区

包括江苏、浙江、福建、广东和海南 5 省。该区域经济较发达、人口密度大、水网密集，耕地面积少，环境负荷高，重点推广的技术模式包括：

①“粪污专业化能源利用”模式。依托大规模养殖场或第三方粪污处理企业，对一定区域内的粪污进行集中收集，通过大型沼气工程或生物天然气工程，沼气发电上网或提纯生物天然气，沼渣生产有机肥，沼液还田利用。

②“异位发酵床”模式。粪污通过漏缝地板进入底层或转移到舍外，利用垫料

和微生物菌进行发酵分解。采用“公司＋农户”模式的家庭农场宜采用舍外发酵床模式，规模生猪养殖场宜采用高架发酵床模式。

③“污水肥料化利用”模式。对于有配套农田的规模养殖场，养殖污水通过厌氧发酵进行无害化处理，配套建设肥水输送和配比设施，在农田施肥和灌溉期间，实行肥水一体化施用。

④“污水达标排放”模式。对于无配套农田养殖场，养殖污水固液分离后进行厌氧、好氧深度处理，达标排放或消毒回用。

4）中东部地区

包括安徽省、江西省、湖北省和湖南省 4 省，是我国粮食主产区和畜产品优势区，位于南方水网地区，环境负荷较高，重点推广的技术模式包括：

①“粪污专业化能源利用”模式。依托大规模养殖场或第三方粪污处理企业，对一定区域内的粪污进行集中收集，通过大型沼气工程或生物天然气工程，沼气发电上网或提纯生物天然气，沼渣生产有机肥，沼液直接农田利用或浓缩使用。

②“污水肥料化利用”模式。对于有配套农田的规模养殖场，养殖污水通过三级沉淀池或沼气工程进行无害化处理，配套建设肥水输送和配比设施，在农田施肥和灌溉期间，实行肥水一体化施用；

③“污水达标排放”模式。对于无配套农田的规模养殖场，养殖污水固液分离后通过厌氧、好氧进行深度处理，达标排放或消毒回用。

5）华北平原地区

包括河北省、山西省、山东省和河南省 4 省，是我国粮食主产区和畜产品优势区，重点推广的技术模式包括：

①“粪污全量收集还田利用”模式。在耕地面积较大的平原地区，依托专业化的粪污收集和施肥企业，集中收集粪污并通过氧化塘储存进行无害化处理，在作物收割后和播种前采用专业化的施肥机械集中进行施用，减少化肥施用量。

②“粪污专业化能源利用”模式。依托大规模养殖场或第三方粪污处理企业，对一定区域内的粪污进行集中收集，通过大型沼气工程或生物天然气工程，沼气发电上网或提纯生物天然气，沼渣生产有机肥，沼液通过农田利用或浓缩使用。

③“粪便垫料回用”模式。规模奶牛场粪污进行固液分离，固体粪便经过高温快速发酵和杀菌处理后作为牛床垫料。

④“污水肥料化利用”模式。对于有配套农田的规模养殖场，养殖污水通过氧化塘储存或厌氧发酵进行无害化处理，在作物收获后或播种前作为底肥施用。

6）西南地区

包括广西壮族自治区、重庆市、四川省、贵州省、云南省和西藏自治区 6 省（区、市）。除西藏自治区外，该区域 5 省（区、市）均属于我国生猪主产区，但畜禽养殖规模化水平较低，以农户和小规模饲养为主，重点推广的技术模式包括：

①“异位发酵床”模式。粪污通过漏缝地板进入底层或转移到舍外，利用垫料和微生物菌进行发酵分解。采用“公司＋农户”模式的家庭农场宜采用舍外发酵床模式，规模生猪养殖场宜采用高架发酵床模式。

②“污水肥料化利用”模式。对于有配套农田的规模养殖场，养殖污水通过三级沉淀池或沼气工程进行无害化处理，配套建设肥水储存、输送和配比设施，在农田施肥和灌溉期间，实行肥水一体化施用。

7）西北地区

包括陕西省、甘肃省、青海省、宁夏回族自治区和新疆维吾尔自治区 5 省（区）。该区域水资源短缺，主要是草原畜牧业，农田面积较大，重点推广的技术模式包括：

①“粪便垫料回用”模式。规模奶牛场粪污进行固液分离，固体粪便经过高温快速发酵和杀菌处理后作为牛床垫料。

②“污水肥料化利用”模式。对于有配套农田的规模养殖场，养殖污水通过氧化塘储存或沼气工程进行无害化处理，在作物收获后或播种前作为底肥施用。

③“粪污专业化能源利用”模式。依托大规模养殖场或第三方粪污处理企业，对一定区域内的粪污进行集中收集，通过大型沼气工程或生物天然气工程，沼气发电上网或提纯生物天然气，沼渣生产有机肥，沼液通过农田利用或浓缩使用。

（3）农牧结合是畜禽粪污资源化利用的最佳途径

畜禽粪污资源化利用的重点在于粪水、沼液等液体废弃物，其出路只有两条：

① 进行综合利用，不对外界水体进行排放；

② 进行深度处理，做到达标排放。

污水深度处理模式存在设施资金投入大、运行成本高、处理效果不稳定等问题，导致有的养殖场深度处理设施成为摆设；由治理转为利用，应用“农牧结合，入地利用”的“零排放”方式，使畜牧业与种植业、农村生态建设互动协调发展。

走农牧结合的资源化利用路径，主要解决 3 个难点：

① 规模养殖与种植业分散的对应问题；

② 粪污每天不断产生与农作物季节性施肥的错时问题；

③ 养殖场粪水、沼液到种植基地“最后一公里”的输送问题。

以下是 3 种不同的农牧结合运行机制。

1）自我消纳模式

对拥有种植土地的家庭农场型的养殖场，实行种养循环一体化，利用养殖场（户）自有或流转的土地消纳养殖场粪污。

2）基地对接模式

针对自有土地不足、不能全部消纳粪污的大型规模养殖场，通过协调，帮助他们与周边的种植基地和农户进行对接。按照粪污沼液年产生总量和种植基地的消纳能力，在种植基地和农户田间地头，建相应容量的沼液储存池，通过管网或专门运输车辆将沼液输送池中随时取用，有效地解决了种植业季节性施肥的问题。

3）集中收集处理模式（PPP 模式）

针对中小规模养殖场粪污处理难的问题，由社会化服务组织成立专业服务公司，政府补贴建设粪污资源化利用设施，采取合同的形式定期清运养殖场粪污，进行集中发酵制肥，再通过管网与种植基地进行对接。

（4）坚持问题导向，多措并举，加快推进畜禽粪污资源化利用工作

我国在畜禽粪污资源化利用上做了一些探索，初步总结了一些经验模式，但与现代畜牧业的发展和生态文明建设的要求还相差甚远，从整体上推进粪污资源化利用工作还面临着很多困难与问题。

1）粪污处理配套设施相对落后

部分养殖场粪污处理设施严重不足，设施、设备老化，不能满足生产需要，甚至有些小型猪场无粪污处理设施直接排放。

2）农牧结合脱节

规模养殖粪污产生量大，需要大面积的土地消纳；而现在种植业却是千家万户分散经营，种植结构复杂，难以统一管理，土地流转难度大、限制多、成本高，不利于畜禽粪污的资源化利用，导致了畜禽养殖污染问题。部分地区缺乏科学规划，养殖量超出了土地消纳能力，沼液远距离运输成本过高，导致农牧结合难度加大，农牧结合脱节。

3）有机肥利用推广难度大

由于有机肥的使用劳动强度大、见效慢、成本高、无使用补贴等因素，造成有机肥的使用率低，推广难度大，从而导致畜禽粪污有机肥生产企业产能低，部分企业亏损严重。

党的十八届五中全会提出树立绿色发展理念，推动形成绿色发展方式，加大农业面源污染防治力度。实现畜牧业绿色发展，首先是要解决好畜禽养殖污染问题。要按照“减量化、无害化、资源化”的原则，采取综合措施，过程控制、末端治理相结合，加大工作力度，加快推进粪污资源化利用工作。

4）科学编制畜牧业发展规划

统筹考虑畜牧业发展和环境承载能力双重因素，科学编制符合绿色发展理念的畜牧业发展规划，合理布局畜禽养殖生产，科学确定畜禽养殖的品种、规模和总量，进一步明确发展目标和重点任务，加快畜禽养殖区、禁养区、限养区的划定工作。

5）大力发展适度规模生态养殖

加快转变畜牧业发展方式，以“畜禽良种化、养殖设施化、生产规范化、防疫制度化、废弃物资源化”为核心，深入开展畜禽养殖标准化示范创建活动，发挥示范场辐射引领作用，引导广大养殖场（户）发展适度规模标准化养殖，持续提升畜禽养殖规模化、设施化、标准化水平。因地制宜发展多种形式的畜禽生态养殖，大力推行种养结合，打通种养业协调发展关键环节，促进循环利用，变废为宝。加大对畜禽养殖废弃物处理和利用的支持力度，支持养殖场改善废弃物处理利用基础设施条件，鼓励养殖密集区域实行粪污集中处理。

6）努力从源头控制粪污产生量

加强畜禽养殖技术推广，指导养殖场（户）采用先进实用技术，从品种质量、饲料营养、畜舍建设、饲养管理、疾病控制等各环节提升畜禽养殖水平，提高畜牧业生产的资源化利用效率。大力推进畜禽清洁养殖，改进清粪工艺，配套建设节水

控水设施，实行固液、雨污分离，最大限度减少污水产生量，降低后续处理和利用环节的难度及成本。积极探索污水深度处理安全回用技术，减少养殖水耗。

7）积极开展综合利用试点示范

指导督促养殖场（户）和企业配套建设粪便和废水储存、处理、利用设施并确保设施正常运行。加强废弃物综合利用指导和服务，探索推广适合不同区域特点、经济高效、可持续运行的综合利用技术模式，通过提高种养结合、种养平衡水平，强化废弃物集中收集和处理，促进废弃物就地就近实现资源化利用，围绕生猪、蛋鸡等主要畜种，树立一批粪污综合利用示范点，加强典型示范引导。引导农民使用以畜禽粪便为原料的商品有机肥或农家肥，并给予适当补贴，建立粪肥还田利用的通道，提升耕地有机质含量。

8）大力培育新型治理主体

构建公益性服务和经营性服务相结合、专项服务和综合服务相协调的新型畜牧业社会化服务体系。加快培育多种形式的畜禽粪污治理及资源化利用经营性服务组织，鼓励新型治理主体开展畜禽养殖污染治理、沼渣沼液综合利用、有机肥生产等服务。探索政府向经营性服务组织购买服务机制，开展PPP模式创新试点。鼓励龙头企业、规模化养殖场、养殖户引入第三方治理。

3.3.2 潜力分析

我国是能源消费大国，常规能源储备相对不足，因此多元化的能源配置是解决我国能源问题的必经之路。可再生能源在我国蕴藏量丰富，开发利用新能源对我国的能源战略安全和环境、经济的可持续发展意义重大。畜禽粪便作为一种生物质能源，其开发与利用日益受到国际社会的重视。我国畜禽粪便总量巨大，所含能量丰富，完全肥料化将会导致耕地负荷严重超标，因此积极探索畜禽粪便能源化利用途径，实现畜禽粪便能源化是大势所趋。

禽畜粪便能源化主要包括厌氧发酵、直接焚烧和热化学转化，其中直接焚烧是废弃物在高温下与氧气发生反应，将废弃物转变为气体，同时还可利用产生的热量进行发电，这一技术在我国很少用于禽畜粪便处理，但在国外养殖业中有一定应用。厌氧发酵是利用厌氧细菌的分解作用，将禽畜粪便中的有机物经过厌氧消化作用转为沼气和二氧化碳，是我国禽畜粪便资源化利用最有效的方法，不仅适合于规模化的集约养殖，亦同样适用于小规模或家庭养殖，但在北方低温地区此方法存在一定的限制。禽畜粪便中还有丰富的纤维素资源，可经过发酵制成酒精，这种技术在国外已有报道，在国内仍处于空白，但很可能会成为未来禽畜粪便处理的一个新途径。

在我国农业总体环境中，畜禽养殖废弃物数量大、种类繁多、成分复杂，数量统计困难，缺乏统一的计算标准，没有准确的统计数据。禽畜粪便能源化方式主要有好氧发酵和厌氧发酵两种，在国内均有工业化的生产应用，但这两种技术均仍存在进步空间。如生物好氧发酵技术还存在氮素损失大、易产生氨污染、发酵热量不能充分利用等问题。厌氧发酵技术存在污水难达标排放、能耗大、处理成本高等问题。

3.3.2.1 制备沼气潜力分析

对于种养废弃物能源化利用潜力的评估，通常采用标准煤折算法和沼气折算法，即根据不同种类的种养废弃物能值转换系数和产气量将种养废弃物资源换算为标准煤量和沼气量，通过相关参数估算生物质所含能量，由此来衡量其能源化潜力大小。

（1）标准煤

标准煤折算法如式（3-1）所列：

$$B=Z_iR_iX_i \tag{3-1}$$

式中 i——种养废弃物的种类，即秸秆和畜禽粪便的种类，$i=1,2,3,\cdots,n$；

Z_i——i 类种养废弃物的资源量；

R_i——i 类种养废弃物的可回收系数；

X_i——i 类种养废弃物的标准煤转换系数。

（2）沼气

沼气折算法如式（3-2）所列：

$$G=Z_iR_iV_i \tag{3-2}$$

式中 i——种养废弃物种类，即秸秆和畜禽粪便的种类，$i=1,2,3,\cdots,n$；

Z_i——i 类种养废弃物的资源量，即 Y 剩余物或 Y 肥料；

R_i——i 类种养废弃物的可回收系数；

V_i——i 类种养废弃物的单位产沼气量。

畜禽粪便能源化评估的相关潜力参数可参考表 3-24。

表 3-24 畜禽粪便能源化潜力参数

种类	标准煤转化系数	单位产沼气量/(m^3/kg)	可回收利用系数
猪粪	0.43	0.2	1.00
牛粪	0.47	0.3	0.60
羊粪	0.53	0.3	0.60
家禽粪	0.64	0.3	0.60

2013 年我国畜禽粪便折算的标准煤和产沼气量即能源潜力如表 3-25 所列。

表 3-25 我国畜禽粪便能源潜力

种类	资源量/万吨	可利用资源量/万吨	相当于标准煤/万吨	可产沼气/$10^7 m^3$
猪粪	22867.86	22867.86	9833.18	4573.57
牛粪	15608.36	9365.018	4401.56	2809.51
羊粪	11901.77	7141.064	3784.76	2142.32
家禽粪	11922.33	7153.397	4578.17	2146.02
合计	62300.32	46527.34	22597.68	11671.42

由表 3-25 可知，如将 2013 年我国 62300.23 万吨的畜禽粪便完全实现能源化，可折合转化为 22597.68 万吨标准煤或 11671.42×10^7m^3 沼气。根据国家统计局和国研网统计数据，2010～2012 年我国能源消费总量分别是 324939 万吨、348002 万吨、361732 万吨标准煤，畜禽粪便可转化的能量占到我国能源消费的 6%以上，由此可以看出我国畜禽粪便能源化利用潜力巨大。生猪养殖作为我国主导的养殖业，其粪便可转化的能量最大，远远高于其他粪便可转化的能量，相当于 9833.18 万吨标准煤或 4573.57×10^7m^3 沼气；家禽次之，如将其完全转化为能量，相当于 4578.17 万吨标准煤或 2146.02×10^7m^3 沼气，最后是牛、羊的粪便，其可转化的能量略低，分别可转化 4401.56 万吨、3784.76 万吨标准煤或 2809.51×10^7m^3 和 2142.32×10^7m^3 沼气。从标准煤和沼气的角度比较家禽粪和牛粪稍有不同，可能是不同的能量转化形式，其转换率有差异。

2013 年我国各地区畜禽粪便能源潜力分析如表 3-26、图 3-18 所示。2013 年我国各地畜禽粪便产沼气潜力如图 3-19 所示。

表 3-26　2013 年我国各地区畜禽粪便能源潜力[47]

地区	可利用资源量/万吨	标准煤/万吨	可产沼气/10^7m^3	能源消耗量/万吨(标煤)	畜禽粪便标煤/能源消耗量/%
黑龙江省	1676.83	796.99	444.84	11311.28	7.05
吉林省	1274.11	623.63	328.89	8352.50	7.47
辽宁省	1953.13	970.84	496.91	20819.62	4.66
北京市	219.35	108.89	55.76	6804.84	1.60
天津市	247.44	120.62	62.03	6772.35	1.78
河北省	2865.67	1395.27	749.38	27404.00	5.09
内蒙古自治区	2718.48	1361.27	785.76	16957.38	8.03
山东省	4247.09	2168.57	1120.80	34765.84	6.24
山西省	533.89	255.28	135.04	17141.96	1.49
河南省	3900.67	1884.58	978.55	21374.88	8.82
湖北省	2022.67	956.30	467.58	15188.76	6.30
湖南省	2526.68	1164.48	569.38	14694.30	7.92
江西省	1471.07	697.74	340.65	6342.26	11.00
安徽省	1828.91	911.81	453.71	9771.18	9.33
江苏省	1709.64	857.3	415.43	25630.81	3.34
上海市	118.55	55.97	27.84	10881.60	0.51
浙江省	781.67	366.21	173.94	16688.45	2.19
福建省	954.03	458.58	219.35	9763.49	4.70
广东省	1919.34	961.31	456.13	26532.38	3.62
广西壮族自治区	1840.83	908.19	441.78	7847.30	11.57

续表

地区	可利用资源量/万吨	标准煤/万吨	可产沼气/10^7m^3	能源消耗量/万吨(标煤)	畜禽粪便标煤/能源消耗量/%
海南省	338.81	168.02	82.13	1403.07	11.98
云南省	1754.61	814.90	420.17	8838.15	9.22
贵州省	844.60	386.62	194.82	8354.43	4.63
重庆市	946.10	444.96	216.58	7885.62	5.64
四川省	3495.37	1639.07	814.87	17925.93	9.14
西藏自治区	398.21	195.36	118.88	8114.39	2.41
陕西省	704.70	328.20	173.49	7427.55	4.42
甘肃省	780.39	377.47	211.85	4139.72	9.12
青海省	404.97	198.66	117.09	3402.21	5.84
宁夏回族自治区	328.95	162.72	95.63	6352.71	2.56
新疆维吾尔自治区	1720.69	847.91	502.16	10879.20	7.89

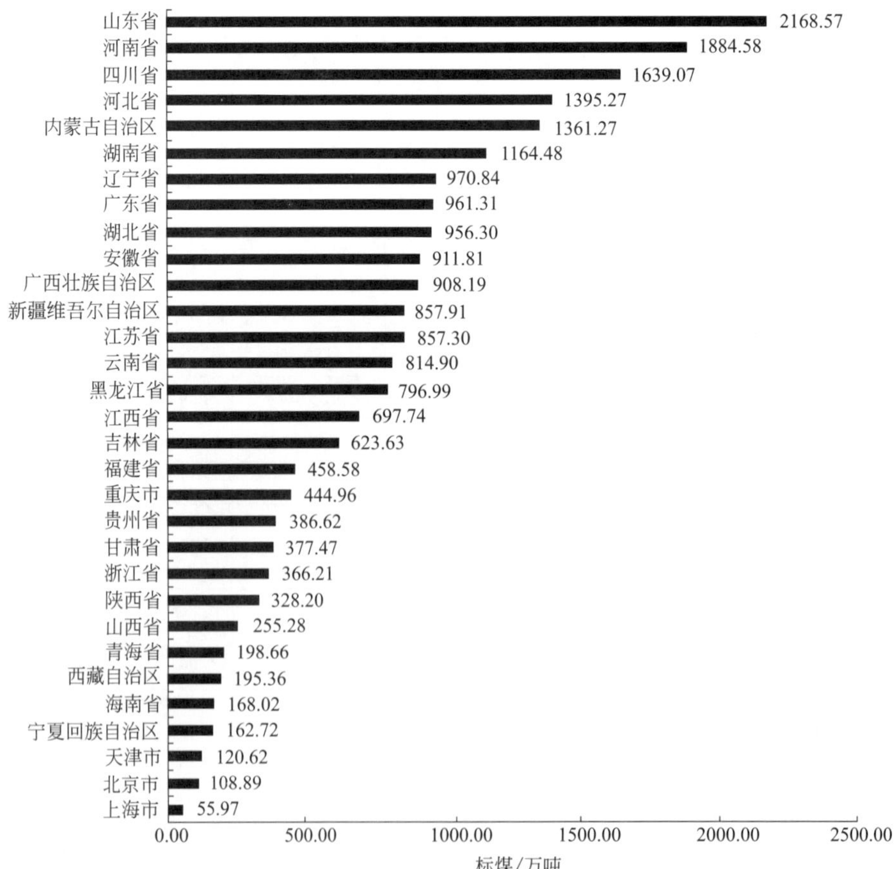

图 3-18　2013 年我国各地畜禽粪便能源潜力（标准煤）

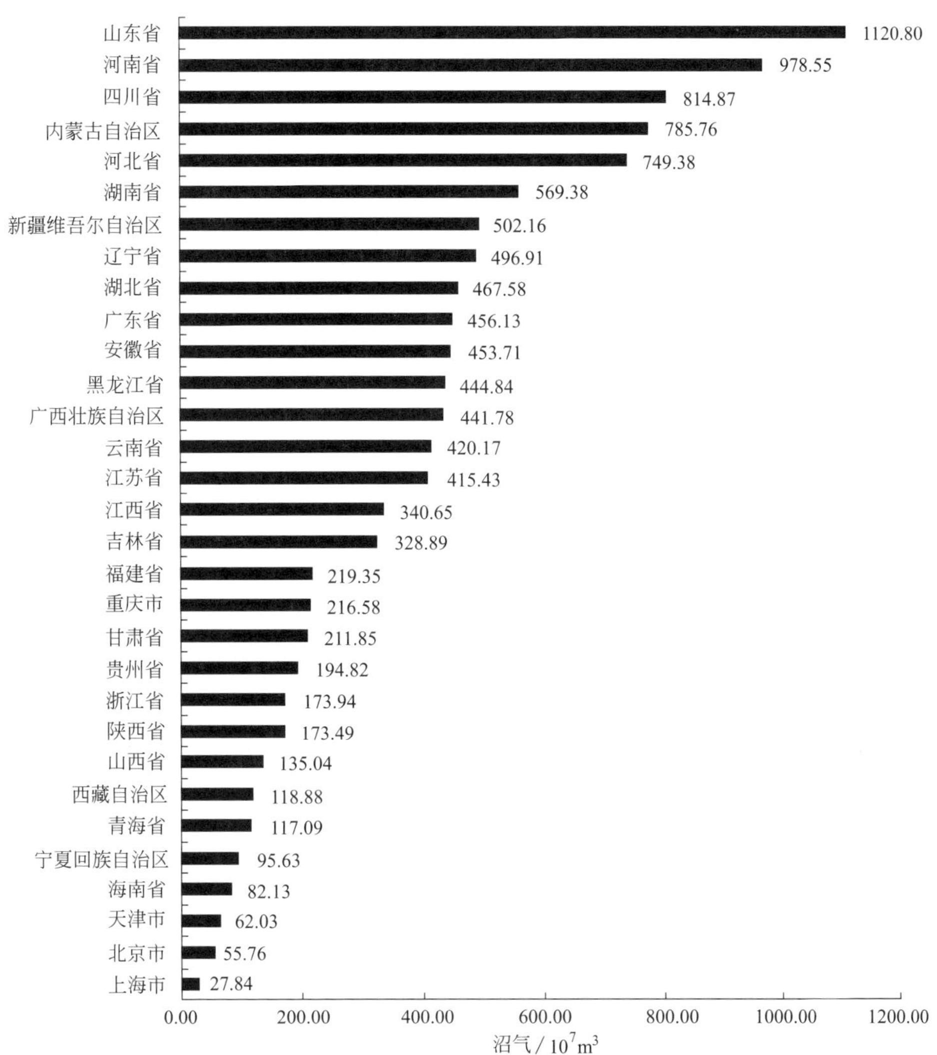

图 3-19　2013 年我国各地畜禽粪便产沼气潜力

由表 3-26、图 3-18、图 3-19 可以看出，畜禽粪便所含能量大，能源潜力最大的地区是山东省、河南省、四川省、河北省、内蒙古自治区和湖南省，分别达 2168.57 万吨、1884.58 万吨、1639.07 万吨、1395.27 万吨、1361.27 万吨、1164.48 万吨标准煤；按沼气折算量则依次是山东省、河南省、四川省、内蒙古自治区、河北省，分别达 $1120.8\times10^7 m^3$，$978.55\times10^7 m^3$、$814.87\times10^7 m^3$、$785.76\times10^7 m^3$、$749.38\times10^7 m^3$，北京市、上海市、天津市，这些工业化程度很高，农业不发达地区畜禽粪便资源少，折算的标准煤含量也少，这与畜禽粪便资源量的分布基本一致。与各地区能源消耗相比，海南省、广西壮族自治区、江西省的畜禽粪便能源潜力占到其能源消耗的 10% 以上，安徽省、云南省、四川省、甘肃省、河南省、内蒙古自治区、湖南省、新疆维吾尔自治区、吉林省、黑龙江省、湖北省、山东省畜禽粪便能源量占到其能源消耗量的6.24%～9.33%，可见畜禽能源化能节省能源，促进环保。

3.3.2.2 热化学潜力分析

热化学转化法是当前开发生物质能源的主要技术，也是各国研究的重点。其基本原理是将生物质原料加热，并在高温下裂解（热解）；热解后的气体与供入的气化介质（空气、氧气、水蒸气等）发生氧化反应并燃烧，最终生成可燃物，如木炭、液化油、生物油或生物质燃气 CO、H_2、CH_4 等的混合气体等。本部分将主要对畜禽粪便热化学转换可能性和潜力进行分析。

对于可燃成分挥发分、固定碳含量而言，畜禽粪便样品和农作物秸秆基本相当，畜禽粪便的挥发分平均值达60%以上，挥发分是科学研究或工业生产中反应燃料性能最好、最方便的指标之一，燃料中挥发分及其热值对生物质的着火和燃烧情况都有较大影响。一般挥发分较多的燃料易于着火，燃烧稳定，挥发分的含量对可燃气体的热值有一定影响，生物质燃料中的碳，多数和氢结合成较低分子量的烃类化合物，遇一定温度后热分解而析出挥发分。高含量的挥发分一般在250～350℃温度下就大量析出并开始剧烈燃烧。挥发分高，说明样品燃点低，易着火，表明畜禽粪便非常适合热化学处理。

固定碳是相对于挥发分中的碳而言的，是燃料中以单质形式存在的碳。畜禽粪便的固定碳含量与农作物秸秆相比要稍高。固定碳含量较高应用于工业能源化才具有可行性。原料的含水率对气化过程有很大影响，如果含水率过高，生物质在气化过程将消耗大量热源，影响气化稳定性，从而影响还原反应和可燃气的质量。与农作物秸秆相比，畜禽粪便的含水率相当高，热化学处理前应进行干燥处理，将含水率降到一个合适的范围，降低水分会消耗大量能量，这一部分能耗将对畜禽粪便气化过程的能耗和成本产生一定的影响。

畜禽粪便和玉米秸秆的灰分相比，显得较高，灰分来自矿物质，但它的组成或质量与生物质中矿物质不完全相同。灰分是生物质中不可燃部分，灰分越高，可燃成分相对减少，造成燃烧的不稳定，同时熔融态的灰粒乳附在设备表面造成结渣，影响受热面的传热，同时还会造成燃料的不完全燃烧，并给设备的维护与操作带来困难。

因此，在进行生物质的热化学转换技术研究时要注意灰分的熔点，如果灰分熔点过低，则炉灰容易结渣，影响通风，同时给清渣造成困难。一般要求灰分熔点（或叫软化温度）不低于1200℃，影响灰分熔点的因素主要有灰分成分含量及介质性质等。测定生物质的灰分、灰分的组成及特性，对评定生物质、决定生物质的使用价值，控制生物质热化学转换设备的运行条件，确保其安全经济运行，防治环境污染以及选择综合利用途径等方面都有重要意义，金属氧化物对灰分熔融性有影响，因此要求设备投入生产前应测试灰分的熔融温度。

畜禽粪便作为可利用的生物质能源，具备一定的热化学转化的潜力及可行性，即畜禽粪便中的有机物能在一定条件下转化为可燃物。热化学转化技术作为畜禽粪便能源化利用的一条途径，转化效率是衡量畜禽粪便热化学转化效果的重要指标。热化学转化效率即为生成的气体燃料的总热量与原料总热量之比。在热化学转化的过程中，反应条件不同，产物也有差别。根据气化介质的不同，主要可分为氧气气化、水蒸气气化和空气气化。

参考文献

[1] 贠旭江，宋毅，等. 中国畜牧兽医年鉴 [M]. 北京：中国农业出版社，2015.

[2] 渠清博，杨鹏，翟中葳，等. 规模化畜禽养殖粪便主要污染物产生量预测方法研究进展 [J]. 农业资源与环境学报，2016，33（5）：397-406.

[3] 农业部科技教育司. 第一次全国污染源普查领导小组办公室. 畜禽养殖业源产排污系数手册 [R]. 3-14.

[4] 周天墨，诸云强，付强，等. 中国分省主要畜种产污系数数据集 [DB/OL]. 全球变化科学研究数据出版系统，2014.

[5] Tomlinson A P，Powers W J，Van Horn H H，et al. Dietary protein effects on nitrogen excretion and manure characteristics of lactating cows [J]. Transactions of The ASAE，1996，39（4）：1441-1448.

[6] 杨增玲，韩鲁佳，刘依，等. 基于摄入养分含量预测猪新鲜粪便肥料成分含量的试验研究 [J]. 农业工程学报，2004，20（1）：278-283.

[7] 李莉. 预测蛋鸡粪便肥料成分含量的试验研究 [D]. 北京：中国农业大学，2003.

[8] 胡峥峥. 预测家禽粪便肥料成分含量的试验研究 [D]. 北京：中国农业大学，2001.

[9] Marino P，De Ferrari G，Bechini L. Description of a sample of liquid dairy manures and relationships between analytical variables [J]. Biosystems Engineering，2008，100（2）：256-265.

[10] Yang Z，Han L，Li Q，et al. Estimating nutrient contents of pig slurries rapidly by measurement of physical and chemical properties [J]. The Journal of Agricultural Science，2006，144（3）：261-267.

[11] 耿维，胡林，崔建宇，等. 中国区域畜禽粪便能源潜力及总量控制研究 [J]. 农业工程学报，2013，29（1）：171-179.

[12] 仇焕广，廖绍攀，井月，等. 我国畜禽粪便污染的区域差异与发展趋势分析 [J]. 环境科学，2013，34（7）：2766-2774.

[13] 涂德浴. 畜禽粪便热解机理和气化研究 [D]. 南京：南京农业大学，2007.

[14] 尚斌. 畜禽粪便热解特性试验研究 [D]. 北京：中国农业科学院，2007.

[15] 贾伟. 我国粪肥养分资源现状及其合理利用分析 [D]. 北京：中国农业大学，2014.

[16] 李书田，刘荣乐，陕红. 我国主要畜禽粪便养分含量及变化分析 [J]. 农业环境科学学报，2009，28（1）：179-184.

[17] 沈秀丽. 主要畜禽粪便能源及肥料化利用相关特性表征及其比较研究 [D]. 北京：中国农业大学，2016.

[18] 高明国. 我国耕地生态环境的严峻形势与治理思路 [J]. 创新科技，2016（10）：59-61.

[19] 王铁灵. 畜禽养殖污染的有效治理策略［J］. 中国畜牧业，2016（21）：38-40.
[20] 韩雪，粟朝芝，陶宇航. 畜禽粪便的合理利用［J］. 北京农业，2011（15）：202-203.
[21] 高深，马国胜，陈娟，等. 农牧配套种养结合型生态循环农业技术模式［J］. 江苏农业科学，2014（1）：307-309.
[22] 刘银秀，赵光桦，王志荣，等. 能源生态环保型猪场粪污处理模式的应用［J］. 中国沼气，2008，26（4）：30-34.
[23] 纪玉琨，宋英豪，薛念涛. 畜禽污染防治工程典型模式效益分析［J］. 安徽农业科学，2012，40（11）：6756-6759.
[24] 李庆康. 畜禽粪便无害化处理及肥料化利用［J］. 中国家禽，2002，24（8）：7-9.
[25] 王岩，霍晓婷，杨志丹，等. 畜禽粪便堆肥化过程中的生物除臭及展望［J］. 河南农业大学学报，2002，36（4）：374-379.
[26] 何秀红. 屠宰废弃物高温快速堆肥机理及应用研究［D］. 绵阳：西南科技大学，2016.
[27] 马怀良，陈欢，龚振杰. 不同初始 C/N 比对高温堆肥效果的影响［J］. 牡丹江师范学院学报：自然科学版，2008（2）：7-8.
[28] 斯琴毕力格. C/N 比对好氧堆肥过程中堆体内部主要指标变化的影响［D］. 哈尔滨：东北农业大学，2017.
[29] 刘跃杰，李国强，关欣. C/N 对高温堆肥发酵效果的研究［J］. 中国林副特产，2013（2）：31-33.
[30] 张云峰，刘福元，王学进，等. 规模化奶牛场粪便好氧堆肥发酵研究［J］. 家畜生态学报，2015，36（2）：75-79.
[31] 雷大鹏，黄为一，王效华. 发酵基质含水率对牛粪好氧堆肥发酵产热的影响［J］. 生态与农村环境学报，2011，27（5）：54-57.
[32] 张军，陈同斌，高定，等. 好氧生物堆肥中温度、氧气和水分模型的研究进展［J］. 中国给水排水，2010，26（11）：148-152. .
[33] 何惠霞，徐凤花，赵晓锋，等. 低温下牛粪接种发酵剂对堆肥温度与微生物的影响［J］. 东北农业大学学报，2007，38（1）：54-58.
[34] 张冬，董岳，黄瑛，等. 国内外污泥处理处置技术研究与应用现状［J］. 环境工程，2015（S1）：600-604.
[35] 刘盛萍. 生物垃圾快速好氧堆肥的研究［D］. 合肥：合肥工业大学，2006.
[36] 钱湧根. 间歇式动态好氧堆肥处理技术［J］. 环境卫生工程，1998（2）：43-45.
[37] 谢书霞. 污泥动态堆肥无害化处理新技术——开放式发酵堆肥技术［J］. 中华纸业，2008，29（12）：92-93.
[38] 孙贝烈，陈丛斌. 厌氧消化技术在禽畜粪便处理中的应用［J］. 辽宁农业科学，2006（3）：59-60.
[39] 徐卫佳. 用厌氧发酵技术处理农村养殖场畜禽粪便［J］. 可再生能源，2004（1）：57-57.
[40] 姚向君，郝先荣，郭宪章. 畜禽养殖场能源环保工程的发展及其商业化运作模式的探讨［J］. 农业工程学报，2002，18（1）：181-184.
[41] 张成勇，李元明. 畜禽养殖业粪污处理及资源化利用［J］. 中国畜牧兽医文摘，2017（10）：97.
[42] 费新东，冉奇严. 厌氧发酵沼气工程的工艺及存在的问题［J］. 中国环保产业，2009（12）：30-34.
[43] 林斌. 集约化养猪场粪污处理工艺设计探讨［J］. 福建农业学报，2006，21（4）：420-424.

[44] 杨明珍. 规模养牛场粪污厌氧发酵制沼气工程设计研究［J］. 安徽农业科学，2011，39（18）：11072-11073.
[45] 陈勇. 畜禽粪污综合利用与饲料技术创新［J］. 广东饲料，2018（1）：9-12.
[46] 远德龙，宋春阳. 畜禽粪污资源化利用方式探讨［J］. 畜牧与饲料科学，2013（10）：92-95.
[47] 黎运红. 畜禽粪便资源化利用潜力研究［D］. 武汉：华中农业大学，2015.

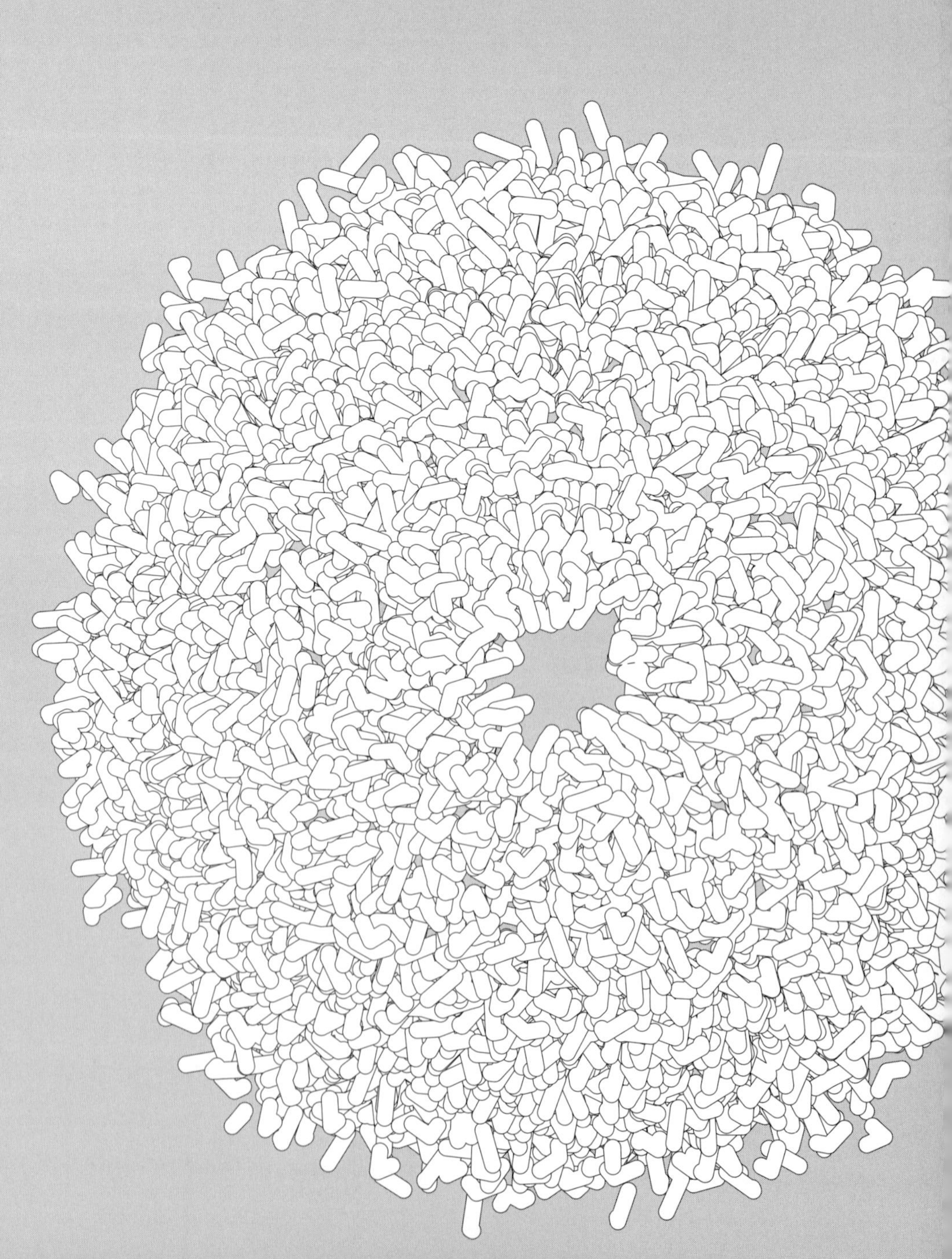

第4章

林业剩余物资源

4.1 资源量和空间分布

4.2 资源利用现状

4.3 能源化利用潜力分析

参考文献

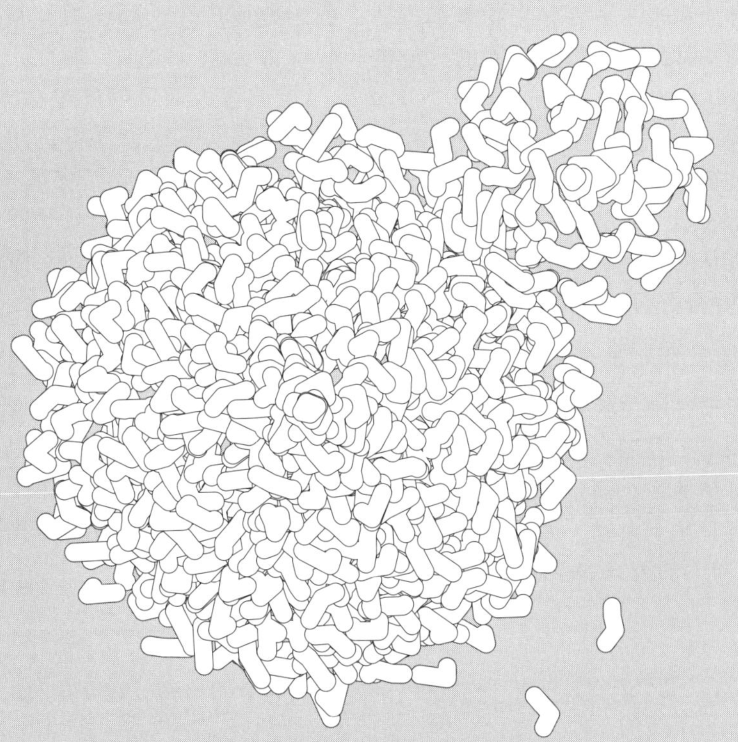

4.1 资源量和空间分布

4.1.1 资源量估算方法

林业剩余物包括林地生长剩余物和林业生产剩余物两类。

（1）林地生长剩余物

是指在未受保护的林地上生长的林木，且并未被列入工业用材采伐的林木剩余物资源。指在林木生长过程中，为促进其苗壮生长而采取的一系列生产活动过程中产生的林木生物质剩余物，主要包括灌木林、经济林、四旁疏林、城市绿化抚育修剪剩余物，灌木平荐剩余物，经济林抚育修剪剩余物，四旁疏林抚育修枝剩余物以及城市绿化更新与修剪剩余物；

（2）林业生产剩余物

是指以加工生产为主的森林经营和生产过程中形成的林木剩余物，主要包括森林抚育间伐剩余物，竹林采伐剩余物，苗木修枝、定杆及截杆剩余物，林木采伐、造材剩余物，林木加工剩余物和废旧木制品[1]。

目前世界上对林木生物质资源量的统计方法有很多种，其中平均生物量法和生物量转换因子法最为普遍。平均生物量法是基于野外实测样地的平均生物量与该类型森林面积来求取森林生物量的方法。我国地域广阔，环境类型复杂，自然类型多样，同一林龄的树种在不同的区域生长状况都会差异极大。因此，用平均生物量法测量我国的林木生物质资源总量的结果会误差很大，可信度也会大大降低。因此，基于我国的现状，平均生物量法存在明显的缺陷与不足，并不适用于我国森林生物量的估算。生物量因子转换法（volume derived biomass），是将某一类型的森林取其林分生物量与林分材积比值的平均值，再乘以该森林类型的总蓄积量，最终得到该类型森林的总生物量的方法[2]。这种方法不需进行实地测样，只需根据森林类型采取合适的比值系数，比较适合我国国情。

4.1.1.1 林地生长剩余物估算

根据林地生长剩余物的理论定义，结合相关资料，我国的林地生长剩余物主要包括灌木平荐剩余物，经济林、四旁疏林、城市绿化林抚育修剪剩余物。因此，对于来自林地生长剩余物的林木生物质能源资源估计为：L_i＝灌木平茬剩余物＋经济林抚育管理剩余物＋四旁、散生和疏林抚育修枝剩余物＋城市绿化更新与修剪剩余物[3]。L_i 的公式如下：

$$L_i = \sum_{i=1}^{n} FR_i u_i V_i \tag{4-1}$$

式中　L_i——来自林木生长剩余物的资源总量；

FR_i——第 i 种林木资源量；

u_i——相应的剩余物折算系数；

V_i——相应的剩余物可利用系数。

其中，灌木平荐剩余物是发展热电联产产业的主要原料。作为我国重要的森林资源类型之一，灌木林的总面积高达 5590.22 万公顷，相较第七次森林清查的数据增加了 4.2%。理论上，灌木平荐剩余物与灌木枝条生长量相平衡，即灌木年均平荐剩余物等于灌木枝条年均生长量，因此其理论计算公式[3] 为：

$$SR = ga \tag{4-2}$$

式中　SR——灌木林年均生长量；

g——灌木林单位面积年均生长量；

a——灌木林面积。

由于灌木生长条件的差异，不同地区的灌木年均生长量也存在着较大的差异性，因此本书对于灌木平荐剩余物的计算仍采用式 (4-1)。在现有灌木林资源量的基础上，按照“三年一平荐” 计算，则灌木林年均平荐剩余物的量即为现有灌木林资源量的 1/3。

另外，我国的经济林、竹林面积广阔，且经济林、竹林在林木生物质能源方面有多重作用，如果对经济林、竹林进行合理的抚育、修剪和采伐更新，其剩余物将成为发展气化发电、成型燃料的主要原料。同样，四旁、散生和疏林抚育修枝剩余物及城市绿化更新与修剪剩余物等进行回收加工也可作为能源资源被利用。

式(4-1) 中的 FR_i，即各类林木资源量，公式中的折算系数 u_i 和剩余物可利用系数 V_i 如表 4-1 所列[4,5]。

表 4-1　林地生长剩余物各相关系数

种类	面积/万公顷	u_i	折重	可获得剩余物总量/亿吨	V_i	可作为能源利用生物量/亿吨
灌木林	5590.22	33%	10t/hm^2	1.8	56%	1.08
经济林	2056.52	100%	7.2t/hm^2	1.5	20%	0.30
四旁树、疏林	246 亿株	100%	1.3kg/株	0.3	33%	0.10

4.1.1.2　林业生产剩余物估算

(1) 森林抚育与间伐剩余物[6]

森林抚育与间伐剩余物，竹林采伐剩余物，苗木修枝、定杆及截杆剩余物的公式参考林地生长剩余物 L_i，公式如下：

$$L_i = \sum_{i=1}^{n} FR_i u_i V_i \tag{4-3}$$

式中　L_i——来自林木生长剩余物的资源总量；

FR_i——第 i 种林木资源量；

u_i——相应的剩余物折算系数；

V_i——相应的剩余物可利用系数。

公式中的折算系数 u_i 和剩余物可利用系数 V_i 如表 4-2 所列。

表 4-2 各类剩余物的相关系数

种类	面积/万公顷	u_i	折重	可获得剩余物总量/亿吨	V_i	可作为能源利用生物量/亿吨
森林(中幼林)	10643	10%	7.04t/hm^2	0.74	22%	0.16
竹林	600.03	31%	29.73t/hm^2	0.6	20%	0.12
造林苗木	168 亿株	100%	0.125kg/株	0.21	67%	0.14

(2) 林木采伐、造材剩余物

与森林抚育间伐的对象不同，人类进行采伐、造材的对象为达到采伐标准的用材成熟林和过熟林。在林木采伐、造材过程中会产生大量的剩余物，这些剩余物主要包括主伐、地产林改造、山场造材等作业过程中产生的不属于森林采伐产品和未被利用的树梢、树皮、枝丫、板皮、造材截头、损伤材等。在进行森林采伐、造材等经营活动时，原木仅占森林总量的30%左右，另有多达70%的采伐剩余物被留在林地。这些剩余物如果不加以利用，不仅会造成资源的浪费，也会阻碍森林的更新。如果对这些剩余物中的生物质资源进行合理的采集和利用，不但能解决资源浪费的问题，而且还能对我国的能源供给提供很大的帮助。

林木采伐、造材剩余物的生物质能源潜力的计算可通过林木总采伐量乘以林木采伐剩余物产出比例和可回收比例（即为丢弃不用的部分）。计算公式如下：

$$L_2 = TCkf \tag{4-4}$$

式中 L_2——来自森林采伐和造材剩余物的林木生物质资源量；

TC——林木总采伐量；

k——林木采伐剩余物产出比例，是指采伐剩余物产出量占林木总采伐量的比例；

f——林木采伐剩余物可回收比例，是指在林木采伐剩余物中可以实际被回收用于能源利用的份额。

采伐、造材剩余物产出比例的计算公式为：

$$k = \frac{林木采伐量 - 林木出材量}{林木采伐量} \times 100\% \tag{4-5}$$

首先，根据《林业统计》的相关理论对采伐量和出材量进行核算口径的统一。

采伐量分为以下两部分：

① 采伐原条，是指将立木伐倒、打枝。在山场不进行造材的原条。

② 采伐原木（即山上造材量），是指伐木、打枝后，并经造材符合木材规格标准的原木。

本文的林木采伐量是指采伐原木量。出材量是指报告期实际采伐的林班面积中生产的原条、原木、小规格材和薪材的数量，出材率是指出材量与采伐蓄积量的比率。而林业统计中，出材率与采伐量相对应，分原条生产与原木生产。原条生产是伐区森林资源出材率，是原条产量与采伐蓄积量的比。原木生产是森林资源木材出材率，是木材产量与采伐蓄积量的比，也称森林资源采伐利用率。如式(4-6)、式(4-7) 所列：

$$伐区森林资源出材率=\frac{原条产量}{采伐蓄积量}\times 100\% \quad (4\text{-}6)$$

$$森林资源采伐利用率=\frac{木材产量}{采伐蓄积量}\times 100\% \quad (4\text{-}7)$$

森林资源采伐利用率是森林资源利用情况的指标。林木采伐、造材剩余物总量是体现森林资源利用情况的重要标准。另外，万志芳等[7]在计算森林采伐剩余物总量时，用2001～2003年的木材产量乘以30%（理论上采伐剩余物占原木蓄积的比例）。综合上述分析，本书中的出材量即为木材产量。根据《2012年林业统计年鉴》，我国的木材产量为0.81亿立方米。则采伐、造材剩余物产出比例为：

$$k=\frac{林木采伐量-林木出材量}{林木采伐量}\times 100\%=\frac{2.5-0.8}{2.5}\times 100\%=68\% \quad (4\text{-}8)$$

(3) 林木加工剩余物

林木加工剩余物（如木质削片、锯末等）的生物质能源潜力的计算是通过工业圆材生产量乘以林木加工剩余物的产出比例和林木加工剩余物的可回收比例进行的。

具体计算公式如下：

$$L_3=ICprrr \quad (4\text{-}9)$$

式中　L_3——来自木材加工剩余物的林木生物质能源资源量；

IC——工业与建筑木材消耗量；

pr——林木加工剩余物的产出比例，被界定为在工业圆材加工为林产品（如纸盒、纤维、胶合板和锯末）的过程中产生的剩余物占工业圆材总消耗量的比例；

rr——林木加工剩余物的可回收比例，是实际可以用于生物质能源生产的加工剩余物份额。

在我国木材消费中，除了出口外，一部分木材被农民消费，其中农民自用材主要用于房屋建设和薪材，产出的剩余物很少；绝大部分被用作工业和建筑业的消费。其中，商品材为社会提供了最大木材供给，因此木材加工剩余物也主要来源于商品材。商品材多用于木材加工行业，受技术水平、机械设备及工人能力等多方面因素影响，木材加工过程中产出的木材加工剩余物较多。例如，一些进入制材厂的原木，从裙切到加工成木制品，将陆续产生边条、截头、板条、木芯、木块、锯末、刨花、边角余料等剩余物。杨华龙等[8]通过对木材加工厂进行调查及数据的搜集发现，木材加工整个过程中产生的木材加工剩余物的数量约为原来需加工原木量的15%～34.4%，其中，板条、板皮、刨花等占全部剩余物的71%，锯末占19%。

(4) 废旧木制品的生物质能源潜力

废旧木制品的来源有很多，其中包括废弃木制家具或家具部件、装修木质废料、建筑木质废料以及拆迁木质废料等。废旧木制品的生物质能源计算公式如下：

$$L_4=TCII_r \quad (4\text{-}10)$$

式中　L_4——来自废弃的林木产品的林木生物质资源；

TC——来自工业与建筑木材的消耗量；

I——木制产品剩余物的产出比例，是指工业、建筑业中产生的废弃木制品的生物质部分占用于加工的总木材的生物质的比例；

I_r——废弃林木产品可回收比例，是指所有废弃的木制品中可用于能源资源再利用的生物质部分占全部废弃木制品的生物质的比例。

根据相关数据资料，我国每年各类木质家具、门窗、枕木、建筑木等废弃木材制品抛弃物大约 0.8 亿吨，其中，可作为能源资源利用的约 0.4 亿吨，是发展成型燃料的主要原料。说明废弃林木产品中可以回收作为能源利用的比例约为 50%。

4.1.2 资源种类和数量

我国林木生物质资源丰富、种类多、分布广泛、总量大。我国现在每年可获得林木生物质能源总量约 8 亿～10 亿吨，其中可作为能源利用的生物量为 3 亿吨，可替代 2 亿吨标准煤，相当于目前我国化石原料消耗量的 1/10。根据第六次森林资源清查资料，我国林业用地面积约 2.9 亿公顷，现有森林面积 1.75 亿公顷，活立木总蓄积量 136.18 亿立方米。初步估算，我国林业生物质总量约 180 亿吨。

图 4-1 直观地描述了在历次森林清查结果下林木生物质资源总量的变化趋势。从总体上来看，我国的森林资源丰裕，且呈逐年上升的态势，林木生物质资源总量也相当可观，自第六次森林清查以来，林木生物质资源总量增长率明显上升，第七次清查结果相较第六次而言林木生物质资源总量上升了 7.2%，第八次森林清查数据显示该资源总量上升了 7.92%，充足的林木生物质资源总量为林木生物质能源资源量提供了坚实的基础[9]。

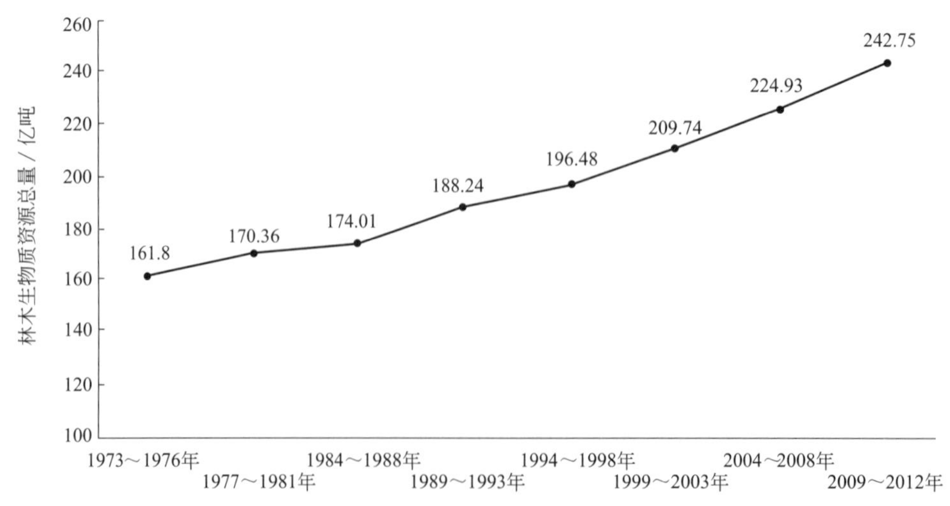

图 4-1 林木生物质资源总量

4.1.2.1 能源林（薪炭林）

薪炭林作为木质能源林的主要来源，面积已达 304.44 万公顷，蓄积量 5627m^3。

根据各省薪炭林蓄积量的测算，全国薪炭林生物质总量 0.66 亿吨。我国大部分省市（区、县）都有薪炭林的分布，其中云南省、陕西省、辽宁省、江西省、内蒙古自治区是我国主要的薪炭林生物质资源生产地。目前灌木林地总面积 4529.68 万公顷。根据各省主要树种灌木面积及其单位面积生物量计算，全国灌木林每 3～5 年收割一次，平茬复壮生物总量为 3 亿～4 亿吨。从分布和树种上说，可用作能源的灌木总量为 1.06 亿吨，占资源总量的 40%[9]。目前我国北方有大面积的灌木林亟待利用，估计每年可采集木质燃料资源 1 亿吨左右。

目前我国已查明的油料植物有 151 科 697 属 1554 种，其中种子含油量在 40%以上的植物就有 154 种。能够作为能源林开发利用并可规模化培育的能源林树种有小桐子、油桐等 6 个树种。有关统计表明，上述 6 种树种现有相对成片分布面积超过 135 万公顷。果实产量在 100 万吨以上，如能收集其中的 50%加以利用，可得 20 余万吨生物柴油。同时我国从国外引进了西蒙得木、绿玉树等世界上著名的高含油树种及瑞典速生能源柳新品种，并初步引种成功。

可用以栎类为代表的淀粉类能源林种子所含碳水化合物制备燃料乙醇。栎类果实橡子淀粉含量在 50%以上，全国栎类林现有面积达 0.18 亿公顷，仅吉林省、内蒙古自治区和黑龙江省栎类林现有面积超过 670 万公顷[10]。按栎类林果实现有年均产量计算，可产果实 1000 万吨以上，可获得淀粉 500 万吨以上，3.5～4t 栎类种子就可以生产出 1t 燃料乙醇，乙醇燃料开发潜力巨大。

4.1.2.2　林业剩余物

林业剩余物主要包括森林原木采伐物、木材加工剩余物、不同林地（薪炭林、用材林、防护林、灌木林、疏林等）育林剪枝以及四旁树（田旁、路旁、村旁、河旁的树木）剪枝获得的薪柴量。林产品加工中，以我国年产原木 5000 万立方米计，年可产 1500 万立方米的剩余物，如果按 55%的利用率，将有 825 万立方米的剩余物可以利用，相当于 206 万吨标准煤。当前林业剩余物中森林采伐及木材加工剩余物的实物量为 7.76×10^7t，折约 4.42×10^7tce（标准煤当量，下同），薪柴的实物量约为 4.81×10^7t，折约 2.7×10^7tce，两者合计实物量 1.25×10^8tce。

根据 2005 年前后的技术和生产水平，有关专家根据对有机废弃物、边际性土地和相应的能源植物产出的估算，得出我国生物质能源中林木生物质能源每年可产实物量 1.08 亿吨，各类林地和后备地面积达 10880 万公顷，折合标准煤 3.12 亿吨，占比 73.3%[11]。考虑到科技进步和生产力发展的影响，我国林木生物质资源总量巨大。

（1）林业生产和更新剩余物资源状况

林业生产和森林更新过程中产生的剩余物有采伐剩余物、造材剩余物和加工剩余物。树干是林木生物量的主要部分，约占 70%，采伐后的枝、叶平均约占 30%。

1）采伐剩余物

根据各大林区采伐数据和样地数据，采伐剩余物（梢头＋枝＋叶）约占林木生物量的 40%[12]。我国用材林达到采伐标准的成熟林和过熟林的面积 1468.57 万公顷，蓄积量 27.4 亿立方米，总生物量 32.14 亿吨。防护林和特种用途林需要采伐更新的过热林面积 307.5 万公顷，蓄积量 7.13 亿立方米，总生物量 8.36 亿吨。林木采伐更新总量 40.5 亿吨，采伐剩余物量约 162 亿吨。

2）木材加工剩余物

2003 年全国木材产量 4758.87 万立方米，其中，原木产量 4319.86 万立方米。据有关资料介绍，木材加工剩余物数量为原木的 34.4%，其中板条、板皮、刨花等占全部剩余物的 71%，锯末占 29%。木材加工剩余物为 1468.75 万立方米，加工剩余物量换算成重量为 1321.86 万吨[4]。

3）林木抚育间伐量

根据规定，中幼龄林在其生长过程中间伐 2～4 次。林木抚育间伐平均出材量 6.0m^3/hm^2（按 20%间伐强度），可产生 5.51 亿立方米小径材，换算成生物量为 5 亿吨。针叶树种和阔叶树种的修枝次数不同，平均为 2～3 次。在林木抚育期内，可产生 1.84 亿吨枝条。全国中幼龄林抚育间伐量为 6.84 亿吨[13]。

（2）灌木林生物质资源量

目前，我国灌木林地总面积 4529.68 万公顷，占林业用地面积的 16.02%。根据各省主要灌木树种面积及其单位面积生物量计算，全国灌木林平茬复壮总生物量为 3 亿～4 亿吨。

（3）木本油料树种的油料产量

我国现有经济林面积 2140 多万公顷[14]，其中木本油料树种总面积为 804.2 万公顷，年油料树种的果实产量 224.5 万吨，但目前资源的加工利用还不足 1/4。木材的主要消费结构见表 4-3。

表 4-3　木材的主要消费结构

年度	1999 年		2010 年		
	数量/万立方米	比例/%	数量/万立方米	比例/%	增加量/万立方米
建筑及装修业	3000	20.8	6350	26.0	3350
家具制造业	2400	16.7	4400	18.0	2000
造纸业	5350	37.2	9100	37.3	3750
农业用材	2000	13.9	2500	10.3	500
工业及其他用材	1650	11.4	2050	8.4	400
总计	14400	100	24400	100	10000

（4）竹林生物质资源量

我国是世界上竹类分布最广、资源最多、利用最早的国家之一，发展竹林资源具有得天独厚的优势。目前，全国竹林面积 48426 万公顷，其中毛竹林 33720 万公顷，占 69.63%；其他竹林 147.063 万公顷，占 30.37%。共有竹子 683.01 亿株，其中毛竹 74.58 亿株，其他竹 608.43 亿株。据有关资料介绍，日本的竹林面积为 1.4 万公顷，估计有 30 万吨左右可以作为生物质资源加以利用。参考日本的经验数据，我国竹林面积为 48426 万公顷，估计约有 1 亿吨竹林生物质资源可利用。

（5）木材及木制品废弃物资源量

木材消费量大的行业主要有建筑及装修业、家具制造业和造纸业（见表 4-3）[15]。据专家测算，1999 年我国商品材消费量约 1.44 亿立方米，其中国产材约 8100 万立方米，占 56%；进口林产品 6308 万立方米，占 44%；进口林产品中，纸浆、废纸、纸及纸板折成原木材积为 4646 万立方米，原木、锯材、胶合板、单板折成原木材积为 1662 万立方米。

装饰、家具制造、造纸、农业及其他行业使用的木材及木制品，如果按每年有 1/3 更新废弃，则我国每年木材消费领域产生的木材及木制品废弃物约 0.5 亿～0.8 亿立方米，折合 0.4 亿～0.7 亿吨。目前，我国这部分生物质资源除废纸回收利用外，其余回收利用较少。而日本的木材废弃物回收利用率在 20%～40%，我国木材及木制品回收利用率估计在 10%左右。

（6）草本类生物质资源量

据统计，我国有草地 4 亿公顷，其中可利用草地 3.13 亿公顷。如果按年生产量 8～17t（干重）/hm^2 估算，我国每年草地草本植物生物量为 32 亿～68 亿吨，其可利用草地草本植物生物量为 25 亿～53 亿吨。虽然草本生物资源分布广、分散、收集困难，但是至少每年有 15 亿～30 亿吨的草本生物质可被利用。此外，农作物类稻科植物秸秆生物量较大，我国每年大约有农作物秸秆 6.5 亿吨，可获得系数为 85%，约 5.13 亿吨，相当于 3.1×10^8 吨标准煤。因此，可获得的草本类生物质每年约在 20 亿～35 亿吨[16]。

4.1.3　资源的空间分布

4.1.3.1　森林资源空间分布

我国地域辽阔，气候类型多样，树种资源丰富，木本植物 8000 余种，占世界的 54%。第八次全国森林资源清查结果显示，全国森林面积 2.08 亿公顷，森林覆盖率 21.63%，森林蓄积量 151.37 亿立方米。人工林面积 0.69 亿公顷，人工林蓄积量 24.83 亿立方米。全国森林主要分布在东北和西南地区。表 4-4 为全国各省森林情况统计表，森林面积前 10 的省份分别为内蒙古自治区、黑龙江省、云南省、四川省、西藏自治区、广西壮族自治区、江西省、湖南省、广东省以及陕西省。前 10 的森林面积总和为 14655.34 万公顷，占全国森林面积的 70.56%[9]。

表 4-4　全国各省森林情况统计表

统计单位	森林面积/万公顷	森林蓄积量/万立方米	森林覆盖率/%
内蒙古自治区	2487.9	134531	21
黑龙江省	1962.13	164487	43.16
云南省	1914.19	169309	50.03

续表

统计单位	森林面积/万公顷	森林蓄积量/万立方米	森林覆盖率/%
四川省	1703.74	168000	35.22
西藏自治区	1471.56	226207	11.98
广西壮族自治区	1342.70	50937	56.51
湖南省	1011.94	33099	47.77
江西省	1001.81	40841	60.01
广东省	906.13	35683	51.26
陕西省	853.24	39593	41.42
全国	20768.73	1513730	21.63

注：数据来源《中国森林资源报告——第八次全国森林资源清查》。

就森林面积而言，内蒙古自治区、黑龙江省、云南省相对于其他省份具有较大的优势。然而就森林覆盖率而言，江西省、广西壮族自治区、广东省跃居前列，西藏自治区、内蒙古自治区的森林覆盖率则相对较低。

全国主要省份森林覆盖率如图 4-2 所示。

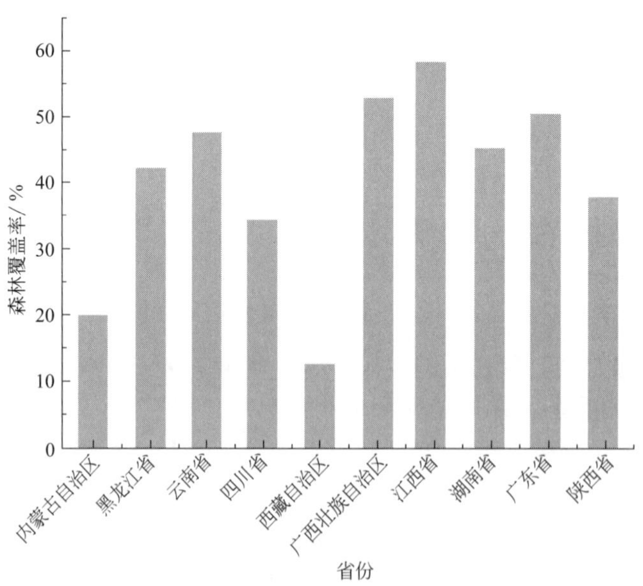

图 4-2 全国主要省份森林覆盖率

4.1.3.2 林业生物质能资源空间分布

我国每年各种林业生物质资源量约 248.9 亿吨，其各类型林业生物质资源量分布结构见图 4-3。

从各类型林业生物质资源量分布来看，林木生物质总量为 192.58 亿吨，占林业生物质资源总量的 77.4%，排在第一位；草本类生物量（含农作物秸秆）为 27.5 亿吨，占 11.0%，排在第二位；林业采伐剩余物量为 16.2 亿吨；占 6.5%，排在第三

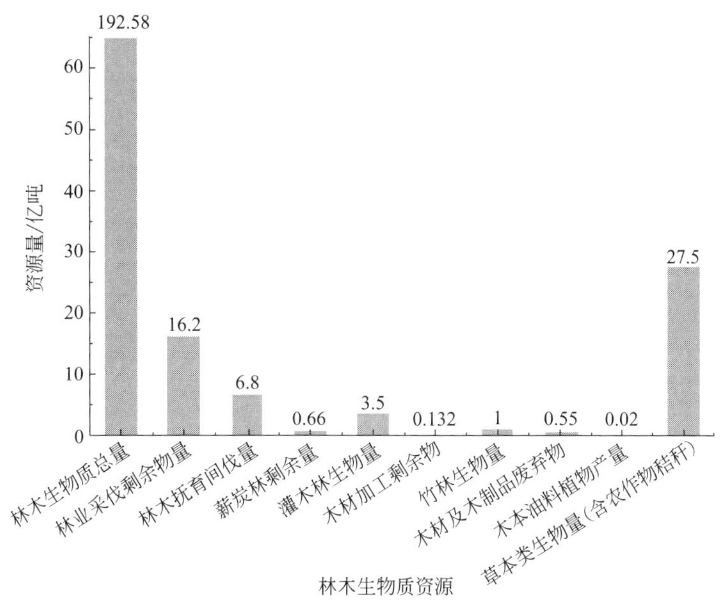

图 4-3 各类型林业生物质资源量分布

位；林木抚育间伐量为 6.8 亿吨，占 2.7%，排在第四位；灌木林生物量为 3.5 亿吨，占 1.4%，排在第五位；竹林生物量为 1.0 亿吨，占 0.4%，排在第六位。此外，其他类型生物质资源量的排序分别是薪炭林剩余量、木材及木制品废弃物、木材加工剩余物、木本油料植物产量等。林木生物质总量、草本类生物质量（含农作物秸秆）、林业采伐剩余物量、林木抚育间伐量、灌木林生物量和竹林生物量占整个林业生物质资源总量的 99.4%，说明大力发展并充分利用上述林业生物质能资源潜力巨大。

（1）薪炭林（能源林）的生物质资源分布

薪炭林是指用于生活烧柴或木炭加工的森林资源，是我国五大材种之一，也是林业生物质能源的主要来源。薪炭林经过多年的造林和经营，面积达到 303.44 万公顷，蓄积量为 5627 万立方米。根据各省薪炭林的蓄积量测算，全国薪炭林生物质总量为 0.66 亿吨。除天津市、上海市外，我国其他各省（市、区）都有薪炭林分布，其中云南省、陕西省、辽宁省、江西省、内蒙古自治区、贵州省、湖北省、河北省是我国薪炭林生物质资源最多的省（区），占全国总量的 76%。

（2）灌木林、竹林资源分布

我国灌木林生物质资源主要分布在四川省、西藏自治区、青海省、云南省、新疆维吾尔自治区、湖南省、广西壮族自治区、广东省等省（区）。竹林主要分布于福建省、江西省、浙江省、湖南省、广东省、四川省、广西壮族自治区、安徽省、湖北省、重庆市 10 省（市、区），其竹林面积 454.12 万公顷，占全国的 93.78%。竹林主要分布省（市、区）面积及其比例见表 4-5。

表 4-5 竹林主要分布省（区、市）面积及其比例

序号	地区	面积/万公顷	占全国比例/%
1	福建省	88.52	18.28
2	江西省	80.66	16.66
3	浙江省	74.75	15.44
4	湖南省	52.20	10.78
5	广东省	37.42	7.73
6	四川省	37.38	7.72
7	广西壮族自治区	30.74	6.35
8	安徽省	26.98	5.57
9	湖北省	13.76	2.84
10	重庆市	11.71	2.41
合计		454.12	93.78

4.1.3.3 现有林业剩余物的资源分布

林业剩余物主要包括森林采伐剩余物、造材剩余物和加工剩余物。森林采伐剩余物主要是成熟林和过熟林采伐过程中所产生的树枝、树根、树杈等。造材剩余物主要是指采伐木材过程中所产生的造材截头。加工剩余物是指在工业生产加工木质产品的过程中所产生的木材剩余物，主要是指工业用原木加工剩余物。

（1）森林采伐剩余物

在林木采伐中，我国主要对于成熟林和过熟林根据限伐指标进行采伐。图 4-4 是我国第八次森林资源清查中各省（市、区）森林资源中成熟林和过熟林面积。

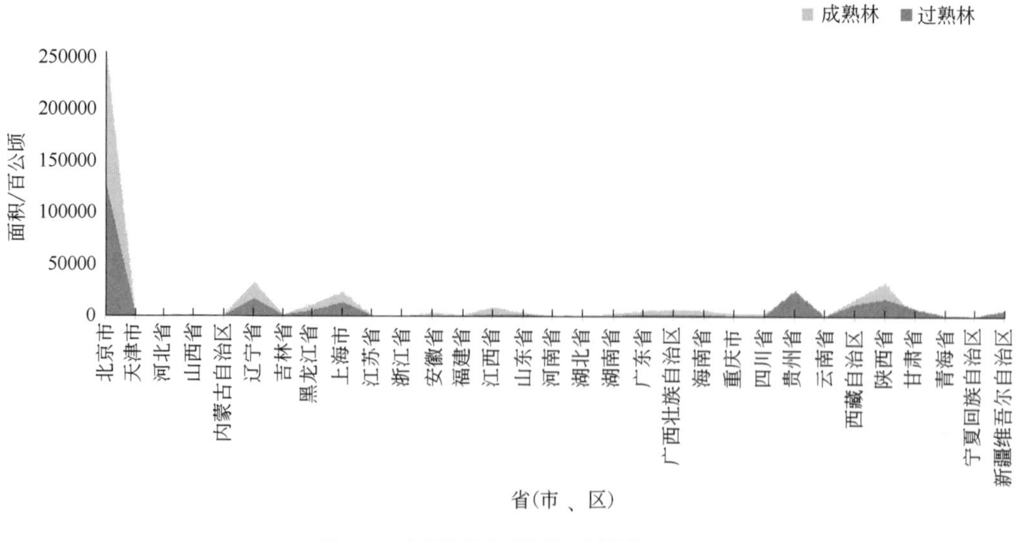

图 4-4 森林资源中成熟林和过熟林面积

从整体来看，成过熟林主要集中在两类地区：一是林区；二是北京市、天津市等直辖市地区。北京市、天津市的成过熟林面积较大，幼龄林面积相对较小；北部地区（内蒙古自治区、江西省、吉林省和黑龙江省）以及南部地区（四川省、贵州省、云南省、福建省）的成过熟林面积也比较大，而其他的地区（广东省、广西壮族自治区等地）的成过熟林面积则非常小。

（2）造材剩余物

造材剩余物主要指采伐木材所产生的造材截头。造材来源主要是指每年所采伐生产的原木数量。广西壮族自治区是原木生产量最大的地区，其次是木材加工企业最多的广东省。其他省（市、区）的原木产量相差不多。但是直辖市地区和西部贫困地区的原木产量是最少的。

（3）加工剩余物

加工剩余物主要指工业用原木加工所产生的剩余物。林木生物质资源有一小部分是来源于这些木材加工的剩余物。广西壮族自治区加工木材的产量是最大的，其次是广东省，这也可以说明林木生物质资源可获取量是相对较多的。在西部地区，几乎没有木材的加工产量，这些地区由于荒漠化比较严重，林木的主要功能是防风固沙以及调节气候等生态作用，所以木材产量相对比较匮乏。

4.1.4　理化特性

林业生物质作为有机燃料，是多种复杂的高分子有机化合物组成的复合体，主要由纤维素、半纤维素、木质素、淀粉、蛋白质、脂质等构成，并且含有 C、H、N、S 等化学元素，是空气中的 CO_2、水和太阳能通过光合作用的自然产物。其挥发性高，碳活性高，硫、氮含量低，灰分低[17]。

4.1.4.1　能量密度高

与稻秆相比，林木能量密度要高得多，单位体积木质燃料的燃烧值是稻秆的近两倍。虽然稻秆可以通过一系列加工如气化、液化技术提高能量密度，但是由于稻秆本身能量密度低（如稻麦稻秆的能量密度仅为杨木的 80%，其单位土地面积的产量更只有杨木的 50%），故将木质资源和稻秆制成压缩燃料后再进行比较，木质压缩颗粒的燃烧值仍相对较高，是秸秆压缩木粒的 1.3 倍。且我国稻秆的收集和运输流程并不十分完善，对稻秆进行大规模能源化使用会造成成本过高的局面。木质资源的能量密度本身比较理想，生长量也比农作物资源要快，若再进行合理的定向培育使其能量密度继续提升，林业生物质能源的前景将非常可观。

4.1.4.2　灰分含量

灰分主要成分是钙、镁、锰、钠和磷等无机盐，在木材中的含量一般低于 1%；非木材纤维中的木本科植物灰分含量一般大于 1%；果蓬类林业生物质资源的灰分含量普遍较高。在生物质资源的液化利用过程中，灰分含量过高，会影响材料的液化和树脂化效果，降低材料在发泡过程中的内结合力。

4.1.4.3 抽提物含量

常用的抽提物指标为冷水抽提物、热水抽提物、1% NaOH 抽提物和苯醇抽提物。一般冷水抽提物包含单宁、色素、生物碱（主要为碱的盐类）、可溶性矿物成分及某些单糖，如果冷水抽提物含量过高，材料在化学利用时则要增加药品的消耗。热水抽提物同冷水抽提物相似，但其溶解力较强，相应的抽提物含量较多。热水抽提物除含有上述成分外，还包含有淀粉和果胶质，其中含有的聚糖较多，可能是脱除下来的有机酸使原料发生部分水解的原因。热水抽提物中的多酚类和有机酸也可能直接影响材料化学利用的环境。果蓬类和果皮类林业生物质资源的冷水抽提物和热水抽提物含量均高于小径竹，在液化发泡时需要适当增加药品的使用量、调节反应的 pH 值等。

1% NaOH 抽提物除包含更多量的热水抽提物的各种成分外，还含有蛋白质、氨基酸、聚戊糖、树脂酸、糖醛、部分半纤维素、木质素，以及少量油脂、蜡、树脂和香精油，它在一定程度上可以反映原料受到光照、热损伤、氧化或微生物腐蚀的情况，可以预见原料的得率、质量和纯度。除油茶果壳、银杏果壳和香榧果壳外，其他林业生物质资源的 1% NaOH 抽提物含量均高于小径竹，其中银杏果皮的 1% NaOH 抽提物高达 85.47%，反映出银杏果皮的纤维含量较少。此外，当材料中 1% NaOH 抽提物含量过高时，材料中的低中级碳水化合物易分解，产生淀粉胶，易形成黏稠状物质，不利于液化反应的进行。

苯醇是常见的有机溶剂，其中乙醇能溶解树脂、单宁、色素、部分碳水化合物和微量的木质素；而苯能溶解树脂、蜡、脂肪及香精油，它能溶出一些与有机溶剂相容的成分，如脂肪酸、单宁和色素等。因此，在苯、乙醇抽提物中，主要有树脂、蜡、脂肪、香精油、单宁、色素、部分碳水化合物和微量的木质素。苯醇抽提物的树脂以中性树脂为主，含有较多的双键化合物，如含量过高，说明材料的渗透性较差，不易吸收水分和药品，将阻碍胶合界面形成牢固的胶合力。果壳类林业生物质资源的苯醇抽提物含量低，而果蓬类和果皮类中的苯醇抽提物含量相对较高，因此，在对银杏果皮进行液化利用时，需要改善液化环境。

4.1.4.4 综纤维素和木质素含量

综纤维素是纤维素和半纤维素的总和，是植物纤维原料的主要组分部分，综纤维素含量高，表明原料中含有较多的纤维素和半纤维素，可以提高原料的利用价值，但是增加了原料的液化难度。木质素是一类复杂的芳香族物质，属天然高分子聚合物，木质素对木材的颜色有重要的影响，而木质素分子结构中存在的芳香基、酚烃基、醇烃基、甲氧基、羧基、共轭双键等活性基团可进行包括缩聚、接枝共聚等在内的多种反应，便于液化产物的后续反应利用；同时木质素也是影响原料强度的主要因素之一，木质素含量高，则强度大。

在林业生物质资源的液化利用过程中，材料中的木质素成分最容易被液化，半纤维素次之；而纤维素最难被液化，液化需要的条件更高。这就意味着液化反应的速度取决于 3 种成分的含量，木质素含量越高，其反应速度越快。果壳类林业生物质资源的综纤维素和木质素之和，均大于其对应的果蓬类或果皮类林业生物质资源的含量。其中，山核桃果壳、银杏果壳、香榧果壳的综纤维素含量均高于 70%，大于小径竹的综纤维素含量，在液化利用过程中利用难度较大。而果壳类林业生物质资源、山核桃果蓬和香榧果皮的酸不溶木质素的含量均高于 30%，大于小径竹酸不溶木质素的含量，其中山核桃果蓬含量达到 46.13%，说明山核桃果蓬相对易实现液化利用，可以通过提取木质素，再进行液化利用。

4.1.4.5　戊聚糖含量

戊聚糖是木材成分半纤维素中以木糖基为主链的一种高聚糖，经酸水解，可生成木糖和阿拉伯糖；而木糖可发酵生产酵母、氢化生产木糖醇、酯化生产乳化剂、酸处理生产糖醛。一般以戊聚糖含量反映半纤维素含量。

油茶果壳和果蓬的戊聚糖含量均大于 20%，银杏果皮和香榧果皮的戊聚糖含量均小于 5%，说明综纤维素含量较高的银杏和香榧果壳的纤维素含量高于小径竹，需适当调整液化工艺。

4.2　资源利用现状

4.2.1　原料化利用

对林木生物质能源资源构成的分析可以看出，林木生物质能源资源的来源包括林地生长剩余物、林业生产剩余物和能源林生长量。依照我国实际情况，虽然林木采伐、造材等剩余物，木质废品及四旁、散生等抚育修枝的木材都可作为林木生物质能源资源的原料，但对其的利用率并不高。我国林木生物质能源资源的来源主要依靠能源林的种植和采收，以下将对能源林的开发利用情况做简单描述。

4.2.1.1　木质能源林的开发利用

在现有森林资源中，薪炭林作为木质能源林的主要树种，是补给农村能源提供的重要来源。我国的薪炭林资源充足，根据林业统计年鉴相关资料，目前我国薪炭林的面积约为 368 万公顷，按照薪炭林每公顷蓄积 22.39m^3 计算，蓄积量达 8241 万立方米。薪炭林属于高燃烧值林木资源，是开发固体成型燃料和气化发电的重要原料。近几年，各地发展林木生物质能源的积极性也正在显现。山东省、湖北省、黑龙江省、内蒙古自治区等地也在积极开展能源柳、灌木能源林营造工作[18]。由于薪炭林基本属于人工林，种植集中便于采集，且运输条件较好，所以薪炭林每年的生长量基本可全部用于能源化利用。

4.2.1.2 油料能源林的开发利用

我国具有丰富的油料植物资源，在已查明的油料植物中有150多种油料植物的含油率超过40%[19]。我国主要油料树种果实年产量约为200多万吨，是开发生物柴油和生物乙醇的重要原料，如小桐子，主要分布在我国云南省、贵州省、广西壮族自治区等地[20]；再如黄连木，分布广泛，面积约达28.47万公顷，年均生产柴油约10万吨[10]。由于能建立规模化生物质燃料油原料基地的树种很少，能利用荒山、沙地等宜林地集中成片建立规模化良种基地的生物燃料油植物较少，目前油料能源林的利用率尚不足1/5，大多数油料植物资源基本上没有被开发利用。因此，油料能源林存在着巨大的潜力，如果能被合理开发，将成为解决能源资源逐年短缺这一问题的重要途径。

4.2.2 基料化利用

4.2.2.1 作为人造板和制浆造纸的原料

林业“三剩物”中尺寸较大的枝丫、板条、截头、碎单板、木片等可按照不同的工艺加工成刨花板、纤维板、水泥中密度纤维板、水泥木丝板及纸张等。但由于不同部位剩余物的几何形态等差异较大，因此需要适宜的预处理工艺才能保证板材、纸浆等产品性能的均匀性，操作性上存在一定的局限。

（1）造纸

针叶树种中的红松、马尾松、云杉、冷杉等枝丫材生产的木片，是制浆造纸的良好原料，可用于硫酸盐法制浆。

阔叶树种中的杨树、桦树、桉树等枝丫材生产的木片，也是制浆造纸的良好原料，既可用于硫酸盐法制浆，也可用于亚硫酸盐法制浆。

许多乔木、灌木（如杨树、桑树、柞树、椴树等）的树皮是高级纸的原料，树皮纸浆的价格高出其他纸浆的2～4倍。例如：我国在巴拿马国际博览会上获得金奖的宣纸就是用檀木皮造出来的，轻柔坚韧的油印蜡纸、人造丝、人造棉是用号称“野棉花”的山棉树皮加工而成的；花白如雪的雪花树，它的皮由于纤维富含光泽，是特有高级纸的重要原料，都具有极高的经济价值。

（2）人造板工业

木质剩余物可用于制造刨花板、纤维板、细木工板、集成板、拼花板和重组木等。利用木质剩余物制造各种人造板可节约大量木材。按比较通用的节约折算率计算，1m^3普通三层胶合板，可节约2m^3原木；1m^3普通五层胶合板，可节约0.9m^3原木；1m^3纤维板，可节约3m^3原木；1m^3刨花板、细木工板，可节约2m^3原木。如福建省“福人”牌木板的原料就是福建省各林场、木材加工场废弃的下脚料。几年来，共利用林场剩余物、木材加工剩余物、城市木质废料等废弃材料 230 万立方米，相当于少砍伐森林 65 公顷。黑龙江省穆棱市现有林木加工企业 330 多个，其中，有 13 个企业利用“三剩物”生产。生产刨花板、细木工板的“好家木业”、生产仿古地板的“博森木业”等木制品加工企业也都是利用“三剩物”作为生产原料。

（3）木质复合材料

复合材料是近几十年发展较快的行业。一般由基体材料和增强材料两部分组成，因此它兼具了两部分的优越性能，成为备受关注的产业。

4.2.2.2　利用林业“三剩物”制备化学品

近年来，植物中化学品制备与利用技术研究成为生物质资源开发利用的热点[21]。开发利用林业“三剩物”中生物活性成分，开发相应技术，建立综合利用模式，提高利用效率，已成为利用生物质资源、改善林区产业结构、实现循环经济发展的重要措施。

利用木材废料和松根中的松树明子，经过蒸馏，可制取松香和松节油[21,22]，它们是造纸、橡胶、制药等工业部门的原料。一般松树明子经过粉碎、溶解、蒸馏、分离出松节油后，其剩余物可制得松香。木材采伐剩余物中的松针，经过蒸汽蒸馏，可分离出大量的松针油，它是制药、食品、香精、化妆品的重要原料。

在 20 世纪 60～80 年代，利用落叶松、黑荆树、油柑的树皮等剩余物制备工业栲胶，使用桦树皮等剩余物生产桦皮漆片，以马尾松、湿地松剩余物通过蒸馏获得松香和松节油，以及利用多种林业剩余物采用热解技术生产活性炭等，曾经造就了国内一批红极一时的林产化工企业[23]。如今，从林业剩余物中获取高附加值化学品并对其加以精深加工利用的研究开展得越发活跃，各种植物精油、木醋液、阿拉伯半乳聚糖、单细胞蛋白、糠醛丙酮树脂等产品应运而生[21,23]。

木质复合材料（wood-based composites）是以木材（其各种形态，包括纤维、单板和刨花、锯屑等）为基体材料，再加上其他的增强材料或功能材料复合而成，是可以承受一定载荷或具有某些特定性能的复合材料[21]。如木塑复合材料就是将木质纤维材料（如木粉、木纤维、刨花、秸秆、稻壳及其他的植物纤维）与聚合物（热固性和热塑性）复合得到的一类新型材料，其中木质纤维材料便可以通过木质剩余物加工获得[24,25]。

4.2.2.3　活性炭

活性炭是一种经过活化，具有发达孔隙结构、很大比表面积和很大吸附力的材料。是工业生产、科学研究、国防工业和人们生活广泛应用的吸附剂。主要用于从废气中除去有害成分、空气净化、回收溶剂、原子辐射的防护等。木材加工废弃物之一锯屑是活性炭生产的重要原料。过去传统工艺生产活性炭，必须利用原木烧制木炭，再进一步加工成为活性炭，通过科技创新，锯屑替代了原木，仅福建省每年就生产活性炭超过 5 万吨，按原每吨活性炭需要 15 立方米的木材资源烧制而成来计算，相当于节约 75 万立方米的木材。不仅让原来污染环境的垃圾变废为宝，还大大节约了森林资源，有效地支持了生态建设和环境的优化。

4.2.2.4 提取化工原料

在大自然中，森林可以称得上是一个“天然化工厂”，而木质剩余物作为森林资源的一部分，仍然延续着森林的这种功能。木质剩余物中的树叶、枝丫、树皮、树根等均含有多种有机成分，不同树种各有特点。对这些剩余物加工处理后，可获得许多重要的化工原料。如乌桕叶子可提取生漆；樟树的树根和枝叶可提取樟脑和樟油；桉树的枝丫和树叶可提取桉树油；针叶树的枝条和针叶可以加工松针粉、提炼出松针油；松根中的明子可作为炼制松香、松节油的重要原料；落叶松等可提炼出重要的工业原料栲胶；桦树皮可用来制造桦皮漆；椴树皮、桑树皮等可制作人造棉、毛、丝等。

4.2.3 能源化利用

4.2.3.1 液态利用及产品

（1）生物柴油

目前全世界已经发现 2800 多种油料植物，包括草本、乔木、灌木类，主要集中在夹竹桃科、大戟科、桑科、桃金娘科、漆树科、无患子科、山茱萸科、棕榈科、禾本科、菊科、十字花科以及豆科等，按其主要化学成分的不同，可分为以下 3 类。

① 富含碳水化合物的燃料植物，如甘蔗、甜高粱、甜菜、木薯、玉米等农作物和纤维植物，利用这些植物可得到燃料乙醇。

② 富含类似石油成分的油料植物，如麻疯树、油楠、绿玉树、香胶树等，可直接产生接近石油成分的柴油，通过脱脂处理就可作为柴油使用。

③ 富含油脂的油料植物，如油茶、油菜、大豆等食用型油料植物，以及其他乔木、灌木、草本类非食用型油料植物，如油桐、蓖麻等[26]。利用这些油料植物生产生物柴油成为国际研究和应用开发的热点，同时世界各国根据本国国情选择合适的油料原料生产生物柴油。如德国耕地资源丰富，大规模种植油菜，采用菜籽油生产生物柴油；美国主要发展以大豆油为原料的生物柴油产业；东南亚国家适于规模化种植油棕，棕榈油已成为当地发展生物柴油的重要原料；巴西主要利用甘蔗、蓖麻籽油进行生物柴油生产。

目前，我国已查明的油料植物有 1554 种，分属于 151 科 697 属，种子含油量在 40%以上的植物有 154 个种，主要分布在河北省、河南省、陕西省、安徽省、内蒙古自治区、辽宁省、山东省、江苏省、浙江省、湖南省、湖北省、福建省、广东省、广西壮族自治区、四川省、贵州省、云南省、海南省。其分布广、适应性强、可用作建立规模化生物柴油原料基地的乔灌木树种有 30 多种，如漆树科的黄连木，无患子科的文冠果、无患子，大戟科的麻疯树（小桐子）、油桐、乌桕，山茱萸科的光皮树，山茶科的油茶等，这些资源为我国发展林木生物柴油产业奠定了坚实的基础。

在油料能源树种上，我国主要在以下5个树种上取得了重要进展。

① 麻疯树（小桐子）。云南师范大学、四川大学、四川省林科院、南京大学、江苏省林业技术推广站、北京林业大学等单位先后对麻疯树的资源分布、栽培技术、良种选育、生物柴油制备工艺等进行了研究，并取得了阶段性成果，利用小桐子果实种子成功地提取了生物柴油。

② 黄连木。中国林业科学研究院主持完成了中国黄连木资源普查与优良类型的选择研究，目前与海南正和生物能源公司合作，采用黄连木种子生产生物柴油。

③ 香胶树。河南省林科院自2003年起成功引进了美国香胶树，在南阳和信阳进行引种栽培试验，已经连续2年收获种子。

④ 光皮树。湖南省在“八五”期间，完成了光皮树制取甲酯燃料油的工艺及其燃烧特性的研究。

⑤ 绿玉树。湖南省林科院从美国和南非引进了绿玉树及其利用技术，并进行了系列研究，如倍性育种、耐寒基因导入、组织培养技术、乳汁榨取设备研制、乳汁成分与燃料特性分析等。

另外，像黄连木、光皮树、油桐、油茶等树种果实、种子均是开发生物柴油的优质原料。以黄连木、光皮树为例，它们有着极强的适应性，对土壤要求不严，耐干旱瘠薄，在温带、热带和亚热带地区均能够正常生长，是重要的荒山、荒滩造林树种，也是优良的油料及用材树种。黄连木种子含油率40.26%，出油率30%左右。产量按种植600株/公顷、每株产种子12kg、每2.5kg种子生产1kg柴油计，可生产生物柴油约2880千克/公顷，产量较高。

我国林木生物柴油虽然起步较晚但发展迅速，目前我国木质资源燃料油转化为生物柴油的技术拥有良好的基础，部分成果在世界上更是具有领先的地位。四川省林业科学院与四川大学合作，在小桐子的良种选育和栽培技术方面进行试验和示范，通过反复研究，在小桐子转化生物柴油的技术手段上有了新的创新；另外，一大批生物质能源公司渐渐崭露头角，海南正和生物能源公司、四川古杉油脂化工公司作为生物柴油年产超万吨的民营企业，都已开发出拥有自主知识产权的技术。

生物柴油研究、生产和应用最早的是美国，发展最快的是欧洲。2007年，世界生物柴油年产量近900万吨（USDA，2008），主要集中在欧盟，其生产原料主要是菜籽油、葵花油和大豆油。我国生物柴油虽然起步较晚，但发展较快，一部分科研成果已达到国际先进水平，并取得了初步产业化开发成果。目前国内已有30多家生物柴油厂，但规模较小，大多在2万吨/年以下，生产原料主要是利用废弃油脂。

木本油脂是最具发展潜力的生物柴油原料。我国利用小桐子、黄连木和光皮树种子转换生物柴油技术比较成熟，并已有少量生产。四川省长江造林局与四川大学、四川省林业科学研究院联合采用微乳化复合添加剂合成的B-20型小桐子生物柴油，在成都公共交通公司的柴油公交汽车上使用运行，柴油机工作平稳、运行可靠，主要零件磨损正常，达到零号柴油的标准。河北武安正和生物能源公司以黄连木果实作原料，通过自主开发的工艺生产出的生物柴油达到相关标准。湖南省林科院以光皮树籽油为原料通过酯化反应制取的生物柴油与零号柴油燃烧性能相似，是一种安全、洁净的生物质燃料油。目前，制约林业生物柴油发展的核心因素是原料的可靠供应和原料价格。从有关生物柴油中试生产线调研得知，原料油的价格占生物柴油成本的75%以上。因此，如何保证原料油的规模供应和降低其价格在生物柴油产业经济性发展中最为关键。

2007年，国家林业局与中国石油签署了合作发展林业生物质能源框架协议，双方从规模化建设生物柴油原料林基地入手，在云南省、四川省、内蒙古自治区等省（区）合作建设6.7万公顷（100万亩）生物柴油原料林示范基地，探索规模培育、定向供应的“林油一体化”发展道路。2008年，国家发改委批准中国石油、中国石化、中国海油三家大型能源企业分别在四川省、贵州省和海南省3省实施小桐子生物柴油示范项目。一批民营企业，如云南神宇新能源有限公司，也在生物柴油原料小桐子林培育利用领域开展了几年的工作，为林业生物柴油发展注入了新的活力。

我国木本油料能源树种资源丰富、种类繁多、分布广泛，大多数种类处于野生尚未开发状态，缺乏系统深入研究。自“八五”我国首次提出“生物燃料油”、“能源油料植物”和“能源植物油”以来，对木本能源油料植物资源量、种类及特性进行了大量系统的调查研究，基本掌握了我国木本能源油料植物资源状况。系统分析登记有151科、677属、1544种木本油料植物，初步确定了木本能源油料植物选择指标体系和指标权重[27,28]，筛选出产量高、含油率高、分布广、适应性强、可用作建立规模化木本油料原料基地的乔灌木树种有20多种，能利用荒山、沙地等宜林地进行造林，建立起规模化的良种供应基地的生物质燃料油植物约10种，如麻疯树、光皮树、乌桕、文冠果和黄连木等作为我国最重要木本能源油料树种已被列入“十一五”国家科技支撑计划“农林生物质工程”重大项目[29～31]。

目前，我国现有木本油料林面积超过600万公顷，主要油料树种果实年产量均在200万吨以上。其中，“十一五”期间，生物柴油原料林基地建设规模为83.91万公顷。其中新造林66.21万公顷，现有林改造17.70万公顷，分别占总规模的78.9%和21.1%。小桐子、油桐、黄连木、文冠果、乌桕、光皮树建设规模分别为29.56万公顷、15.91万公顷、15.64万公顷、15.51万公顷、4.00万公顷、2.99万公顷，分别占总规模的35.6%、19.0%、18.6%、18.5%、4.8%、3.6%。四川省攀枝花市、凉山州，云南省红河州、临沧市和贵州省黔西南州建立小桐子培育示范基地共计40公顷（600万亩）；在河北省邯郸市、安徽省滁州市、陕西省安康市和河南省安阳市建立黄连木培育示范基地共计25公顷（375万亩）；在湖南省和江西省建立光皮树培育示范基地共计5公顷（75万亩）；在内蒙古自治区、辽宁省、新疆维吾尔自治区等地区建立文冠果培育示范基地共计13公顷（200万亩）[29,31]。

有学者[32～34]分别对光皮树果实油、麻疯树籽油、乌桕籽油、黄连木籽油等木本植物油原料生产生物柴油脂肪酸成分及理化指标进行了深入研究，并提出了理想的木本生物柴油原料应该有较小的酸值［1g原料油中游离酸所需氢氧化钾（KOH

<1mg)]、水分和杂质，原料油中脂肪酸组成尽可能地存在长链，没有分支结构，直链的和二十碳链以下的脂肪酸占油分中脂肪酸组成的多数，原料油中应有较少的含有 N 和 S 元素、长链烷烃、长链烯烃甚至苯环的复杂的高分子量物质。主要木本生物柴油原料中脂肪酸的质量分数如表 4-6 所列，木本植物油生产的生物柴油和石化柴油的主要理化特性如表 4-7 所列。

表 4-6　主要木本生物柴油原料中脂肪酸的质量分数　　单位：%

种类	棕榈油	硬脂酸	棕榈烯酸	油酸	亚油酸	亚麻酸	特殊脂肪酸
麻疯树籽油	18.20	1.80	—	47.3	32.7	—	—
光皮树果实油	16.54	1.77	0.97	30.5	48.5	1.6	—
乌桕籽油	7.72	2.46	—	15.93	29.05	39.54	十七烷酸 1.75
黄连木籽油	17.5	0.92	0.99	47.32	31.58	1.69	

表 4-7　木本植物油生产的生物柴油和石化柴油的主要理化特性

理化指标	光皮树果油	麻疯树籽油	乌桕籽油	黄连木籽油	0# 柴油
密度(20℃)/(g/cm³)	0.856	0.874	0.89	0.895	0.8～0.9
运动黏度(40℃)/(mm²/s)	5.24	4.34	6.43	3.7	3.0～8.0
闪点(闭杯)/℃	162	130	120	149	55
十六烷值	54	52.70	43	70.4	>45
冷凝点/℃	0	1	<0	0	<4
酸值/(mg/g)	0.15	0.2	0.23	0.16	<7
色度/度	1.8	1.6	1.5	2.0	<3.5
w(水)/%	痕迹	痕迹	0.2	痕迹	痕迹
w(硫)/%	0.000015	0.000010	0.000010	0.000020	<0.2
w(灰分)/%	0.005	0.002	无	无	<0.01

(2) 生物乙醇

利用林区木质剩余物原料，如木屑、锯末等可再生资源，酶解发酵制取乙醇是进一步开拓乙醇生产原料有效而又合理的途径之一。这样不仅可缓解石油资源的枯竭，还解决了木质剩余物资源的再利用问题，很有发展前景。在美国，乙醇已经被广泛作为特殊的石油替代品加入汽油中以降低汽油的消耗。

生物质能源产品发展最快的是燃料乙醇。生产燃料乙醇的原料主要有糖、淀粉和纤维素（农林加工剩余物），目前产业化的主要是淀粉和糖类，纤维素制备燃料乙醇是研究开发的方向和热点。美国和巴西是世界上两个最大的生物乙醇生产国，美国主要是用玉米生产燃料乙醇，巴西的主要原料是甘蔗。2007 年美国和巴西乙醇产量分别为 1987 万吨和 1518 万吨，两国乙醇的产量占世界总产量的 88.6%[35]。我国从2001年开始，在黑龙江省、吉林省、河南省、安徽省等省建设陈化粮生产燃料乙醇工程，2007年产量已达到129万吨。国家财政对乙醇产品给予1300余元/吨的补助。2007年9月，国家发改委叫停建设玉米生物燃料乙醇项目后，一批以薯类、甜高粱为原料的非粮燃料乙醇示范项目正在兴建。纤维质和木本淀粉是前景看好的燃料乙醇原料。内蒙古兴安栎种子淀粉经检测可以转化为燃料乙醇，陕西绿迪橡树林业公司正致力于橡树资源发展燃料乙醇的研究和推广。据悉，该公司决定在陕西培育管护6.7万公顷（100万亩）栓皮栎林，作为开发燃料乙醇的原料基地。木质纤维素转化燃料乙醇技术近年有重大突破，但其工业化、商业化应用目前仍面临障碍，一般预期在未来5～10年内实现商业化。

生物乙醇是指通过微生物的发酵，将各种生物质转化为燃料酒精。近年来，人类对生物乙醇的关注度不断升高，不仅因为它作为石油的替代燃料之一具有可再生的特征，更因为它的环保性这一巨大优势。我国在应用粮食淀粉等农作物开发加工生物乙醇领域已经拥有一定的规模，基本实现了规模化生产，但是在研究开发能源林生物乙醇方面还处在起步阶段。我国陆续进行了酸水解工艺、纤维素原料转化乙醇技术的实验探索，上海华东理工大学承担国家项目——农林废弃物制取燃料乙醇技术研究，近年已进入工业性试验阶段。相信在不久的将来，林木生物质能源资源制取生物乙醇将实现大规模的加工和利用。

4.2.3.2 固态产品及利用

(1) 固体成型燃料

生物质固体成型燃料储存、运输、使用方便，清洁环保，燃烧效率高，既可作为农村居民的炊事和取暖燃料，也可作为城市分散供热的燃料。吉林辉南宏日新能源有限公司利用林业三剩物作原料，通过资源收集、生物质颗粒燃料加工、锅炉设计与配套、供热服务一体化模式，为长春吉隆坡四星级酒店供热示范，取得了良好的经济和环保效果。清华大学清洁能源研究教育中心发明了“冷压缩成型技术”，并在北京怀柔村民家开展使用试点。该技术能效高、成本低、灵活性强，为林木生物质固体燃料在工业锅炉替代煤炭或发电应用方面提供了很好的应用前景。还有北京林业大学和北京、江苏的一些企业，在林木生物质成型燃料研发、生产方面也取得了一定的成果[36～38]。

相对于生物乙醇，我国在固体成型燃料技术研究方面已比较成熟。进入21世纪以来，煤炭和石油的价格呈上升趋势，环境污染问题也日益严重。因此，在国家对林木生物质能源的重视下，林木生物质固体成型燃料的研究技术成果都十分突出。如固体成型设备的制造在不断地试验和改进下，克服了螺旋轴磨损严重、固体成型机电耗大、设备不配套等缺点。目前广泛使用的设备可以用废弃的枝丫、木片为原料，比较适宜在农村和林区推广应用。另外，河南农业大学开发生产的HPB-Ⅲ液压驱动式块状固体成型机同样适用于林地。

生物质固体成型燃料是将木材加工剩余物、农作物秸秆等生物质原料粉碎到一定的粒度，在50～200MPa和150～300℃，或不加热，或不加黏结剂的条件下，压缩成棒状、块状、粒状等具有一定密实度的成型物。近年来，生物质固体燃料作为极具竞争力的燃料发展十分迅速，国外对生物质固体成型燃料技术的研究起步较早[39,40]，美国于20世纪30年代就开始研究林木生物质压缩成型技术，并研制了螺旋压缩机。日本在1948年首次申报了关于利用木屑为原料生产棒状成型燃料的专利，并且于20世纪50年代研究出独特的致密成型燃料技术体系。20世纪70年代后期出现世界能源危机，西欧许多国家也开始重视生物质成型技术的研究，并研发了冲压式成型机、颗粒成型机及其配套的燃烧设备。生物质成型燃料燃烧设备在美国、日本及欧洲一些国家已经比较成熟，形成了产业化，在供暖、加热、干燥、发电等领域已普遍使用。2005年，世界生物质固体成型燃料产量已超过了420万吨，其中欧洲地区产量达300多万吨，到2008年总产量达1160万吨，欧洲地区达740万吨。

我国生物质固体成型技术的开发研究工作起步较晚[18]。20世纪80年代，湖南省衡阳市粮食机械厂研制了第一台ZT-3型生物质压缩成型机，随后江苏省连云港东海粮食机械厂研制了OBM-88型棒状燃料成型机。中国林业科学研究院林产化学工业研究所与东海粮食机械厂合作，于1990年完成了国家“七五”攻关项目——木质棒状成型机的开发研究，建立了年产1000t的棒状成型燃料生产线[41]。“八五”期间，中国农机院能源动力研究所、辽宁省能源研究所、中国林业科学研究院林产化学工业研究所、中国农业工程研究设计院对生物质冲压式和挤压式压块技术及装置、烧炭技术及装置、多功能燃烧炉技术进行了攻关，解决了林木生物质压缩成型的关键技术，使我国在该领域的研究和开发水平上了一个新台阶。20世纪90年代中后期，湖南农业大学、中国农机院能源动力研究所分别研究出PB-1型、CYJ-35型机械冲压式成型机；河南农业大学研制出HPB-1型液压驱动活塞式成型机[42]；中国林业科学研究院林产化学工业研究所研制了内压环模颗粒成型机。21世纪初，河南农业大学研究出液压驱动双头活塞式秸秆成型机[43]。中国林业科学研究院林产化学工业研究所[41,44] 研究了生物质成型燃料深加工制备成型炭生产过程中热解温度对气-固产物性能的影响，研究表明：分别以木屑、玉米秸秆、稻壳为原料，就气体产物而言，热解气体热值在200～450℃温度范围内，在450℃左右时气体热值达到最大值，然后有所下降。就固体产品而言，随着最终精炼温度的提高，成型炭产品的挥发分含量递减，而固定碳含量及产品热值递增，但700℃以后其增加幅度变小。其中以木屑为原料制成的成型炭产品热值最高，品质最好。

（2）木质燃料发电

木质燃料发电技术在欧洲已经相当成熟，由于国家在税收、价格、投资上给予生物质发电比较大的优惠政策，林木生物质发电项目在丹麦、德国等国家已经能够盈利运行。中国国能生物发电有限公司拟在黑龙江省庆安县建设一座装机容量2.5万千瓦的林木质生物发电厂；北京国林山川生物能源有限公司拟在内蒙古自治区通辽市奈曼旗建设一座林木生物质发电厂，第一期装机容量为2×1.2万千瓦，第二期计划装机容量为2.5万千瓦。

生物质发电包括农林生物质发电、垃圾发电和沼气发电等。2005年年底，全世界生物质发电总装机容量约为5000万千瓦，主要集中在北欧和美国。随着我国有关可再生能源发电价格与费用分摊、可再生能源发电管理等制度的出台，近年生物质发电特别是秸秆发电迅速发展。截至2007年年底，国家和各省发改委已核准项目80余个，总装机规模达220万千瓦。同时一批林木质发电项目也在有关省市兴起。以灌木平茬物为主要原料的内蒙古毛乌素生物质热电厂于2008年11月正式并网发电，现已累计发电2400万千瓦时。中国国能生物发电有限公司在山东单县建设的以秸秆、林木枝丫为燃料的装机容量2.5万千瓦的生物质能发电厂并网发电2年多来运行情况良好。目前国家对生物质发电上网电量给予0.25元/千瓦时的补助和0.1元/千瓦时的电价补贴。

4.2.3.3 气态利用及产品

（1）燃烧

采伐剩余物可直接作为燃料燃烧，这是传统的利用途径。由于受到设备的限制，不能将其所包含的能量充分发挥出来。近几年，木质剩余物作为燃料的潜能渐渐被人们发现，相关的设备也相继问世，这些设备在很大程度上发挥了木质剩余物所包含的热能。在国内，无锡锅炉厂从1989年起独立开发研制了以木材为燃料的锅炉，是国内较早研制和开发燃烧木材锅炉的厂家之一。梧州锅炉厂与吉林造纸厂联合开发的35t/h的树皮、煤混烧倾斜式往复炉于1993年投入运行，是国内第一台真正意义上的树皮锅炉，效果良好。吉林省东方林业锅炉制造有限责任公司生产出的喷燃系列锅炉让木材加工企业变废为宝，变燃煤为直接燃烧木材剩余物。现在公司仅此一项每年至少能节省资金几十万元。

在国外，奥地利、瑞典等国则重视采用生物质供热，到目前为止，采用生物质供热的比例达到25%[45]。芬兰的Oulum Voima oy公司为Veitsluoto oy公司扩建的造纸厂制造了流化床锅炉，燃用木材加工废料、造纸厂的生物废渣（黑泥）以及泥煤，加工成能源产品。木质剩余物可经过热解、气化得到供热用的油气体和木炭等燃料，木炭具有应用广泛，工艺简单，并可就地加工等优点。木质剩余物中的树皮在作为能源产品的探索中，研究最广泛。用树皮可以制成“木质球”代替煤球作燃料。国际市场上已先后出现了“燃烧棒”“树皮丸”“颗粒薪”等树皮制成的能源新产品。德国新近研制成一种高热能的粉状树皮燃料，叫作“树皮煤”。树皮煤化学工艺性质的特点是挥发分高、氢含量高、焦油产率高。它可以直接代替煤和燃油供给工厂、企业的锅炉当燃料用，无需再经过其他处理。树皮煤燃料的优点是锅炉造价低、投资成本少、燃烧温度高，锅炉产汽量多[25]。

（2）生物质气化发电

在生物质气化发电方面，我国主要采用下吸式固定床气化炉和循环流化床气化炉处理木材加工厂的废弃物，为工厂内燃机发电提供燃料[24]。“十五”期间，国家研制开发出4～6MW的生物质气化燃气-蒸汽联合循环发电系统，建成了相应的示范工程，燃气发电机组单机功率达500kW，为生物质气化发电技术的产业化奠定了很好的基础。《国家可再生能源中长期发展规划》指出，到2020年我国应用木质燃料能发电装机容量将达到 1000 万千瓦。

（3）木质转化成燃料气体

根据中国国情，生物质气化装置在结构上、生产使用上更实际可行，只要掌握了关键参数，一般民用厂家都有能力进行生产和维修。如果产生的煤气直接热利用，气化过程实现的是一级能量转换。因此，它的理论效率比较高。热煤气的燃烧效率将是物料直接燃烧的 3 倍。

当燃料燃烧释放能量时，首先与空气接触产生氧化燃烧反应，其反应（燃烧）速度、产热率及产热量均与在空气中与氧的接触程度有关。在气、液、固三种形态中，秸秆、废木料、锯木屑等为气化物料，经过气化反应产生可燃煤气，从而达到以柴制气、以气代柴的目的。由于气化设备投资低廉，气化物料可从农林废弃物中就地取材，燃料成本所占比例甚微，使得气化成本更为低廉。

4.2.4 肥料化利用

4.2.4.1 饲料

随着人民生活水平的提高，肉食和奶品消费的比重在逐渐上升，饮食结构的调整要求种植养殖结构也要调整，发展畜牧业是未来农业的一大趋势。在土地资源有限、牧草资源不足的前提下，利用木质剩余物资源是一条很好的途径。树皮中含有大量纤维素，经化学水解处理后，可分离出葡萄糖。再将葡萄糖发酵制成单细胞蛋白（SCP），是动物的最佳营养饲料[36,37]。树皮既可以直接作为牲畜饲料，也可加工后用作饲料。美国用山杨树皮粉、谷物、大豆以及适量的维生素等配合，制得的饲料饲养家畜效果良好。俄罗斯圣彼得堡州已广泛用针叶树皮喂牛。挪威用云杉树皮加盐和糖青储发酵后作为麋鹿、幼牛、山羊和绵羊等动物的饲料[25]。

树叶中含有丰富的叶蛋白、多种氨基酸、维生素、叶黄素和微量元素，由于原料和加工工艺的差异，蛋白含量为 32%～58%，而蛋白质生物原价值为 70%～90%；每千克叶蛋白饲料中叶黄素含量高达 1000～1500mg。许多树叶还富含粗蛋白、粗脂肪和粗纤维等，可用于饲喂马、牛、羊、兔等，加工后也可饲养猪和鸡等[22]。

4.2.4.2 生物分解产物

对木质剩余物进行生物分解，可以获得许多重要原料，进而为人们的生产生活服务。木质生物质指的是植物通过光合作用生成的有机资源，主要由纤维素、半纤维素和木质素 3 种高分子物质构成[23]。对木质生物质的生物分解也就是对各组分的分解，分为多糖（指纤维素和半纤维素）的生物分解和木质素的生物降解。在这一领域，我国已有许多可借鉴使用的方法，但仍需不断地研究与探索，使其发挥更大的潜能，以解决环境和资源的双重危机。

4.2.5 其他利用

木质剩余物可以应用到饮食方面。外国已有从树叶中提取蛋白质添加到食品中的研究；日本等国则已用树叶生产酱油，用黄芩叶生产高级茶叶，用松针生产具有营养保健功能的松针粉剂；也可利用杜仲等的叶片生产饮料等，日本很早就用青冈栎、柯树树皮加工成“森林醋”罐装饮料。利用木质剩余物还可制造木块、木旋制品、地板块、工具柄、象棋子、算盘珠及木珠、小规格方材、菜板和牙签等木杂件。直径 5cm 以上的木质剩余物均可加工成为工业木片。同时树皮还可以制作树皮景观、装饰板，树根可以制作根雕，美观实用。值得一提的是栓皮栎的树皮，能制作软木，最早人们用软木制作浮标、瓶塞、救生圈等。目前，软木产品不仅广泛用于工业、农业、生活等各个领域，而且应用于导弹、航天飞机、核潜艇、同位素输送装置等尖端领域。

木质剩余物可用于栽培食用菌。黑龙江省东宁和伊春等地，利用境内木材废弃物大力发展袋栽木耳产业，合理资源配置，化废为宝，实现了木材废弃物-黑木耳-饲料、肥料、能源的有机转变，形成了良性循环经济产业链条，促进了生态环境的和谐发展。中国林科院林化所成功用杨树皮栽培出金针菇，产量可观。由于木质剩余物中含有很多的有机成分，能有效地改良土壤、增进肥力，因此木质剩余物还可用作土壤改良剂。不少树种的木质剩余物在培肥地力的同时，还释放一些化学物质，杀死地下害虫或有害微生物，所以一些科学家正在利用树叶中的杀菌杀虫成分研制生物制剂农药，来代替化学农药，减少化学农药带来的污染和危害。同时，某些树种的树皮，如杉树皮，可制成水面油膜吸附剂，针对油轮泻油造成的环境污染意义重大。

4.3 能源化利用潜力分析

4.3.1 利用原则

4.3.1.1 概况

生物质能源是十分重要的可再生能源，是国际公认可缓解能源危机的有效途径和最佳替代方式。根据国际能源署和联合国政府间气候变化专门委员会统计，全球可再生能源的 77%来自生物质能源，而生物质能源中的 87%是林业生物质能源[46]。要讲可再生，真正可再生的就是林木。

在利用林木生产生物质能源时需要：

① 坚持因地制宜、全面规划，充分考虑产业发展的可持续性；

② 坚持不与人争粮、不与粮争地；

③ 坚持山区、林区优先发展；

④ 坚持经济效益、生态效益和社会效益兼顾，实现林业资源、生态环境和生物质能源产业协调发展；

⑤ 坚持示范带动、多共赢，实现林业增效、农民增收、企业发展、科研成果有效转化的共生共赢等五项原则[47]。

4.3.1.2　林业剩余物利用原则

剩余物利用处理，指对没有利用价值或一时不能利用的剩余物直接做简单的处理，剩余物处理的基本原则为无害化、减量化、资源化。具体表现在：

① 构建农林剩余物回收利用的利益分配机制[48]。要构建稳定的农林剩余物回收利用的物流网络，必须有协调的利益分配机制。项目研究将在分析农林剩余物供应链的基础上，找出各个利益主体，从供应链协同理论出发，构建各方利益协调分配的模型。

② 建农林剩余物回收利用的物流网络。通过分析农林剩余物的各种物流模式、物流中心选址要素、不同物流网络的特点，构建农林剩余物回收利用的物流网络模型，并对模型进行求解。

③ 分析制约农林剩余物回收利用的主要因素。通过文献搜集与抽样调查等方法，归纳研究当前我国农林剩余物的回收利用现状，从循环经济的角度，研究农林剩余物回收利用的意义，分析制约农林剩余物回收利用的主要因素。

④ 提升林业生物质能转化利用技术水平，增加能源产品的技术含量，强化管理，规模化经营，提高开发利用企业的经济效益。

⑤ 采取政策和法律等措施，大力扶持林业生物质能源开发利用，为林业生物能源产业发展提供良好的环境。

⑥ 要根据林地的条件和实际情况，结合林地的地势，科学处理。要保证林业的生态环境，不可以破坏森林，只有在保证这些条件的基础上才可以将有价值的剩余物运出。

⑦ 要结合林地的采伐方式、密度情况以及林地类型进行选择，以经济条件为标准。采伐后的剩余物，若是有着较好的经济条件，那么可以将所有有价值的剩余物全部运出以便利用。若是经济条件欠缺，则需要以实际能力为依据，科学利用，根据其具体的情况进行具体的分析和处理。

⑧ 坚持科学的处理和利用原则，加强对剩余物的利用，立足于环境效益和经济效益，全面考虑树龄、密度以及经济条件等各方面因素，切实提高林业剩余物的利用[49]。

4.3.2　潜力分析

通过研究林木生物质资源（能源）增长与分布态势、林木质能源需求（潜在需求）时间序列演进与分布变化，并根据第六次全国森林资源清查结果，结合应用陆地生态系统生物量计算模式推算和样点实地调研验证的多种方式测算，初步掌握林木质资源类型、分布、数量、可利用量和发展前景[50]。

由于乔木和毛竹在采伐方式、生产统计指标上有较大差别，本文通过不同的方法对理论资源潜力进行估算。

4.3.2.1 乔木采伐剩余物测算

乔木采伐剩余物来源主要包括树枝、树叶、树根以及造材过程中从树干截除的剩余物，森林采伐剩余物理论资源和能源潜力测算流程如图 4-5 所示。图 4-5 中左上角代表树枝、树叶和树根资源量测算，右上角代表造材剩余物资源量测算。

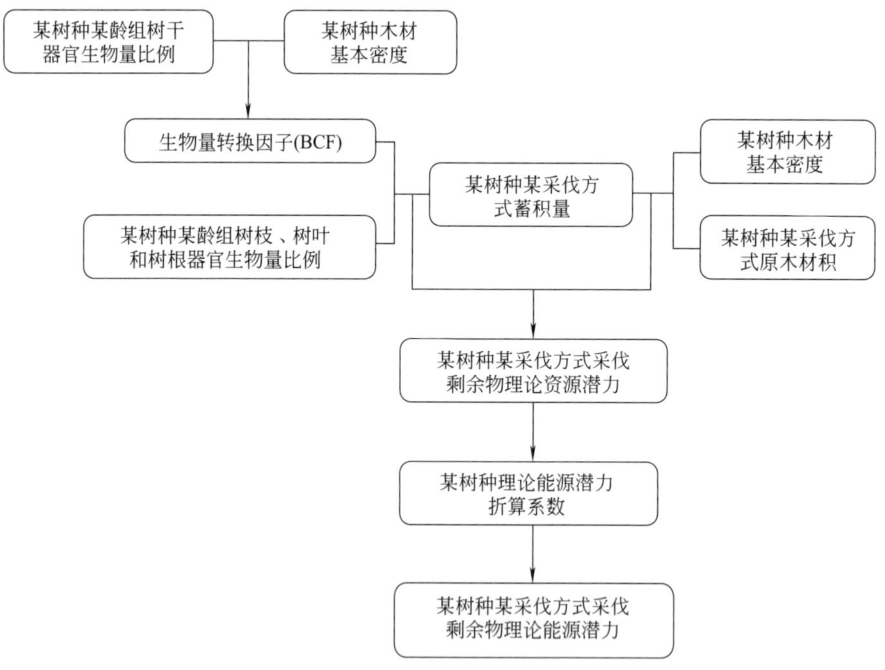

图 4-5 森林采伐剩余物理论资源和能源潜力测算流程

(1) 生物量转换因子

目前森林生物量测算中广泛使用参数估算法从树干材积推导出总生物量，生物量转换因子（biomass conversion factor，BCF）是其中一种，是指林木生物量与林木材积之间的比例关系，它是由原木材积推算出林木生物量的中间参数，根据文献的研究对 BCF 的计算公式进行以下推导：

$$BCF=\frac{M}{SW\_V}=\frac{SW\_M/SW\_P}{SW\_V}=\frac{BD\times SW\_V}{SW\_V\times SW\_P}=\frac{BD}{SW\_P} \tag{4-11}$$

式中 M——林木生物量；

SW_V——树干材积；

SW_M——树干生物量；

SW_P——树干器官生物量比例；

BD——木材的基本密度[51]。

（2）主伐、中龄林抚育和更新采伐

主伐、中龄林抚育和更新采伐在剩余物的测算方面有共同特性，采伐是在单一或相邻的龄组内进行，采伐剩余物来源类似，计算方法相同。以主伐剩余物的测算为例，为简化公式，假设采伐对象为某树种成熟林木（不包括过熟林），参照图 4-5 计算流程，计算方法如式(4-12)～式(4-14) 所列：

$$THP\_LR_{i,j}=L\_SW\_V_{i,j}\times(MF\_BH\_P_i+MF\_LF\_P_i+MF\_RT\_P_i)+(L\_SW\_V_{i,j}-L\_CW\_V_{i,j})\times BD_i \tag{4-12}$$

$$THEP\_LR_{i,j}=THP\_LR_{i,j}\times HE_i \tag{4-13}$$

$$HE_i=THE_i/THE_{sce} \tag{4-14}$$

式中　$THP\_LR_{i,j}$、$L\_SW\_V_{i,j}$ 和 $L\_CW\_V_{i,j}$、$THEP\_LR_{i,j}$——第 j 年第 i 种林木的主伐剩余物理论资源潜力、主伐采伐总蓄积和主伐原木材积、折算后主伐剩余物理论资源潜力；

$MF\_BH\_P_i$、$MF\_LF\_P_i$、$MF\_RT\_P_i$——第 i 种林木成熟林的树干、树枝、树叶和树根的器官生物量比例；

BD_i——第 i 种林木的木材基本密度；

HE_i——第 i 种林木的理论能源潜力折算系数；

THE_i 和 THE_{sce}——第 i 种林木的绝干热值和标煤热值[2]。

以下所有林业剩余物理论能源潜力计算全部依照上述计算，不再赘述。

（3）幼龄林抚育和低产（效）林改造

幼龄林抚育的主要剩余物是地表杂草和杂灌，以及从幼龄林上修剪下的枝条等，因此无法通过计算树木器官生物量进行剩余物的折算；低产（效）林改造的采伐对象既包括残次林，又包括立木密度较低的中龄林，以及遇到自然灾害无复壮希望的中龄林，情况比较复杂，不适用公式（4-12）。以上 2 种采伐方式需要做专门的标准样地实测获取数据[52]。

（4）其他采伐

其他采伐的类型也十分多样，经常是跨龄组的，如果采伐对象不是残次林，则根据公式(4-12) 的方法分别计算不同龄组的采伐剩余物理论资源潜力。

4.3.2.2　毛竹林采伐剩余物测算

毛竹林的采伐主要包括主伐和钩梢抚育采伐（简称“钩梢”）部分，测算方法如下。

（1）毛竹林的主伐

剩余物理论资源潜力测算采用式（4-15）：

$$THP\_LR\_B_j=LBN_j\times WPB\times LRPB+LBWPN_j\times WPB\times(LRPB-LRPBT) \tag{4-15}$$

式中　$THP\_LR\_B_j$——第 j 年毛竹主伐剩余物理论资源潜力；

LBN_j——第 j 年主伐时未做钩梢的毛竹采伐根数；

$LBWPN_j$——第 j 年主伐时做过钩梢的毛竹采伐根数；

WPB——单根毛竹竹秆重量折算系数；

$LRPB$——单位重量竹秆总剩余物折算系数；

$LRPBT$——单位重量竹秆钩梢剩余物折算系数。

（2）毛竹钩梢

毛竹钩梢剩余物理论资源潜力测算如下式：

$$THP\_TR\_B_j = TNWPN_j \times WPB \times LRPBT \tag{4-16}$$

式中 $THP\_TR\_B_j$——第 j 年毛竹钩梢剩余物理论资源潜力；

$TNWPN_j$——第 j 年当年做钩梢的毛竹根数。

4.3.2.3 木材加工剩余物测算

木材加工剩余物理论资源潜力根据年木材加工量乘以剩余物产生率并扣除工厂自用率后计算得出，测算方法参照公式(4-17）和式(4-18)。

$$THP\_SR_{i,j} = P\_CW\_V_{i,j} \times BD_i \times E_i \times (1 - USR_i) \tag{4-17}$$

$$THP\_B\_SR_j = PBN_j \times WPB \times E\_B \times (1 - USR\_B) \tag{4-18}$$

式中 $THP\_SR_{i,j}$——第 j 年第 i 种乔木加工剩余物理论资源潜力；

$THP\_B\_SR_j$——第 j 年毛竹木材加工剩余物理论资源潜力；

$P\_CW\_V_{i,j}$——第 j 年第 i 种乔木的原木加工材积量；

E_i——第 i 种乔木加工过程中剩余物产生率；

USR_i——第 i 种乔木加工厂剩余物自用率；

PBN_j——第 j 年毛竹的木材加工根数；

E_B——毛竹加工过程中剩余物产生率；

USR_B——毛竹加工厂剩余物自用率。根据 2013 年统计数据，幼龄林抚育采伐、更新采伐和阔叶树其他采伐 3 类采伐蓄积量分别占总采伐蓄积的 2.87%、0.89%和 3.06%，比例较小，同时幼龄林抚育采伐和阔叶树其他采伐方法适用性差，这 3 种采伐方式暂不考虑。

4.3.2.4 结论

目前，我国林木生物质资源总量（地上部分）在 180 亿吨以上。根据目前的科学技术水平和经济条件测算，可获得的林木生物质资源种类为薪炭林、森林抚育间伐、灌木林平茬复壮、苗木截秆、经济林和城市绿化修枝、油料树种果实和林业三剩物（采伐剩余物、造材剩余物和加工剩余物）等，总量约 8 亿～10 亿吨，其中，可作为能源利用的生物量为 3 亿吨以上。全国还有 5700 万公顷宜林地和荒沙荒地还有 1 亿公顷不适宜发展农业的边际土地资源。发展林木生物质能源潜力巨大。

研究分析了能源林营造和培育模式以及优先发展区域。根据各地的自然、经济、人口和社会发展因素综合分析，东北及内蒙古林区、华北和中原地区、南方林区和华南热带地区是林木生物质能源集中分布区和可利用的优先区域。

研究了林木生物质能源今后在优势性替代、边际性循环替代、特色性替代和高速增长性替代方面的潜力，并进行了替代煤炭发展热电联产产业的评价。如在内蒙古兴安盟和浙江宁波市林区，若建立一个 5 万千瓦林木生物质能源热电厂，每年需林木生物质资源 30 万吨，其电厂周边半径 20～30km 范围内的林木生物质原料便能满足供给量。而在内蒙古通辽市和吉林白城地区，其电厂周边半径 40～50km 范围内的林木生物质原料便能满足供给量。鉴于我国林业剩余物的潜力和分布特点，提出下列建议[53]。

(1) 大力发展林木生物质资源和开发利用林木生物质能源时机成熟、优势显著、潜力巨大，具有一定紧迫性。

大力发展林木生物质资源和开发利用林木生物质能源是林业部门贯彻落实《可再生能源法》和促进实现小康社会的重要战略举措。

① 林木生物质能源在替代化石燃料、缓解我国能源需求压力、为国家撑起较大份额的能源补给方面具有重要的战略意义，而且随着经济的持续发展，其作用和地位将更加突显。

② 在促进林业建设的全面健康发展，吸引农民投身于荒山造林绿化中，并将其作为创造经济收入的途径之一，在解决“三农”和林场职工脱贫问题上可以发挥不可替代的重要作用[54]。

(2) 我国林木生物质能源资源培育的宏观条件优越，各地有比较成熟的能源林培育模式和方法，能源林树种类型多、生物量大，可利用量将成倍增长。

我国现有每年可获得的林木生物质资源总量约 8 亿～10 亿吨，其中，可作为能源利用的生物量为 3 亿吨以上，可替代能源 2 亿吨标准煤。按照目前森林资源的自然增长、人工林营造速度和森林经营水平提高计算，2010 年我国每年可利用量约 8 亿吨，2020 年，每年可利用量将超过 10 亿吨。但是在对能源林的经营和利用方面，各级林业部门应下大力气研究并力求有所突破，力求实现林木生物质能源密集供给和可持续增长，以便满足国家能源发展战略和林木能源产业化发展的需求。按林业区划类型区的自然、经济、人口和社会发展因素分析，东北内蒙古林区、华北和中原地区、南方林区和华南热带地区是木质和油料能源林培育的优先区域，可以营造相思树、铁刀木、桤木、大叶栎、枫香、柳树、杨树、丛桦、胡枝子、沙柳、柽柳、沙棘、柠条等乔灌树种，发展乔灌混交的木质能源林，或营造油桐、麻疯树、乌桕、油翅果、文冠果、黄连木、棕榈等油料树种能源林。北方和西北干旱半干旱地区水分条件好的地区是培育灌木能源林的主要区域，可营造沙柳、柽柳、沙棘、柠条等灌木树种，发展以灌木为主的木质能源林[49]。

(3) 国内外成熟的生物质能源开发利用技术和设备是拓展林木生物质能源开发利用途径的重要条件。

生物质成型燃料的产业化生产和林木生物质直燃热电联产应该成为当前率先重点开发的领域。目前可选择河南农业大学生产的和北京林业大学从德国引进的几种块状成型燃料加工设备，其加工能力在 1～3t/h。或选用清华大学研发的颗粒成型燃料加工设备。热电联产的装机容量一般选择 1.2 万～4.8 万千瓦为宜。在有条件的地区，结合能源林建设，建立集约经营的能源林培育、生物质成型燃料的生产到发电、供热的大规模能源生产基地，实现热电联产一体化。同时，对现有灌木资源、而没有进行其他开发利用的林场或区、县（如土地沙化比较严重地区），建立分布式小规模（投资小）生物质致密成型燃料生产厂，除解决当地的燃料问题以外还可以给附近的城镇供应代替煤炭的生物质致密成型燃料。油料树种资源丰富和发展潜力大的地区，可在积极发展油料树种的基础上，开展生物柴油加工技术。利用林木生物质纤维素开发生物质液体燃料具有广阔的发展前景，但是还需要在技术和设备有了新突破后积极发展[54]。

（4）发展和开发利用林木生物质能源可以在国际温室气体减排交易中占有一定份额。

目前条件已具备，我国可以采取多种途径将林木生物质能源替代化石燃料减少的温室气体排放量指标销售给发达国家。也可以积极尝试用这些指标的转让，作为与发达国家合作开发林木生物质能源的条件[55]。

（5）目前在许多地区开发林木生物质能源具有较强的资源优势和可行性。

林木生物质能源发展的市场可行性、资源可行性、技术可行性、经济可行性和社会生态可行性均已具备，主要表现在：

① 我国目前基本具备了生物质能源产业发展的宏观条件和地区条件。预计我国林木生物质生物能源产业化将经过试点、实验、零星生产活动阶段，向项目建设阶段和成熟的产业发展阶段过渡，估计经过5年左右的时间，其产业发展所需的资源、市场、技术条件将逐渐成熟。但是我国林木生物质能源产业化发展尚处于起步阶段，还需要国家法律、政策、资金和技术等各方面的支持。只要上述条件具备，就能快速走出一条林木资源发展和利用产业化与新型能源工业化结合的解决“三农”问题新路子。

② 具有规模化培植林木生物质能源林的土地资源优势和劳动力条件。我国目前还有5700万公顷宜林地和近1亿公顷边际土地资源，可以通过发展一定数量的能源林实现绿化和提供能源双赢的目标。这些地区具有丰富和廉价的剩余劳动力，通过发展能源林可以就地消化。

③ 我国具有发展林木生物质能源的社会和消费需求。化石能源逐渐枯竭，价格日益上涨，使发展林木生物质能源成为必然趋势。林木生物质能源不仅可以用于百姓取暖、炊事、简单生产，还可用于小型发电、供热和中小型企业生产，可以大大减少小城镇和中小企业目前对煤炭的消耗，减少环境污染。

④ 可以为贫困地区和国营林场开创一条依靠发展林木资源而实现脱贫致富的新路子[56]。

本章根据上文建立的林木生物质能源资源潜力估算模型，通过自下而上的计算方法，对我国现有林木生物质能源资源量进行了系统的估算。得出的结论是，目前我国全部林木生物质资源总量中，除去用于工业圆木和传统薪材的林木生物质资源后，可获得的剩余物总量约为11.71亿吨，其中，可作为能源利用的生物质总量约为3.97亿吨，占全部剩余物总量的34%。在各类林木生物质能源资源中，林业生产剩余物占比最大，如果合理利用，可以作为林木生物质能源资源的重要供给途径。而目前作为林木生物质能源资源的重要来源，能源林的生物资源量仅占全部资源量的 15%，可见，我国在能源林的种植和采收方面还存在很大的上升空间。

参考文献

[1] 何勇强. 湖南省林木生物质能资源评价及其地域分布特征［D］. 长沙：中南林业科技大学，2014.
[2] 马哲，马中. 基于生物量转换因子的林业剩余物理论资源潜力评估方法与应用［J］. 林业调查规划，2015,（1）：1-8，14.
[3] 张兰. 中国林木生物质发电原料供应与产业化研究［D］. 北京：北京林业大学，2010.
[4] 刘刚，沈镭. 中国生物质能源的定量评价及其地理分布［J］. 自然资源学报，2007，22（1）：132-132.
[5] 张希良，吕义. 中国森林能源［M］. 北京：中国农业出版社，2008.
[6] 潘小苏. 林木生物质能源资源潜力评估研究［D］. 北京：北京林业大学，2014.
[7] 万志芳，王飞，李明. 林区森林采伐剩余物利用状况分析［J］. 中国林业经济，2007,（4）：18-20.
[8] 杨华龙，齐英杰，刘长莉. 我国木材加工剩余物的综合利用［J］. 林业机械与木工设备，2015,（11）：4-6.
[9] 罗凌. 关于中国发展林木生物质能源原料供给的思考［J］. 山东林业科技，2012，42（6）：101-105.
[10] 侯坚，张培栋，张宝茸，等. 中国林业生物质能源资源开发利用现状与发展建议［J］. 可再生能源，2009,（27）：113-117.
[11] 吴创之，周肇秋，阴秀丽，等. 我国生物质能源发展现状与思考［J］. 农业机械学报，2009,（40）：91-99.
[12] 周媛，郑丽凤，周新年，等. 基于采伐剩余物的生物质固体燃料生态效益分析［J］. 森林工程，2018，34（1）：24-29，40.
[13] 徐庆福. 林业生物质能源开发利用技术评价与产品结构优化研究［D］. 哈尔滨：东北林业大学，2007.
[14] 蔡飞，张兰，张彩虹. 我国林木生物质能源资源潜力与可利用性探析［J］. 北京林业大学学报（社会科学版），2012，11（4）：106-110.
[15] 陈水合. 2016 年我国木材消费量和资源分析［J］. 中国林业产业，2017,（5）：34-35.
[16] 于丹，张兰，张彩虹. 基于熵权 TOPSIS 的林木生物质能源区域发展潜力的评价研究［J］. 北京林业大学学报（社会科学版），2016，15（3）：50-55.
[17] 张文福，方晶，刘乐群. 10 种林业生物质资源化学成分及液化应用分析［J］. 林业科技，2015，40（6）:38-41.
[18] 常建民、林木生物质资源与能源化利用技术［M］. 北京：科学出版社，2010.
[19] 孙凤莲，王忠吉，叶慧. 林木生物质能源产业发展现状、可能影响与对策分析［J］. 经济问题探索，2012,（3）：149-153.
[20] 姜书，宋维明，李怒云. 关于林木生物质能源产业化问题的思考［J］. 绿色中国，

2007，（1）：16-18.
［21］ 肖生灵. 我国铁路轨枕使用现状及轨枕材料发展趋势的研究［J］. 森林工程，2005，（4）：51-53.
［22］ 乔勇进，夏阳，房用，等. 树木叶片的利用及开发前景［J］. 防护林科技，2004，（3）：37-39.
［23］ 张晓燕，赵广杰，刘志军. 木质生物质的生物分解及生物转化研究进展［J］. 林业科学，2006，（3）：89-97.
［24］ 吴创之，罗曾凡. 生物质循环流化床气化的理论及应用［J］. 煤气与热力，1995，15（5）：3-8.
［25］ 闫振. 落叶松树皮热解特性及热解油制胶技术研究［D］. 北京：北京林业大学，2006.
［26］ 钱能志，费世民，韩志群. 中国林业生物柴油［M］. 北京：中国林业出版社，2007.
［27］ 樊金拴. 我国木本油料生产发展的现状与前景［J］. 经济林研究，2008，26（2）：116-122.
［28］ 刘轩. 中国木本油料能源树种资源开发潜力与产业发展研究［D］. 北京：北京林业大学，2011.
［29］ 罗艳，刘梅. 开发木本油料植物作为生物柴油原料的研究［J］. 中国生物工程杂志，2007，27（7）：68-74.
［30］ 周鸿彬，秦泉，李军民，等. 木本油料树种良种选育工作势在必行［J］. 湖北林业科技，2011，（1）：57-59.
［31］ 张华新，庞小慧，刘涛. 我国木本油料植物资源及其开发利用现状［J］. 生物质化学工程，2006，40（S1）：291-302.
［32］ 李昌珠，蒋丽娟，程树棋. 生物柴油——绿色能源［M］. 北京：化学工业出版社，2005.
［33］ 陈鹏. 四种植物油及其生物柴油脂肪酸组成性质的比较研究［D］. 成都：四川大学，2007.
［34］ 刘火安，姚波. 乌桕油脂成分作为生物柴油原料的研究进展［J］. 基因组学与应用生物学，2010，（2）：206-212.
［35］ Coyle W T . The future of biofuels：a global perspective［J］. Amber Waves：The Economics of Food，Farming，Natural Resources，and Rural America，2007，27（v）：24-29.
［36］ 周亚樵. 植物质生物转化发展近况［J］. 纤维素科学与技术，2000，8（3）：59-66.
［37］ 童应凯，宋绍奎. 锯末作饲料的开发研究［J］. 农牧产品开发，1995，（10）：20-21.
［38］ 郝永俊，张曙光，王刚，等. 生物质固化成型设备的最新研究进展［J］. 环境卫生工程，2011，（4）：48-50.
［39］ 简相坤，刘石彩，生物质固体成型燃料研究现状及发展前景［J］. 生物质化学工程. 2013，47（2）：54-58.
［40］ 王志伟，雷廷宙，师新广，等. 基于市场分析的中国生物质成型燃料状况（英文）［J］. 林产化学工业，2013，33（2）：95-102.
［41］ 蒋剑春，刘石彩，戴伟娣，等. 林业剩余物制造颗粒成型燃料技术研究 ［J］. 林产化学与工业，1999，19（3）：25-30.
［42］ 何晓峰，雷廷宙，李在峰，等. 生物质颗粒燃料冷成型技术试验研究［J］. 太阳能学报，2006，27（9）：937-941.
［43］ 廖益强，黄彪，陆则坚. 生物质资源热化学转化技术研究现状［J］. 生物质化学工程，2008，42（2）：50-54.
［44］ 蒋剑春. 生物质能源应用研究现状与发展前景［J］. 林产化学与工业，2002，22（2）：

75-80.
[45] 梁宝芬. 美国生物质能等可再生能源发电考察报告 [J] . 新能源，1994，(10)：1-7.
[46] 席静，王静，梁斌. 生物质能源的研究综述 [J] . 山东化工，2019，48 (2)：59-60.
[47] 臧良震，张彩虹 . 中国林木生物质能源潜力测算及变化趋势 [J] . 世界林业研究，2019，32 (1)：78-82.
[48] 吕文，王春峰，王国胜，等. 中国林木生物质能源发展潜力研究（2）[J] . 中国能源，2005，027 (12)：29-33.
[49] 王国胜. 中国林木生物质能源发展潜力研究（1）[J] . 中国能源 2005，27 (11) :25-30.
[50] 段新芳，周泽峰，徐金梅，等. 我国林业剩余物资源、利用现状及建议 [J] . 中国人造板，2017，(24)：5.
[51] 吕文. 关于大力发展林木生物质能源的建议 [J] . 中国林业产业，2006，(1)：57-60.
[52] 孙长海 . 关于林业生产中抚育采伐问题的探讨 [J] . 科技创新与应用，2013，(33)：284.
[53] 刁青春. 浅议加强森林抚育和低效林改造 [J] . 民营科技，2008，(1)：90.
[54] 张卫东，张兰，张彩虹，等. 我国林木生物质能源资源分类及总量估算 [J] . 北京林业大学学报 (社会科学版)，2015，14 (2)：54-57.
[55] 季春艺，杨红强. IPCC 框架下中国 HWP 碳库的碳流动与碳平衡研究 [J] . 林业经济，2016，(12)：38-44.
[56] 姜书，宋维明，李怒云. 关于林木生物质能源产业化问题的思考 [J] . 绿色中国，2007，(1)：16-18.

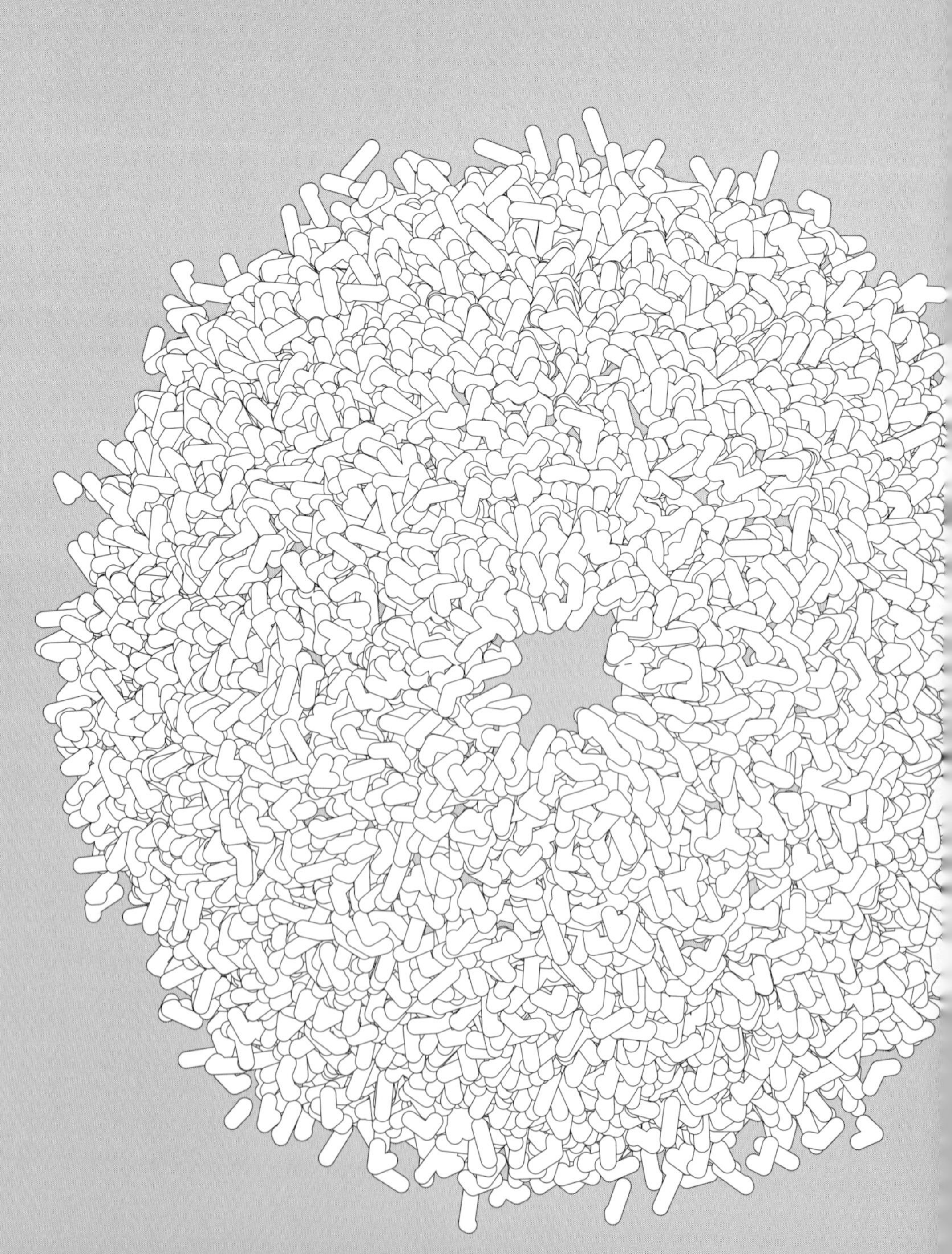

第5章

能源植物资源

5.1 资源种类和资源量

5.2 边际土地资源分析

5.3 能源植物开发潜力分析

参考文献

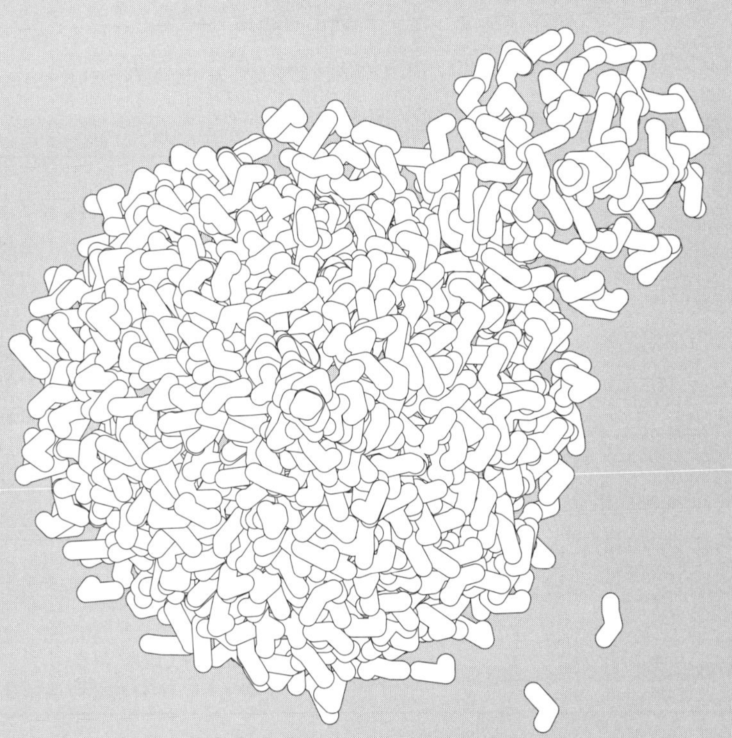

5.1 资源种类和资源量

目前世界上生物质原料正由传统农林废弃物资源向主动培育的新型能源植物资源扩展，开发高产、优质、低成本、可持续供应的新型生物质原料已成为世界各国发展生物质能源产业的重要战略之一[1]。

能源植物转化利用与其化学成分组成是密切相关的，或者说其主要组分体现着该植物主要特征，依此可将能源植物分为纤维素类能源植物、油脂类能源植物、非粮淀粉类能源植物、糖类能源植物、能源藻类 5 类。

5.1.1 纤维素类能源植物

我国纤维素类能源植物资源非常丰富，《中国经济植物志》中记述了 2411 种经济植物，其中包括纤维素类 468 种，开发利用上主要集中在水土保持、造纸原料和动物饲料等方面，而用于生物质能源研究的起步较晚，落后于欧美国家。目前的研究主要集中在能源植物种质资源的开发和转化工艺的改良方面，并取得了一些可喜的成绩。纤维素类能源植物分为草本植物、木本植物和秸秆，目前国内主要研究的草本植物有芒属类、芦竹属、河八王属、蔗茅属、黍属、须芒草属、狼尾草属、虉草、芨芨草属等。木本植物有杨树、柳树、桉树等。

纤维素类能源植物资源的主要种类、特点及分布如表 5-1。

表 5-1 纤维素类能源植物资源的主要种类、特点及分布[2]

植物种类	分类学名称	干生物质产量	生物学特性	原产地
芒草	禾本科芒属	20～50t/hm^2	多年生，株高 3～7m，丛生或散生，分蘖数 40～200 个，耐旱、耐涝、耐瘠、耐寒、耐储藏、抗病虫害能力强，但耐盐碱能力较弱	中国除青藏高原和西北的广大地区，东亚、东南亚、西伯利亚
杂交狼尾草	禾本科狼尾草属	40～70t/hm^2	高度不育，株高 2～6m，丛生，株型紧凑，分蘖数 15～20 个，耐旱、耐瘠、耐盐，抗病虫害能力强，但不耐低温和霜冻	以一年生的美洲狼尾草和多年生的象草杂交产生的三倍体，适合热带和亚热带地区种植
象草	禾本科狼尾草属	15～60t/hm^2	多年生，株高 2～5m，丛生，分蘖数 30～50 个，在沙土和黏土中均能生长，喜肥水，耐酸性土壤，但不耐瘠和低温	非洲热带地区
芦竹	禾本科芦竹属	30～40t/hm^2	多年生，株高 3～6m，丛生但株型披散，适应性强，易于繁殖，耐旱、耐涝、耐热、耐冻、耐瘠	中国广泛分布，亚洲、非洲、大洋洲
河八王	禾本科河八王属	35～45t/hm^2	多年生，株高 3～5m，丛生，耐瘠、耐旱、早熟、直立抗倒，抗病能力强，不耐低温	中国秦岭—淮河以南地区，东亚、东南亚、南亚

续表

植物种类	分类学名称	干生物质产量	生物学特性	原产地
斑茅	禾本科 蔗茅属	30～50t/hm^2	多年生，株高 2～6m，丛生，喜温暖潮湿气候，耐盐、耐酸性土壤、耐旱、耐瘠、抗病虫能力强	中国长江以南地区，东南亚、南亚
柳枝稷	禾本科黍属	10～30t/hm^2	多年生，株高 1～3m，丛生，根系发达，适应性广，耐寒、耐旱、耐涝	北美洲
须芒草	禾本科 须芒草属	4～13t/hm^2	多年生，株高 1～3m，丛生，喜湿耐旱、耐瘠、耐酸性土壤	南、北美洲
虉草	禾本科 虉草属	6～15t/hm^2	多年生，株高 0.6～1.5m，多散生，分蘖旺盛，抗旱、耐涝、耐低温、不耐盐	中国北方地区，北美、北欧和亚洲温带地区，大洋洲，南非
芨芨草	禾本科 芨芨草属	5～12t/hm^2	多年生，株高 0.5～2.5m，丛生，根系强大，适应性强，耐寒、耐旱、耐瘠、耐盐碱	中国北方和青藏高原，中亚、西伯利亚

以下几种为我国极具有开发价值的纤维类能源植物。

(1) 芒草

芒属植物（*Miscanthus*）统称芒草，为禾本科 C4 类高大草本植物，是一类可用

(a)

(b)

图 5-1　我国能源植物芒草

于造纸、保持水土和矿区生态修复的植物（见图 5-1）。据《中国植物志》记载，全球芒草可分为 13 个种，我国有 8 个种，其中 4 个亲缘关系最近的种芒（*M. sinensis*）、五节芒（*M. floridulus*）、荻（*M. sacchariflorus*）和南荻（*M. lutarioriparius*），年产生物量最高，是最适合于芒草作物驯化、改良的核心遗传资源。尤其是产于我国华中地区的南荻，生物量最高，每年生长最高可达 7m，是驯化培育高产生物质作物的最为理想的种质资源。它们起源于东亚地区，主要分布在东亚、东南亚和环太平洋群岛等地区，现在已经扩展到非洲、欧洲和北美地区。我国芒属植物主要分布在中国东部、南部沿海、云南省、四川省和台湾省。其中四川省分布种类最多，其次是安徽省、台湾省、河南省和江西省[3]。

（2）杂交狼尾草

狼尾草（*Pennisetum alopecurides*）起源于非洲，分布在热带、亚热带地区，隶属于禾本科、黍亚科、黍族和蒺藜草亚族，为一年生或多年生草本植物（见图 5-2）。

(a)

(b)

图 5-2　我国能源植物杂交狼尾草

全球约有 130 种，我国总共有 12 种 3 个变种，分布于海南省、广西壮族自治区、青海省、甘肃省、陕西省、四川省等地[4]。杂交狼尾草是典型代表，具有生长速度快，分蘖多，生物量高，可生长在贫瘠、沙化、盐碱化的土地上，每公顷单产干草近 40～60t，1kg 干草燃烧热值相当于同等重量煤炭的 70%～80%，无论直燃发电、转化乙醇还是发酵产气都是生物质能转化的良好原料。我国早在 20 世纪 30 年代从印度、缅甸等国引入广东省、四川省等试种，80 年代已推广到广东省、广西壮族自治区、湖南省、湖北省、四川省、贵州省、云南省、福建省、江西省、台湾省等省（自治区）栽培。目前，在我国大部分地区均已种植。

（3）速生杨树

杨树具有光能利用率高、生长快、成材早、产量高、易更新、营养需求少、投入少等特点，是世界上中纬度平原地区栽培面积最大、木材产量最高的速生用材树种之一（见图 5-3）。中国有丰富的杨树资源，天然种植 53 种之多。且分布广泛，西起西藏自治区，东至江苏省、浙江省，南起福建省、两广的北部和云南省，北至黑龙江省、内蒙古自治区和新疆维吾尔自治区等省（自治区），面积约 757.23 万公顷，总蓄积量 3.4 亿立方米。

按地理气候条件，并兼顾行政区划，可将全国杨树划分成 13 个栽培区：松嫩及三江平原区、松辽平原区、海河平原及渤海沿岸区、黄淮流域区、江淮流域区、内蒙古高原区、黄土高原区、渭河流域区、河西走廊区、青海高原区、新疆北疆区、新疆伊犁河谷区和新疆南疆区。

(a)

(b)

图 5-3　我国能源植物速生杨树

5.1.2 油脂类能源植物

油脂类生物质能源主要是利用植物油脂作为原料生产出可以替代石化柴油的新型生物柴油燃料，其主要成分为软脂酸、硬脂酸、油酸等长链脂肪酸和甲醇（或乙醇）甲酯化所形成的酯类化合物。与石化柴油相比，油脂类生物柴油具有可再生、能量密度高、燃烧充分、尾气排放少等优点。因此，发展生物柴油产业化以替代石化柴油受到全世界的高度关注。我国最具有开发潜力的非粮油脂类能源植物有油料作物蓖麻和木本油脂类能源植物小桐子等。

（1）非食用油料作物

利用边际土地，发展非粮油料作物和木本油料作物为我国生物柴油产业化提供原料，是我国现阶段生物柴油产业化发展的必然需求。虽然我国非粮油料植物有200多种，但具有重要潜力的优势非粮作物并不多。蓖麻是当前我国最具开发潜力的非粮油料作物，也是世界上最主要的非食用油料作物之一（见图5-4）。由于蓖麻籽含油量高（一般在50%左右），且种子油主要由蓖麻油酸（顺式-12-羟基十八碳-9-烯酸）组成（占种子脂肪酸的90%以上）。由于12碳位的羟基化，使蓖麻油形成了其

(a)

(b)

图5-4 我国生物质资源蓖麻

独特的理化性质，即高温下不易挥发，低温下不凝固，而且极性强，能够和酒精互溶，更易生产出生物质燃料，因此，蓖麻油被认为是最理想的生物柴油原料之一。虽然蓖麻是单种属植物，但不同种质蓖麻品系的形态性状变异丰富，特别是重要农艺性状如产量性状（包括结种子的数量、种子大小、种子含油量等）、株型（如植株大小或高矮）、抗性（抗旱、抗瘠薄、抗病等）等在不同种质或品系间的差异很大。由于蓖麻对不同气候和土壤类型的适应能力强，其在我国的种植范围很广，北至内蒙古自治区、新疆维吾尔自治区、东北大部分地区，南至海南省热带地区，均适宜蓖麻生长，但种植主要集中在内蒙古自治区、吉林省、山西省、新疆维吾尔自治区等地区[5]。然而，不同种质或品系在我国南方和北方不同生态环境下（或边际土地上）的产量和抗性表现具有较大差异。筛选和培育适宜不同边际土地的优良品种或品系是我国利用蓖麻产业发展生物柴油的中心环节。

（2）木本油脂类能源植物

除非食用油料作物外，木本油脂植物的利用是发展我国生物柴油产业的重要途径。我国木本油料能源树种资源十分丰富，在现有木本（灌木）油料植物中，种子含油量在40%以上的种质有30多种，其中油桐树（*Vernicia fordii*）、小桐子（*Jatropha curcas*）、乌桕（*Sapium sebiferum*）、山桐子（*Idesia polycarpa*）、文冠果（*Xanthoceras sorbifolia*）、黄连木（*Pistacia chinensis*）、盐肤木（*Rhus chinensis*）、油棕（*Elaeis guineensis*）等属于优势种类。我国木本油脂类能源植物见图5-5。特

(a) 小桐子

(b) 文冠果

(c) 黄连木

图5-5 我国木本油脂类能源植物

别是油桐树、小桐子、乌桕、黄连木和文冠果等在我国具有较好的开发前景和种植基础，在我国现有种植或零星分布的面积约 480 万亩。这些木本油料植物的分布几乎覆盖了我国主要的可利用的边际土地。其中，油桐树种子产量高、主要分布在我国长江以南和西南山地；乌桕主要分布江淮流域和西南地区；油棕产油量高，局限分布于我国热带地区，包括海南省、广东省、广西壮族自治区和云南省等部分地区；小桐子抗性强，广泛分布于长江以南地区和西南山地；黄连木和文冠果主要分布于长江以北地区，乌桕主要分布于长江流域和珠江流域；小桐子起源于墨西哥及中美洲，现在拉丁美洲、亚洲及非洲许多国家的热带和亚热带地区均有分布，主要位于北纬 30° 至南纬 35° 之间。在我国主要分布于广东省、广西壮族自治区、云南省、四川省、贵州省、台湾省、福建省、海南省等省区，集中在南方热带和亚热带的干热河谷地区[6]。

5.1.3 非粮淀粉类能源植物

我国淀粉类能源植物资源非常丰富，如浮萍、木薯、甘薯、马铃薯等均可用作能源植物生产燃料乙醇，其中在目前技术条件下最具代表性和开发潜力的非粮淀粉类能源植物是木薯和浮萍。

5.1.3.1 木薯

木薯是大戟科木薯属植物，原产南美洲亚马逊河流域，具有超强的光、热、水资源利用率，单位面积生物质能产量几乎高于其他栽培作物，是热带地区最具经济效益的作物之一，我国生物质资源木薯如图 5-6 所示。木薯种植的自然条件要达到≥10℃年积温 6000℃以上，无霜期≥280d，年均降雨量≥1000mm。

我国木薯种植量稳中有升，优势区域明显，基于木薯种植习惯和产业发展需求，逐步形成了当前中国木薯种植的四大优势区域：琼西-粤西优势区域、桂南-桂东-粤中优势区、桂西-滇南优势区、粤东-闽西南优势区。同时随着木薯种植北移技术的建立，已在湘南、赣南等地区发展木薯种植，但总体规模较小。自“十一五”以来，国家对木薯产业的支持力度不断加大，木薯已列为国家现代农业产业技术体系建设项目之一，在育种、栽培、病虫害防控、产品加工等方面都开展了一系列的研发，对我国木薯产业发展起到了重要的推动作用。2000 年后，随着华南 205、华南 5 号、华南 124、南植 199、GR911 等良种的推广及栽培与田间管理等技术的提高，木薯单产水平有较快发展。2005 年全国木薯种植面积达 42 万公顷，鲜薯总产量 736 万吨，单产为 17.5t/ha，居世界第五。广西壮族自治区木薯单产和总产在国内各省之间最高，广东省次之。

5.1.3.2 浮萍

浮萍是浮萍科（Lemnaceae）植物的统称，是一类漂浮在淡水湖、池塘和水池中的水生植物（见图 5-7），在世界各地均有分布，其繁殖主要是通过从母叶状体无性繁殖

(a)

(b)

图 5-6　我国生物质资源木薯

出子叶状体，繁殖速率几乎接近指数增长。浮萍科包含：青萍（*Lemna*）、多根紫萍（*Spirodela*）、少根紫萍（*Landoltia*）、芜萍（*Wolffia*）和无根芜萍（*Wolfiella*）5 个属，约 38 个种。尽管浮萍科植物已经被研究了近一个世纪，但大多数研究主要集中于 *Lemna minor*、*Lemna gibba*、*Spirodela polyrhiza* 和 *Landoltia punctata* 4 个品种[7]。

我国利用浮萍作为生物质能源的相关研究相对较少，但近两年有增加趋势。中科院青岛生物能源与过程研究所和中科院成都生物研究所开展了一系列能源浮萍的研究，包括浮萍活体资源收集与鉴定、高淀粉浮萍品系选育及其调控机理研究、耐高氨氮与重金属浮萍品系选育、基于污水规模化立体多层培养浮萍以及浮萍淀粉能源化和高值化综合利用等方面。另外，国内也有其他单位利用浮萍生产优质饲料以及开展浮萍处理污水和清除重金属污染的研究，如清华大学、浙江大学、武汉大学、上海环境科学研究院等单位。此外，重庆大学也开展了对浮萍多糖活性成分的研究，以及其他一些医学单位也开展了对浮萍药用活性成分的研究。总之，目前能源浮萍的研究在全球范围内还处于前期阶段，能源化和高值化利用的开发更是刚刚起步。

(a)

(b)

图 5-7　我国生物质资源浮萍

5.1.4　糖类能源植物

我国具有极其丰富的糖类生物种质资源，涉及约 80 个种，主要集中在菊科、禾本科、藜科、蔷薇科、葡萄科等[8]，然而目前被认为最具有发展潜力的非粮能源植物且能大面积种植的有菊芋、甘蔗、甜高粱和甜菜等。

5.1.4.1　菊芋

俗名洋姜，菊科，向日葵属，多年生草本植物。菊芋种植简易，一次播种多次收获，产量极高（见图 5-8）。研究表明：菊芋块茎每公顷可产 45～90t，新鲜茎叶每公顷可产 75～150t[9]。据测定，鲜菊芋块茎中含水 79.8%、碳水化合物 16.6%（其中 78%为菊糖）、蛋白质 1.0%、粗纤维 16.6%、灰分 2.8%及一定量的维生素[10]。菊芋的储存性多糖是菊粉，菊粉在菊粉酶的作用下可以很快降解为能被酵母菌株利用的单糖——果糖，因此菊芋在含有菊粉酶的酿酒酵母作用下很容易发酵生产乙醇[11]。菊芋对生态环境条件要求不严，喜温暖，但耐寒，喜温润，但耐旱，喜肥沃，但耐贫瘠，耐盐碱，在全球的热带、温带、寒带以及干旱、半干旱地区都有分布。我国菊芋种质资源丰富，很早就开展菊芋种质资源收集和整理工作。

(a)

(b)

图 5-8　我国生物质资源菊芋

我国菊芋分布广泛，各个省份均可见，主要种植于黑龙江省、辽宁省、吉林省、北京市、内蒙古自治区、河北省、河南省、四川省、山东省、陕西省、新疆维吾尔自治区、江苏省、湖南省、湖北省、安徽省、宁夏回族自治区、山西省等省（自治区）。目前，全国种植面积已超过 3 万公顷，其中甘肃省种植面积达 0.9 万公顷，青海省、宁夏回族自治区、内蒙古自治区等省（自治区）种植面积均在 0.2 万公顷以上[12]。

我国菊芋系统研究起步较晚，始于 20 世纪末，但随着菊芋应用价值被逐步挖掘，越来越受到各地高度重视，特别是近年来作为极具发展潜力的生物质原料备受关注。目前，在国内形成了以兰州大学、青海省农林科学院和南京农业大学等为主的菊芋种质资源创新、良种选育和规模化栽培种植的研发团队，在菊芋种质资源收集、评价，新品种选育，种质创新，生长发育规律，规模化栽培技术以及综合利用方面进行了大量研究，取得一系列的研究成果，初步建成了多处菊芋种质资源圃、品种选育及繁育基地，选育出了适于高寒高海拔地区种植的青芋系列和适于沿海盐碱地种植的南芋系列等品种，获批菊芋人工杂交、综合加工利用等发明及实用新型专利 180 余项。

5.1.4.2 甜高粱

甜高粱作为 C4 植物，是粒用高粱的变种，是光合效率最高的作物之一，被称为"高能作物"（见图 5-9）。与甘蔗和甜菜相比，生长速度快、生物学产量高、糖分积累快，除能收获 3000～6000kg/hm^2 的籽粒外，还可同时获得高达 3000～4000kg/hm^2 的茎叶。甜高粱茎秆汁液丰富，含糖量高，可加工发酵成酒精。甜高粱生产乙醇工艺简单，同时较玉米生产乙醇更具有能量方面的优越性，而且单位面积甜高粱茎秆乙醇提取量明显高于单位面积玉米籽实的乙醇提取量。我国从南到北、自东至西均可种植甜高粱，其中可种植的未利用地面积达 5919.2 万公顷，主要集中于新疆维吾尔自治区和内蒙古自治区等地区；而最适宜甜高粱种植的未利用地面积为 286.7 万公

(a)

(b)

图 5-9 我国生物质资源甜高粱

顷，主要分布在黑龙江省、内蒙古自治区、山东省和吉林省等地区[13]。

我国研究人员很早就开始了高粱的基础研究，通过对甜高粱和籽实高粱进行全基因组测序研究，获得了 1500 多个“甜”基因，为后续进行甜高粱糖分积累遗传规律研究和进行分子辅助选育含糖量高的甜高粱品种提供了很好的基础。另外在控制糖类能源作物关键性状的相关基因及遗传位点的挖掘工作上也取得了较好进展，目前已经挖掘出控制高粱株高表型的遗传位点约 30 多个，控制锤度的遗传位点 20 多个，而且挖掘出多个控制糖含量、汁含量等性状的遗传位点。我国从事甜高粱研究的工作单位主要有：中国科学院植物研究所、中国科学院近代物理研究所、中国科学院遗传与发育生物学研究所、中国农科院生物技术研究所、山东大学、中国农业大学、吉林省农业科学院、沈阳农业大学、浙江农业科学院、上海交通大学、天津农科院等省市地区科研院所及高等学校。其中中国科学院植物研究所最早在甜高粱引种、品种评价、筛选、育种和推广等方面做了开创性的工作，近几年主要开展甜高粱生物质能源性状的分子遗传研究和能源甜高粱品种选育和推广工作。中国科学院近代物理研究所在甜高粱辐射诱变育种及产业推广等方面做了突出工作。吉林省农业科学院、沈阳农业大学、浙江省农业科学院天津市农业科学院等在甜高粱引种、选育和育种方面做了大量工作。中国科学院遗传发育生物学研究所、山东大学在甜高粱新品种选育和示范上做了大量工作。中国农业大学在甜高粱茎秆生产乙醇方面做了相关研究。上海交通大学在甜高粱茎秆汁液成分分析及浓储藏方面做了相关研究。中国农业科学研究院生物技术研究所在甜高粱遗传转化体系建立方面做了突出工作。

5.1.4.3　甘蔗

甘蔗作为糖料作物，产糖作用早已为人类所利用，是人类迄今所栽培的生物量最高的大田作物（见图 5-10）。除制糖外，甘蔗作为重要的能源作物在国内外已得到广泛应用。

甘蔗种质资源包括甘蔗地方品种、杂交品种、甘蔗育种中间材料、甘蔗属植物及其近缘属植物。现代的甘蔗品种，大多数都是甘蔗属中热带种、割手密、印度种的杂交后代，少部分还含有大茎野生种、中国种的血缘，遗传基础狭窄成为限制甘蔗育种获得突破的主要障碍。因此，我国甘蔗育种机构十分重视对种质资源的收集、保存、研究和利用。我国在对国外引进种质杂交利用培育自主知识产权品种的同时，大力开展甘蔗种质资源创新利用，获得了一批优良的创新亲本材料，极大地促进了我国甘蔗杂交育种的深入开展。我国的甘蔗主产区主要分布在北纬 24°以南的热带、亚热带地区，包括广西壮族自治区、云南省、广东省、海南省、福建省、台湾省、四川省、江西省、贵州省、湖南省、湖北省、浙江省等南方 12 个省（自治区）。其中，90％以上的甘蔗种植分布在广西壮族自治区、云南省、广东省、海南省等省（自治区）。

甘蔗作为重要的糖类能源作物研究基础还比较薄弱，近年来科研方面主要在集中在蔗糖积累和运输的机理探讨方面。我国从事甘蔗研究的单位主要有福建农业大学、广西大学、华南农业大学、中国轻工总会甘蔗糖业研究所、广东省农业科学院

(a)

(b)

图 5-10 我国生物质资源甘蔗

作物研究所、广西农业科学院甘蔗研究所、云南农业大学、福建农业科学院甘蔗研究所、西南农业大学等单位，其中福建农业大学甘蔗综合研究所在甘蔗遗传生理，国外引进甘蔗品种资源研究方面做了大量工作，成绩突出。中国轻工总会甘蔗糖业研究所在甘蔗细胞培养的原生质体培养及在育种应用方面上有突破性进展。广西农业科学院甘蔗研究所、广东农业科学院作物研究所等在甘蔗组织培养及工厂化育苗等方面领先。云南农业大学在甘蔗品种资源收集和研究利用方面做了大量工作。广西大学在探讨甘蔗生长发育的生理生化规律及其调控、甘蔗组织培养、原生质体培养的基础理论和实用技术研究、甘蔗抗性等方面有较深入的研究。

5.1.4.4 甜菜

作为二年生草本植物，属藜科甜菜属，原产于欧洲西部和南部沿海，从瑞典移植到西班牙，是热带地区除甘蔗以外的一个主要糖来源，亦是我国主要的糖料作物之一（见图 5-11）。我国甜菜种质资源丰富，崔平等根据已经纳入国家种质长期库的 1382 份甜菜种质资源材料的主要经济性状鉴定试验结果，证实了我国甜菜种质资源的块根产量、含糖率和产糖量均以西北生态区最高，华北生态区次之，东北生态区最低，同时其变异幅度也比较大[14]。在我国，甜菜分布范围较窄，主要分散地种植在黑龙江省、吉林省、内蒙古自治区、新疆维吾尔自治区、宁夏回族自治区等省

(a)

(b)

图 5-11　我国生物质资源甜菜

（自治区）的局部地区，少数种植于华北地区的少数省份。

甜菜作为中国北方重要的糖类作物，一直受到研究人员的广泛关注。但是由于我国甜菜育种研究开展的较晚，同现代尖端科学技术结合不够理想，技术水平相对落后。学习和借鉴国外的先进育种技术，如原生质体培养和转基因技术的应用研究，这对选择特殊的亲本材料是十分必要的。由于甜菜区域分布的局限性，目前我国主要的研究单位是中国农业科学院甜菜研究所、黑龙江大学、新疆农业科学院、吉林省农业科学院等单位。其中中国农业科学院甜菜研究所和黑龙江大学在甜菜种质资源搜集、整理、繁种、鉴定及编目入库等方面做了大量工作，并在种质资源遗传多样性的丰富程度方面做了大量研究。为满足能源甜菜的需求，应加强甜菜基础研究工作，加强育种资源的搜集、保护、创新和研究工作，同时应该加强甜菜综合开发利用的研究。

国内优势单位通过多年研究，筛选出适宜我国不同地区、不同环境种植的糖类“能源”植物品种与杂交种。如菊芋，国内已审定的优良品系有南芋系列、青芋系列、定芋 1 号等，都是通过自然变异筛选获得的。其中耐盐碱品种南芋 1 号，适合在沿海地区盐分含量 0.3%左右的滩涂地上种植；耐寒品种青芋 1 号适合高海拔高寒地区种植；定芋 1 号适合半干旱地区种植。在甜高粱方面，中国科学院植物研究所通过三十多年的研究，筛选和培育了一系列优良甜高粱品种如 M81-E，凯勒，雷伊，BJ238，雷能和科甜系列甜高粱杂交种[15]；已经累计在全国二十多个省份推广面积近百万亩，产生了很好的经济效益和社会效益。在甘蔗方面，广西壮族自治区、海南省、福建省等省（自治区）的研究单位拥有近500份优良甘蔗品种，现在已培育出一些高产的“能源型甘蔗”杂交品种，其试验产量已达到253吨/公顷。广西甘蔗研究所繁育示范推广桂糖21号、桂糖02-901和桂糖97-69等甘蔗新品种（系），自育品种四年累计推广面积137.79万亩，其中桂糖21号在广西蔗区的种植面积从2006年的2.25万亩跃升到2010年推广种植面积41万亩，为目前中国大陆自育品种种植面积最大的品种。在甜菜方面，中国农科院从多个国家引进了甜菜新品种。但整体看来，我国糖类能源植物资源品种培育还存在很多不足：研究与收集工作刚起步，而且不同单位收集的资源侧重点不同，相对分散；评价标准不同，缺乏可操作性，收集也具有盲目性；品种培育方面，主要是传统育种，分子遗传育种才刚起步，且对培育出来的优良品种的利用与推广较少。

对于在大面积的非耕地种植糖类能源作物，稳产是保证工业化的重要条件。表5-2列出了不同糖类作物在全国的种植面积及产量。2012年广西农机化管理局在南宁、崇左等地共建立十个甘蔗生产机械化示范基地推进甘蔗机种机收体系。甜高粱方面，中科院植物所在新疆生产建设兵团、甘肃省、山东东营、河北沧州、内蒙古自治区、吉林长春等盐碱地进行规模化种植试验，建立盐碱地甜高粱规模性及标准化栽培技术体系。在菊芋栽培方面，已有研究单位借鉴马铃薯机械化种植经验将机械化引入菊芋规模化种植中，但目前仍存在较多问题，有待进一步完善。目前我国菊芋的规模化种植主要集中在西北地区，如甘肃省兰州市、定西市、白银市等地区及青海省西宁市、大通市、湟中市等地区，并初步建成了菊芋种质资源收集保存基地、品种选育及繁育基地、高产栽培技术研究与示范基地、菊芋有机原料生产基地等，为我国菊芋规模化种植树立了示范样板。在我国北方地区，甜菜并没有建立规模化种植及高效栽培技术体系。

表5-2　不同糖类作物在全国种植面积及产量

作物	2010年		2011年		2012年		2013年	
	面积/万亩	产量/万吨	面积/万亩	产量/万吨	面积/万亩	产量/万吨	面积/万亩	产量/万吨
高粱	821.55	245.6	750.32	205.09	934.71	255.55	873.45	289.15
甘蔗	2529.45	11078.87	2581.81	11443.46	2691.99	12311.39	2724	12820.1
甜菜	328.05	929.62	339.86	1073.08	353.67	1174.04	273	926

注：数据来源于中华人民共和国农业农村部种植业管理司中国种植业信息网农作物数据库。

5.1.5　能源微藻

藻类植物的种类繁多，目前已知有7万余种[16]，其中微藻约占70%。根据藻类营养细胞中色素的成分和含量及其同化产物、运动细胞的鞭毛以及生殖方法等分为若干个独立的门，一般分为蓝藻门、灰色藻门、红藻门、绿藻门、裸藻门、甲藻门、顶复门、隐藻门、异鞭藻门、普林藻门等，能源微藻制作生物质能源见图5-12。

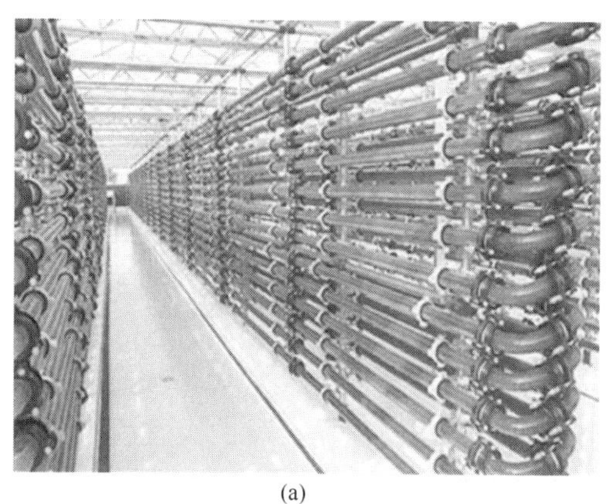

(a)

(b)

图 5-12　我国生物质能源微藻

藻类对环境条件要求不高，适应性强，在地球上几乎所有的环境中都能见到，主要分布于水中，可以是淡水、海水或者半盐水。不同种类能源藻的储藏物质有所不同，其中硅藻以油脂为主，绿藻以淀粉或蛋白为主。

代表性能源藻类主要有以下几种。

(1) 三角褐指藻

属于硅藻，是常用的饵料藻种。细胞不含内毒素，光合效率高，生长快，单位面积产量高，生长成本低。对培养条件（温度、盐度、光强、酸碱度）要求不高，生长范围广，在很多地域都可产业化生产。脂质含量约20%～30%，缺氮处理2d可使其脂质累积达到53%，且遗传转化体系已建立，便于分子层面设计育种。

(2) 小球藻

属于绿藻，是迄今发现的生长速度最快的植物种类，也是第一种被人工培养的微藻。体积小，直径约5μm，不含内毒素，光合效率高，繁殖迅速且培养成本低，脂质含量约20%～30%。可自养、异养，在海水、淡水、污水中均已分离到藻株。

(3) 微拟球藻

属于绿藻，直径为2～3μm，脂质含量20%～30%，缺氮处理下可达干重68%，油脂以C_{16}和C_{18}脂肪酸为主，也是一种具有潜力的生物柴油藻种。

(4) 斜生栅藻

属于绿藻，是淡水中常见的浮游藻类，多见于营养丰富的静水中。对有机污染物具有较强的耐性，在水质评价中可作为指示生物。不同培养条件下其油脂含量介于11%～55%，同时可用于污水处理，因此使用斜生栅藻制备生物柴油具有额外的优势。在淡水、污水中均有分离到藻株。

我国近几年启动了包括973、863、支撑计划等多项重大研究课题，在能源藻类从上游到下游的全链条过程开展了系统化研究，已获得一些具有高油、生长快等特点的能源藻类种质资源，研究开发了一些包括开放池、光生物反应器等在内的高效培养装备系统，特别是在以小球藻和螺旋藻的大规模养殖方面已形成了海南省、广东省、广西壮族自治区、山东省、浙江省、江苏省、山东省、河北省、内蒙古自治区等地近20多个规模性企业，小球藻和螺旋藻的产量占全世界总产量的1/2以上。中石化、新奥科技、中科院青岛生物能源与过程研究所等建立了能源藻类的规模化培养中试系统。由于中国在能源藻类方面的研究虽然起步较晚，早期研究以生物类，特别是藻类学研究为主，集中于螺旋藻、小球藻等培养工艺、培养条件等。但近些年在能源藻类全工艺技术链方面取得了很多重要进展，与国外相比基本处于同步发展状态，某些方面甚至领先。

5.2 边际土地资源分析

5.2.1 我国土地资源状况

土地资源是在目前的社会、经济、技术条件下可以被人类利用的土地，是一个由地形、气候、土壤、植被、岩石和水文等因素组成的自然综合体，具有自然、经济和社会属性。

我国政府非常重视后备土地资源，从新中国成立初期到现在已经组织了几次全国后备土地资源调查。截至2013年年底，全国共有农用地64616.84万公顷，其中耕地13516.34万公顷，林地25325.39万公顷，牧草地21951.39万公顷；建设用地3745.64万公顷，其中城镇村及工矿用地3060.73万公顷；未利用土地26784万公顷（见图5-13）。

根据第二次全国土地调查的耕地质量等别成果显示，我国耕地平均质量等别为9.96等，总体偏低。优等地面积为385.24万公顷，占全国耕地评定总面积的2.9%；高等地面积为3586.22万公顷，占全国耕地评定总面积的26.5%；中等地面积为7149.32万公顷，占全国耕地评定总面积的52.9%；低等地面积为2386.47万公顷，占全国耕地评定总面积的17.7%。2013年全国耕地质量等别所占比例见图5-14。

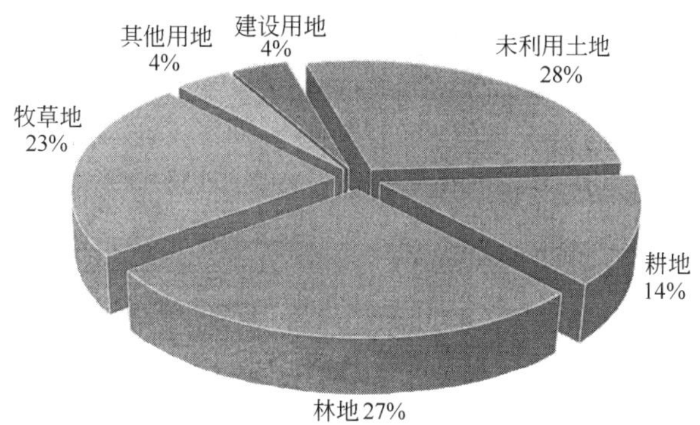

图 5-13　2013 年全国土地利用现状图（资源来源于中华人民共和国国土资源部）

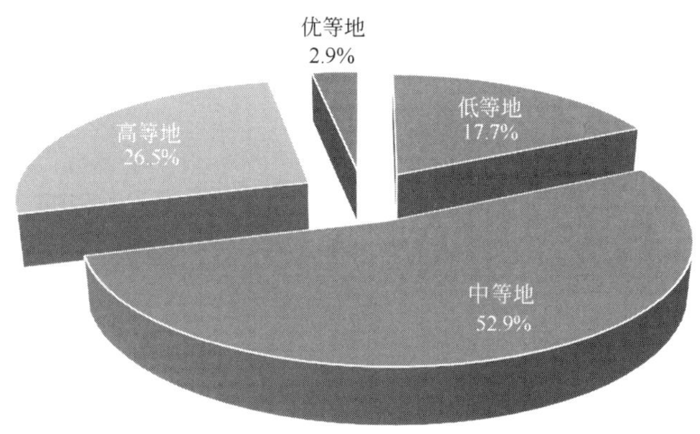

图 5-14　2013 年全国耕地质量各等别所占比例（资料来源于 2014 年中国国土资源公报）

5.2.2　可利用边际土地面积与分布

我国后备土地资源主要分布在干旱半干旱的蒙新区和高寒的青藏区，二者后备土地资源面积合计约为 4950 万公顷，占全国后备土地资源的 55.78%，其次为东北区和半干旱的黄土高原区，二者后备土地资源面积约为 1642 万公顷，占全国后备土地资源的 18.50%，其他区域后备土地资源一般在 400 万～700 万公顷之间。可开垦后备耕地资源中荒草地面积最大，为 361.6 万公顷，占可开垦后备耕地资源总量的 51.5%，盐碱地面积 80.0 万公顷，占总量的 11.4%。荒草地和盐碱地是可开垦后备耕地资源的主体，两者占到总量的 63%。

此外，我国地跨温带、亚热带和热带雨林地区，能源植物资源十分丰富。其中有松科、木兰科、樟科、茶科、大戟科等含油高的油脂植物。而且这些富油植物中的大多数都可以在全国各地的荒山、滩涂和盐碱地等非耕地上展开大面积的种植。如菊芋是中国目前在沿海滩涂推广种植的主要能源植物之一。

宜能非粮土地在主要省区的资源分布情况见表 5-3。

表 5-3　宜能非粮土地在主要省区的资源分布[17]

单位：万公顷

省(市、区)	可垦后备耕地资源		宜能荒地								适宜能源作物发展的土地	
			Ⅰ等地		Ⅱ等地		Ⅲ等地		合计			
	面积	排名	面积	排名	面积	排名	面积	排名	面积	排名	面积	排名
内蒙古自治区	17.1	9	71.9	2	131.5	2	239.6	1	443.1	1	825.8	5
新疆维吾尔自治区	327.7	1	115.9	1	160.9	1	35.0—65.0	c	311.9—341.9	2	469.8	11
宁夏回族自治区	24.9	5	<15.0	c	<25.0	c	<35.0	c	<75.0	c	139.7	22
甘肃省	74.6	2	<15.0	c	25.0—35.0	c	127.3	4	152.3—207.3	6	749.5	6
陕西省	5.6	21	<15.0	c	<25.0	c	<35.0	c	<75.0	c	1098.3	3
黑龙江省	20.6	7	15.0—71.9[b]	c	25.0—65.0	c	35.0—65.0	c	75.0—201.9	c	404.8	13
山东省	34.2	3	<15.0	c	<25.0	c	<35.0	c	<75.0	c	156.3	21
河南省	10.4	14	15.0—71.9[b]	c	25.0—65.0	c	35.0—65.0	c	75.0—201.9	c	137.5	23
江西省	26.6	4	<15.0	c	<25.0	c	<35.0	c	<75.0	c	363.8	8
四川省	12.4	12	15.0—71.9[b]	c	25.0—65.0	c	90.9	5	130.9—227.8	5	717.0	7
贵州省	0.5	30	15.0—71.9[b]	c	69.2	4	163.5	2	247.7—304.6	3	116.0	2
云南省	12.5	11	15.0—71.9[b]	c	74.2	3	143.5	3	232.7—289.6	4	2034.7	1
广西壮族自治区	1.9	26	<15.0	c	<25.0	c	35.0—65.0	c	35.0—105.0	c	881.7	4

注：1. 原文未给出面积合计，由笔者根据原文 3 个等级的数值加和形成；

2. 原文为大于 15 万公顷，该范围的最大值是笔者根据原文推导确定的；

3. c 表示由于原文中无具体的面积数值无法排名。

沿海滩涂作为海岸带的重要组成部分，地处海陆交接带，是不断演变的生态系统，是我国重要的后备土地资源。我国沿海滩涂分布十分广泛，据全国海岸带和沿海滩涂资源综合调查资料显示，全国滩涂面积约 2.17 万平方千米，主要分布在长江、黄河、珠江、辽河、海河、钱塘江、欧江、闽江、九龙江、韩江和滦河等各大江河的河口三角洲前沿地带，杭州湾以北平原岸段的沿海地带滩涂分布面积最广。我国海岸带滩涂分布见表 5-4。

表 5-4　我国海岸带滩涂分布

地区	面积/km^2	组成物质
江苏省	5090	细砂、砂质粉砂、粉砂、黏土质粉砂和贝壳砂
山东省	3200	粗砂、中砂、细砂、砂质粉砂、粉砂、黏土质粉砂、砂-粉砂-黏土
广东省	2500	中砂、中细砂、细砂、粉砂、粉砂质砂、黏土质粉砂
浙江省	2400	砾砂、砂、中细砂、细砂、贝壳砂、粉砂质砂、黏土质粉砂
福建省	2000	粗砂、中粗砂、细砂、中砂、中细砂、细砂、粉砂质砂、黏土质粉砂、黏土质砂
辽宁省	2000	粗砂、中砂、细砂、粉砂质砂、黏土质砂、粉砂、粉砂质黏土
河北省	1000	粗粉砂、粉细砂、黏土质粉砂、含贝壳黏土质质粉砂、粉砂
上海市	1000	黄色细砂为土、粉砂、黏土、含贝壳碎片或夹层，粗粉砂
广西壮族自治区	1000	中砂、中细砂、泥质砂、黏土质砂、砂质淤泥、珊瑚贝壳砂
天津市	370	极细砂、粉砂质砂、粉砂、黏土质粉砂、砂-黏土-粉砂
海南省	30	中细砂、粉砂、黏土质粉砂、砂质淤泥
台湾省	36	粗砂、中砂、细砂、粉砂、黏土质粉砂

沿海滩涂是海陆交汇地带，既受内陆河流挟带的大量泥沙在河口及海岸堆积的影响，又受沿海排入海区的工业和生活污水的污染，它们会影响海岸的变迁，滩涂的冲淤，沿海生物活动与鱼类的迴游、栖息等，海岸带的生态遭遇到了很大破坏。因此，沿海滩涂的开发利用必须因地制宜、统一规划、综合治理、全面利用。在滩涂地种植蒲、杞柳和芦竹等能源植物可减轻热带风暴危害，调节小气候，还能够保持水土，防止海岸侵蚀、海水入侵，防止环境污染，起到修复环境的作用。

5.2.3　开发利用现状及潜力分析

我国石油的对外依存度不断提高，能源安全问题凸显。自 1993 年以来，我国石油进口量逐年攀升，2008 年累计进口石油 2.18 亿吨，对外依存度达 51.3%，预计到 2020 年前后我国将成为亚太地区第一大石油进口国。生物质能源燃料在燃烧过程中可达“零排放”，不排渣、无烟，无二氧化硫等有害气体，不污染环境，并减少了煤渣处理量，省去了环保治理费用，而且燃烧时间长，生物质燃料热值可达 15466～

20900J/kg，热效率达90%以上，比燃煤高30%，比燃油、燃气节约50%运行成本。近年来，国家大力倡导和支持生物质能源的开发和利用，先后在全国各地建设生物质发电厂110多家。生物质能源清洁环保，价格远低于原煤，被广泛应用于城市采暖、供热及宾馆、饭店、洗浴等行业，而生物质能源产量远远不能满足市场需求，为弥补石油供应缺口，迫切需发展生物质能源。

中国不同种类的宜能边际土地资源如表5-5所列，我国适宜种植能源作物边际土地分为宜能荒地和宜能冬闲地。宜能荒地是指适宜开垦种植能源作物的天然草地、疏林地、灌木林地和未利用地，不含天然林保护区、自然保护区、野生动植物保护区、水源林保护区、水土保持区、防护林区、划入防洪泄洪区和湿地保护区的滩地，以及不好利用的土地。宜能冬闲地是指在基本不影响春播的条件下可种植一季能源作物的冬闲田土地。总结前人研究结果，不同研究者的结果差异很大。宜能边际土地的面积包括林地约为3420万～16374万公顷，不包括林地约为700万～6473万公顷，在各省市区分布上的结果差异也很大。

能源植物具备“四高一低”特征，即高效太阳能转化、高效水分利用、高效能量产出、高抗逆能力、低生产成本。我国目前拥有约13300万公顷宜农、宜林荒山荒地和约26700万公顷低质地、荒坡及滩涂地等可用于种植能源植物[18]。若将其中的15%用于发展能源植物，土地生产率按液体燃料21桶/公顷计，每年可生产13.65亿桶石油替代品，可满足2020年以后全国液体燃料预计消费需求总量的41%～46%，全国生物能源产品年产值可达10647亿元人民币，相当于目前全国工农业增加值的9%。2011年由中国科学院植物研究所、中国科学院武汉植物园、上海生命科学研究院等单位合作开展的新一代能源作物研究取得关键性突破，研究组对我国黄土高原地区进行了考察，根据芒草产量进行了保守的效益测算，结果表明除耕地及不宜种植土地外，黄土高原有43万公顷土地可用于种植芒草，以年产芒草干重11吨/公顷计算，芒草总产量为5万吨，如果将这些芒草全部转化成乙醇，大致相当于2010年我国消耗的汽油总量。

我国可开发的后备土地面积为8254万公顷，占全国土地总面积的9.3%，相当于我国耕地面积的66%。边际土地虽暂不宜垦为农田，但仍能产生一定生物量，有一定的生产潜力和开发价值，可以种植适应性强、抗逆性强的高效能源作物[19]。根据国家发展和改革委员会能源研究所预测，2020年我国石油需求量将达到4.5亿～6.1亿吨，年均递增率12%，而2020年我国石油产量约1.8亿吨，进口石油量将达2.7亿～4.3亿吨。我国可以直接被利用的荒山、荒坡、盐碱地等边际土地面积约2600万公顷，如果将这些荒地全部用于种植能源植物，可满足年产量910万吨生物液体燃料的生产需求。

目前我国生物质资源转换为能源的潜力约5亿吨标准煤，今后随着造林面积扩大和经济社会发展，生物质资源转换为能源的潜力可达10亿吨标准煤。报道指出，目前未被利用的荒草地是我国最重要的保留土地资源之一，如果把其中360万公顷荒草地种植生物乙醇能源植物，每年生物乙醇产量达0.11亿吨，可替代目前我国汽油消费的23%[10]。

表 5-5　中国不同种类的宜能边际土地资源[17]　　　　单位：万公顷

土地类型①	面积						
	边际性土地[20]	边际性土地[21]	可用于生产生物乙醇能源作物的集中连片边际性土地[22]	可用于生产燃料乙醇和生物柴油的未利用地[23]	边际性土地[24]	宜农边际土地[25]	宜能荒地和冬闲田[26]
耕地	2000.0③	2000.0③		558.5④			740.0④
有林地	5176.0	5883.0					
灌木林地						3610.0	
其他林地	5704.0	5704.0				2951.5	
天然牧草地						5950.9⑥	
人工牧草地							
其他草地	361.6		361.6	361.6			
废弃工矿仓储用地					300.0		
农村道路绿化用地					75.0		
沿海滩涂、内陆坦途	54.7	107.0	54.7	54.7		217.7	
田坎					1661.0		
盐碱地	80.1		80.1	80.1		249.7	
沼泽地	19.7						
沙地	171.1		171.1	171.1			
裸地						54.3	
苇地②	14.6						
可复垦土地②	32.7		32.7	32.7			
宜能荒地②							2680.0⑧
合计	13614.5	16374.0⑤	700.2	1258.7	11000.0⑦	13034.1	3420.0

① 依据 GB/T 21010—2007。

② 原文使用的术语，在 GB/T 21010—2007 中无此土地利用类型，应包含在 GB/T 21010—2007 的某类型中，或为数个不同类型（或其部分）的综合。

③ 原文指通过调整种植结构在现有非粮低产农田中可开辟出用于种植能源作物的土地。

④ 原文指冬闲田。

⑤ 原文包括引用寇建平等的“宜能荒地”2680.0 万公顷。

⑥ 原文包括高覆盖度草地（1903.6 万公顷）、中覆盖度草地（2247.8 公顷）和低覆盖度草地（1799.5 万公顷）。

⑦ 原文包括引用严良政等（2008）边际地面积 8230.0 万公顷，但严良政等边际地面积结果实为 8254.0 万公顷。

⑧ 原文包括Ⅰ等宜能荒地 433.3 万公顷、Ⅱ等宜能荒地 873.3 万公顷、Ⅲ等宜能荒地 1373.3 万公顷。

5.3 能源植物开发潜力分析

5.3.1 纤维素类生物质资源能源化应用潜力

纤维素能源植物经水解后可用于发酵法生产燃料乙醇，也可利于其他技术获得气体、液体或固体燃料以及大宗化学品，既可减缓石油等不可再生资源的消耗，有效缓解能源资源紧缺，又能在保护生态环境和减缓温室效应的同时，开拓新的经济增长点。随着科学研究的不断深入，以纤维素能源植物的开发利用为基础所形成的纤维素生物质经济将是一个新的经济增长点，其中利用纤维素能源植物生产液体燃料和生物基产品将具有更大潜力。我国边际土地资源丰富，如果利用一半的边际土地种植纤维素能源植物，按 10 吨/公顷的生产能力计算，每年可生产相当于 4 亿吨标准煤或可转化为 1 亿吨油当量的液体燃料，芒草与其他能源植物的比较见表 5-6。

表 5-6 芒草与其他能源植物的比较

作物种类	芒草	玉米	杨树	高粱	柳枝稷
高光合效率	■	■		■	■
地上冠丛持续时间长	■		■	■	■
养分投入低	■				■
低管理投入	■		■	■	■
低化石燃料投入	■		■		■
春季快速生长而不被杂草抑制	■				■
适合边际土地种植	■		■	■	■
病虫害较少	■				■
对粮食耕地无竞争	■	■	■	■	■
高效水利用效率	■	■		■	■
多年生	■		■		■

5.3.2 油脂类生物质资源能源化应用潜力

在我国利用优势非食用油料作物和木本油料植物发展生物柴油产业，潜力巨大。据不完全统计我国现有的、尚未完全充分利用的边际土地，一半以上适于油脂类生物质资源发展。并且我国木本油料树种资源丰富，主要可利用的树种包括小桐子、光皮树、黄连木等，资源潜力巨大。对于我国现有木本油料林面积以及资源潜力，国内学者根据不同的计算评价方法，形成了不同的结论。王积欣[27] 认为我国有上百种木本油料树种的种子含油量在 40％以上，并提出我国木本油料树种资源总面积为 400 万公顷。林水富、沈芸[28] 认为中国现有木本油料林超过 600 万公顷，油料树种的果实年产量在 200 万吨以上，同时这些木本油料树种具有“不与人争粮，不与粮争地，不与传统行业争利，不与发达国家争资源”的优点，同时也提出我国这些木本油料资源大多分散在交通不方便的山区，需要进行必要的抚育措施，以提高资源潜力。

利用荒山荒地和山坡地种植能源植物，发展生物质液体燃料产业可成为贫困地区新的经济增长点。小桐子栽种 3 年后开始结果，每年每亩可采收叶、茎 475kg（收购价 0.6 元/kg），采收种子 380kg（1.2 元/kg），一户农户如利用荒山荒坡种植小桐子 0.33 公顷，每年可增收 3700 余元。如在西南贫困山区建立 1300 公顷小桐子原料种植基地和年生产能力达万吨的小桐子生物柴油生产基地，每年可产副产品甘油（纯度 98％）0.1 万吨、脱毒饲料 0.8 万吨，每年可获生物柴油经济效益 5000 万元、甘油 960 万元、种植效益 1500 万元、脱毒饲料效益 1000 万元，合计 8460 万元[29]。

5.3.3 非粮淀粉类生物质资源能源化应用潜力

5.3.3.1 木薯

木薯种植对土地质量的要求不高，田间管理相对简单，可在荒山、荒地、废弃地、复垦的等边际性土地种植，可利用的面积潜力较大。据不完全统计，我国热区未利用的土地中 1000 万公顷可发展木薯种植，若 1/4 开发种植木薯，按亩产 2 吨计算，每年可收获鲜木薯 7500 万吨，完全可以满足我国燃料乙醇原材料的需求。根据国家木薯产业技术体系的预测，到 2025 年，我国华南地区木薯总产量可达到 2000 万吨鲜薯，其中 1/2 可用于生物酒精产业的原材料，加上进口的木薯干片，可实现年产 300 万吨以上的规模。

5.3.3.2 浮萍

浮萍是一类漂浮在淡水湖、池塘和水池中的水生植物，优势在于：

① 浮萍是生长速度最快的植物之一，其繁殖率几乎接近指数增长，生物质产量每 2 天可增加一倍；

② 淀粉含量极高，经过诱导后可以达到干重的 75％，其淀粉年产量是玉米的 4 倍，达到 14 吨/公顷；

③ 能在城镇化和养殖等污水中快速生长，消减废水中的 N、P 并吸附重金属，在生产淀粉原料的同时起到净化污水作用；

④ 具有较强的耐受性和弱光生长特性，为低成本、低能耗、规模化、立体化多层培养提供了基础；

⑤ 由于浮萍漂浮在水面上形成茂密的叶状体，所以极易采收；

⑥ 几乎不含木质素，纤维素含量低，植物高级结构少，易于高效发酵利用。

总之，浮萍既是高效的非粮生物质原料，又具有显著的环境友好优势，能兼顾“不与人争粮、不与粮争地”的基本原则，以及“能源、环境、经济”协调发展的“3E”原则，是未来生物燃料及化学品最具发展潜力的战略性新型非粮能源原料之一。

按覆盖我国淡水湖泊和池塘总面积的1%计算，种植浮萍可年产172万吨乙醇，直接产值103亿元，同时可减排1000万吨CO_2，占我国排放CO_2总量的0.15%。此外，以浮萍为原料的燃料乙醇、丁醇、异戊二烯等生产基地主要在农业废水、畜禽养殖业废水和农村生活废水集中区域建设，建设规模不等的加工转化系统，可带动农民增收，解决农村劳动力就业问题，保护生态环境，促进社会和谐发展。大规模发展浮萍能源产业链，有利于农村富余劳动力的就近转移，减少大中城市人口及就业压力，缩小城乡差距，走出一条具有中国特色的现代化发展道路。

5.3.4 糖类生物质资源能源化应用潜力

糖类能源作物因含有高的可溶性双糖和单糖、生物量高、耐逆性强、种植区域广、发酵生产液体燃料工艺成熟等优势，具有良好的现实意义和发展前景，非粮糖类能源作物已受到世界各国的广泛关注。我国糖类种质资源非常丰富，尤其是几类候选的非粮糖类能源作物，在产量和抗逆特性上都表现出明显的优势，对土壤要求低、管理简单、投入少，能够满足国家发展非粮生物质能源植物的要求。

以甜高粱为例，在不考虑社会经济等限制因素的条件下，中国未利用地可生产甜高粱无水乙醇的总潜力最低为11838.5万吨，最高为54457.1万吨，平均为22197.2万吨，同时最少还可获得13318.3万吨甜高粱籽粒，中国未利用的甜高粱乙醇潜力见表5-7。2012年中国汽油总消耗量为10882.13万吨标准煤，假定等质量的生物乙醇与汽油等能效，若利用最适宜种植的未利用土地种植甜高粱，其生产的无水乙醇，在最低和平均产量水平下，可分别满足当前中国36%或67%的E10乙醇汽油需求[13]。

表5-7 中国未利用的甜高粱乙醇潜力

适宜性	面积/万公顷	无水乙醇最低产量/万吨	无水乙醇最高产量/万吨	无水乙醇平均产量/万吨	籽粒最低产量/万吨	籽粒平均产量/万吨
适宜性较差	2597.7	5195.5	23899.2	9741.5	5844.9	10391.0
较适宜	3034.8	6069.6	27920.0	11380.5	6828.3	12139.1
最适宜	286.7	573.4	2637.8	1075.2	645.1	1146.9
合计	5919.2	11838.5	54457.0	22197.2	13318.3	23677.0

我国适宜种植菊芋的边际土地约有 1762 万公顷，若利用其中 50%进行规模化种植，以 60 吨/公顷的新鲜块茎产量和 100 吨/公顷新鲜茎叶产量进行估算，约可收获 5.3 亿吨新鲜块茎和 8.8 亿吨新鲜茎叶。若以 12.2∶1 的产能效率进行估算，约可产出 1.2 亿吨生物乙醇。另外，糖类能源作物生产乙醇产业链长，可以带动医药、食品、发酵、饲料、畜牧业、交通运输、出口贸易等一大批产业，具有显著的经济效益，广泛的社会效益和持久的生态效益。

5.3.5 能源微藻生物质资源能源化应用潜力

微藻作为一种无组织分化的单细胞光合生物，每年通过光合作用固定的 CO_2 高达 30 亿吨，占全球 CO_2 固定量的 40%以上，是海洋生物的最初生产者，在自然界能量转化和碳元素循环中起到举足轻重的作用。而其快速的生长繁殖速度（比高等植物快数十倍）、高产率（理论亩产 20 吨以上）以及微藻培养对水源、土地、环境适应性强的特点，特别是某些藻类含油量远高于传统油料作物（最高含油量可达 70%～80%），是最具发展潜力的生物质资源。通过生物炼制，微藻不但可以生产生物能源，还可同时产出食品、饲料以及其他高值化学品，有利于形成以生物能源产品生产为核心的多联产集群产业。因此，微藻生物能源甚至被认为是人类解决能源、环境与食品问题的终极出路，目前微藻生物能源已成为世界各国生物能源技术研发的热点。

我国具有广袤的水域，蕴藏着大量的藻类种质资源，提供了丰富的宜于藻类生长的非农国土资源。据国家统计局发布的统计数据表明，2010 年我国内陆水域总面积达 1747.1 万公顷，海域总面积达 47270 万公顷，拥有 1.8 万平方千米的大陆海岸线，水域资源丰富。另外，我国具有农业利用潜力的盐碱荒地和盐碱障碍耕地面积近 2 亿亩，也可开发用于微藻养殖。如果用其中的 300 万公顷的滨海非农国土培养微藻，在技术成熟的条件下，生产的柴油量就可满足全国的用油需求。

目前，微藻类产业的核心瓶颈是效率与成本。而导致这一瓶颈的主要问题表现在：优质能源微藻藻株欠缺；工程藻株构建技术匮乏；培养体系效率不高导致规模化生产占地过大、光生物反应器成本过高和难以扩大规模；采收与提油转化环节能耗过高、效率较低等。以上关键问题的不断解决和新技术的创新突破，将可大大促进微藻生物柴油的产业化进程。

参考文献

[1] 贾敬敦，马龙隆，蒋丹平，等. 生物质能源产业科技创新发展战略［M］. 北京：化学工业出版社，2014.

[2] 蒋建雄，孙建中，李霞，等. 我国草本纤维素类能源作物产业化发展面临的主要挑战与策略［J］. 生物产业技术，2015（2）：22-31.

[3] 张蕴薇、杨富裕，孙永明，等. 生物质能源工程-能源草概论［M］. 北京：化学工业出版社，2014.

[4] 唐军，周汉林，王文强，等. 狼尾草属牧草育种及分子生物学研究进展［J］. 热带作物学报 2018，39（11）：2313-2320.

[5] 王光明. 蓖麻育种与栽培［M］. 北京：中国农业出版社，2013.

[6] 符少萍，郭建春，李瑞梅. 麻风树生理生态学研究［J］. 基因组学与应用生物学，2010，29（6）：1159-1168.

[7] 于昌江，朱明，马玉彬，等. 新型能源植物浮萍的研究进展［J］. 生命科学，2014，26（5）：458-464.

[8] 徐芬芬，叶利民，王爱斌. 我国的淀粉、糖类和纤维植物资源及其用于乙醇发酵的探讨［J］. 中国林副特产，2006（3）：63-65.

[9] 牛建彪. 菊芋的特征特性及高产栽培技术［J］. 甘肃农业科技，2005（7）：40-41.

[10] 谢光辉. 能源植物分类及其转化利用［J］. 中国农业大学学报，2011，16（02）：1-7.

[11] 于洪久，郭炜，李玉梅，等. 菊芋发酵提取生物乙醇研究［J］. 黑龙江农业科学，2013（2）：102-103.

[12] 王鸿. 菊芋种植技术［J］. 农村百事通，2012（15）：39-40.

[13] 张彩霞，谢高地，李士美，等. 中国能源作物甜高粱的空间适宜分布及乙醇生产潜力［J］. 生态学报，2010，30（17）：4765-4770.

[14] 崔平. 甜菜种质资源遗传多样性研究与利用［J］. 植物遗传资源学报，2012，13（4）：688-691.

[15] 张丽敏，刘智全，陈冰嬬，等. 我国能源甜高粱育种现状及应用前景［J］. 中国农业大学学报，2012，17（6）：76-82.

[16] Guiry，M. D. How many species of algae are there?［J］. Journal of Phycology，2012，48（5）：1057.

[17] 谢光辉，刘奇颀，段增强，等. 中国宜能非粮土地资源评价研究进展［J］. 中国农业大学学报，2015，20（2）：1-10.

[18] 王亚静，毕于运，唐华俊. 中国能源作物研究进展及发展趋势［J］. 中国科技论坛，2009，3：124-128.

[19] 阮小春，张坤，张健，等. 利用坡耕地种植能源作物的可行性分析与探讨［J］. 能源环境保护，2014，28（1）：51-54.

[20] 石元春，汪燮卿，尹伟伦等. 中国可再生能源发展战略研究丛书：生物质能卷［M］. 北京：中国电力出版社，2008.

[21] 石元春. 中国生物质原料资源［J］. 中国工程科学，2011，13（2）：16-23.

[22] 严良政，张琳，王士强，等. 中国能源作物生产生物乙醇的潜力及分布特点［J］. 农业工程学报，2008，24（5）：213-216.

[23] 《中国能源作物可持续发展战略研究》编委会. 中国能源作物可持续发展战略研究［M］. 北京：中国农业出版社，2009.

[24] Tang Y，Xie J S，Geng S. Maiginal land-based biomass energy production in China［J］. J Integr Plant Biol，2010，52（1）：112-121.

[25] 庄大方，江东，刘磊. 能源植物发展潜力遥感信息获取与评价［M］. 北京：气象出版社，2013.

[26] 寇建平，毕于运，赵立欣，等. 中国宜能荒地资源调查与评价［J］. 可再生能源，

2008，26（6）：3-9.

［27］ 王积欣. 林木果油制取生物柴油项目的经济性与政策性讨论［J］. 化学工业，2008，26（1）：8-10.

［28］ 林水富，沈芸. 发展木本油料生物柴油产业的思考［J］. 林业经济问题，2010，30（2）：131-135.

［29］ 赵琳，郎南军，孔继君，等. 我国小桐子生物柴油产业现状和发展探讨［J］. 广东农业科学，2010，37（03）：80-83.

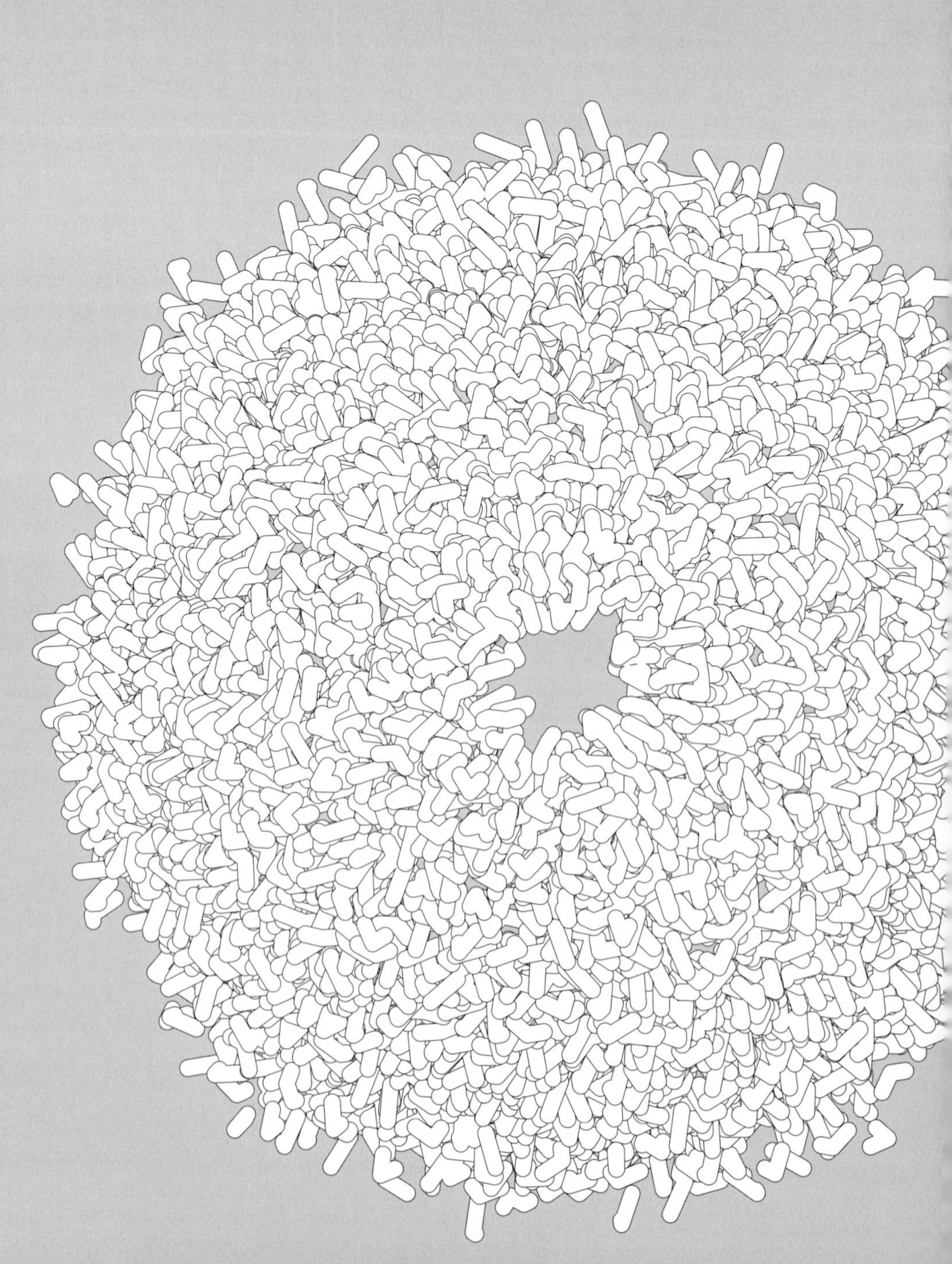

第6章

其他资源

6.1　农产品加工剩余物

6.2　生活垃圾

6.3　工业有机废水

6.4　市政污泥

参考文献

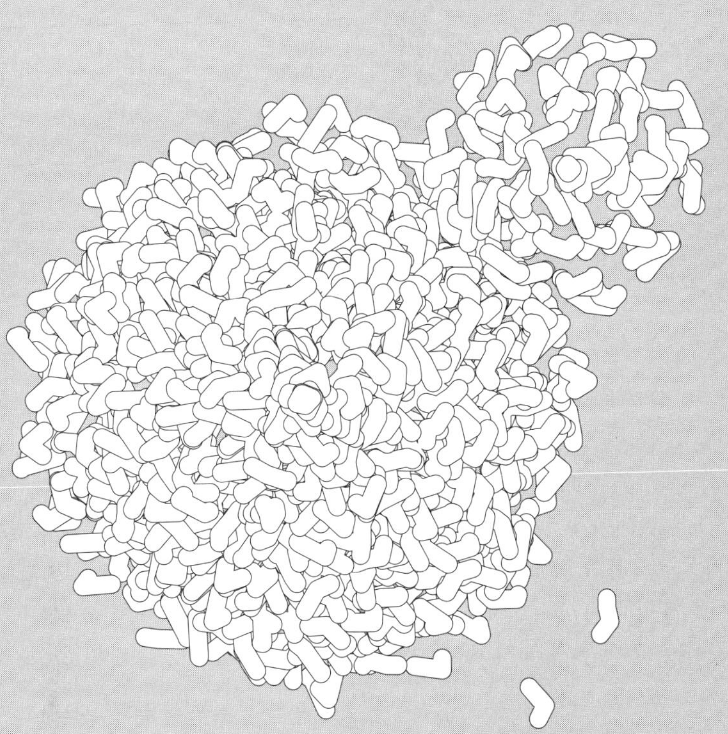

6.1 农产品加工剩余物

6.1.1 资源量

农业废弃物是指农业生产过程中的废弃物，它包括农作物收获时残留在农田内的农作物秸秆（如玉米秸、麦秸、稻草、豆秸和棉秆等）及农产品加工剩余物（如农业生产过程中剩余的稻壳等）。

6.1.1.1 农作物秸秆

农作物秸秆是指农业生产过程中收获了稻谷、小麦、玉米等农作物籽粒以后残留的不能食用的茎、叶等农作物副产品，不包括农作物地下部分。根据2009年全国农作物秸秆资源调查与评价报告显示，2009年全国农作物秸秆理论资源量约为8.2亿吨（风干，含水量为15%）。

从品种上看，稻草约为2亿吨，占理论资源量的24.4%；麦秸为1.5亿吨，占18.3%；玉米秸为2.7亿吨，占32.9%；棉秆为2584万吨，占3.2%；油料作物秸秆（主要为油菜和花生）为3737万吨，占4.6%；豆类秸秆为2726万吨，占3.3%；薯类秸秆为2243万吨，占2.7%。

各种农作物秸秆占总资源量比例见图6-1。

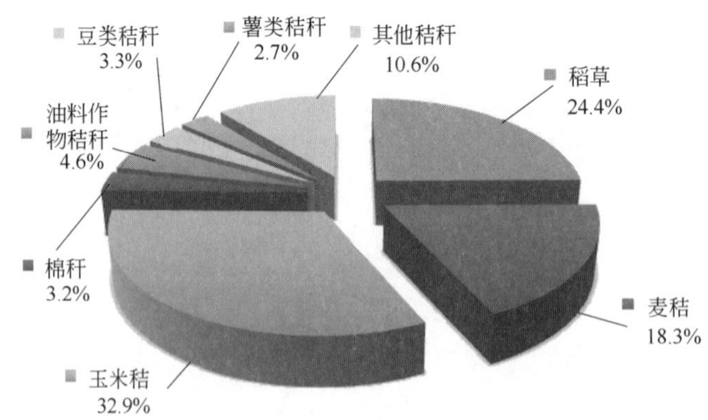

图6-1 各种农作物秸秆占总资源量比例

作物秸秆的去向有还田、饲料、工业原料、薪柴和露地焚烧等。根据原农业部规划设计院的研究，秸秆作为肥料使用量约1亿吨（不含根茬还田，根茬还田量约1.3亿吨），占可收集资源量的14.8%；作为饲料使用量约2.1亿吨，占30.7%；作为燃料使用量约1.3亿吨，占18.7%；作为种植食用菌基料量约1500万吨，占2.1%；作为造纸等工业原料量约1600万吨，占2.4%；废弃及焚烧约2.2亿吨，占31.3%。

各种用途占可收集资源量的比例见图6-2。

由此推测，我国可利用的农业废弃物总量约为1.9亿吨标煤。

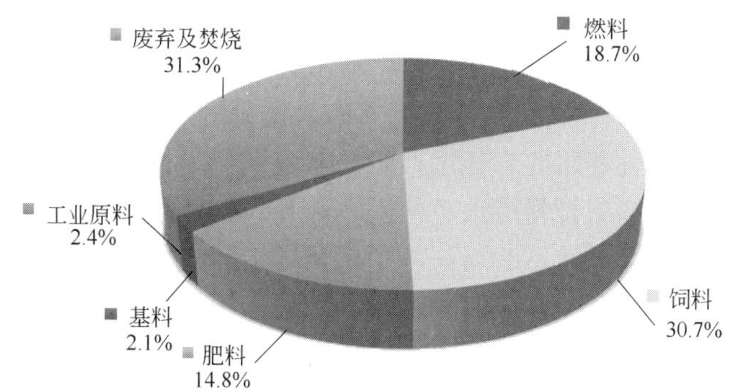

图6-2　各种用途占可收集资源量的比例

6.1.1.2　农产品加工剩余物

农作物收获后进行加工时也会产生废弃物，如稻壳、玉米芯、花生壳、甘蔗渣和棉籽壳等。这些农业废弃物由于产地相对集中，主要来源于粮食加工厂、食品加工厂、制糖厂和酿酒厂等，数量巨大，容易收集处理，可作为燃料直接燃烧使用，也是我国农村传统的生活用能。

下面以几种代表性的农产品为例，描述其加工剩余物的大概资源量情况。

（1）稻壳

稻壳是稻米加工过程中数量最大的副产品，与粮食生产密切相关，约占稻谷重量的20%以上。2011年，我国稻谷产量为20100万吨，加工后产生的稻壳产量约为4020万吨。稻壳是一种既方便又廉价的能源，特别是在碾米厂，获得能源的同时又处理了稻壳。稻谷由稻壳（外颖和内颖等）、种皮、糊粉层、胚和胚乳组成。稻谷脱壳后的颗粒叫糙米，糙米碾制过程中会形成米糠。米糠由稻谷的大部分皮层、糊粉层、胚和少量胚乳组成，约占稻谷总重的10%。我国米糠资源非常丰富，年产量约1200万吨，但是米糠的有效利用率小于20%。除主要用作饲料原料外，米糠的综合利用还仅局限于米糠油、肌醇及植酸等传统产品的开发，综合利用价值有待提高。

（2）甘蔗渣

甘蔗渣是蔗糖加工业的主要废弃物之一，甘蔗渣与蔗糖的比例为1∶1。2011年我国的甘蔗产量为11443万吨，剩余的甘蔗渣产量约为5722万吨。我国的甘蔗渣除少量用于造纸、制造纤维板、木糖和糠醛外，绝大多数用作制糖厂锅炉燃料。

（3）玉米芯

玉米芯是指玉米果穗脱去籽粒后的穗轴，约占玉米穗重量的20%～30%。玉米作为我国三大粮食作物之一，其副产品玉米芯资源量很多，营养成分丰富，而且便于集中收集和处理。目前，玉米芯主要作为燃料使用。玉米芯的组成主要包括35%～40%的半纤维素、32%～36%的纤维素、17%～20%的木质素及1.2%～

1.8%的灰分。2011年我国玉米产量为19278万吨，玉米芯产量为6426万吨。2013年我国玉米芯资源的总产量为4590万吨，相当于全国秸秆总产量的4.90%或玉米秸秆总产量的19.10%。玉米芯主要分布于我国的东北地区与黄淮海地区，产量分别为1586.61万吨与1185.41万吨，上述两地区的玉米芯产量合计占全国玉米芯产量的60.42%。玉米芯是我国各类秸秆资源中高值化利用率较高的种类，其原料化、基料化、饲料化及能源化利用的总量达到800万吨左右。食用菌基料化及新型能源化利用是提高我国玉米芯综合利用水平的基本途径。多产品联产可显著地促进我国玉米芯工业原料化利用水平的不断提高。积极开展玉米芯发酵饲料技术推广可以为我国玉米芯资源的高值化利用开辟新的途径。

（4）豆渣

豆渣是利用大豆加工豆油、酱油、豆腐等豆制品时的副产物，作为大豆加工行业中最多的副产物（约占大豆干重15%～20%），我国每年约产2000万吨湿豆渣。虽然豆渣在农产品加工剩余物中是一种重要的资源，但是由于豆渣热能较低、口感不好，以前一直没有引起足够的重视。此外，由于豆渣水分含量较高，容易腐败变质，而且运输比较困难，通常仅仅用作饲料或被扔掉，没有得到有效的开发利用，不仅经济效益低下，浪费了资源，而且造成了严重的环境污染。豆渣属于农产品加工剩余物，通过工业化手段对其进行合理的再加工利用，提高豆渣中营养成分的利用率，不仅可以全面开发豆渣的营养价值，而且解决了废弃豆渣所造成的环境污染，实现了废物的循环利用。

（5）花生壳

花生壳是花生初加工的剩余物，不同种类花生的花生壳含量不同，一般情况下占总重量的35%。2011年我国花生的产量为1605万吨，剩余的花生壳的产量约为562万吨。花生壳除少部分作为黏结剂原料外，绝大多数作为燃料使用。

接下来，将对各种具体的农产品加工剩余物占农产品重量的比例进行详细的描述。

稻壳约占稻谷籽粒重量的20%，麸皮约占小麦重量的12%，玉米芯约占玉米重量的30%，棉花壳约占棉花重量的40%，花生壳约占花生重量的35%，油菜籽加工剩余物约占油菜籽重量的65%，芝麻加工剩余物约占芝麻重量的52%，甘蔗渣约占甘蔗重量的50%，甜菜渣约占甜菜重量的17%，蚕茧加工剩余物约占蚕茧重量的62%。目前，大约20%的苹果被用于生产加工成浓缩苹果汁、苹果酒及果酱等产品。苹果渣是苹果榨汁后的废料，占苹果总重的25%。这些副产品按含水量为70%～80%计，可获得大量干物质。梨渣约占梨重量的35%。我国葡萄产量80%用于鲜食，13%用于酿酒，7%用于制汁、制干、罐头及酿醋等。在葡萄酒生产过程中，会产生占葡萄总量3%的葡萄籽。在葡萄榨汁和酿酒加工过程中，会产生大量的皮渣等副产物，约占葡萄加工量的25%～30%，其中主要有葡萄皮、果梗及种子等。香蕉皮约占香蕉重量的30%。

表6-1是2011～2015年我国主要农产品的产量。

表 6-1　2011～2015 年我国主要农产品的产量　　单位：万吨

年份	稻谷	小麦	玉米	豆类	薯类	棉花	花生	油菜籽	芝麻	麻类
2011	20100.1	11740.1	19278.1	1908.4	3273.1	659.8	1604.6	1342.6	60.5	29.6
2012	20423.6	12102.4	20561.4	1730.5	3292.8	683.6	1669.2	1400.7	63.9	26.1
2013	20361.2	12192.6	21848.9	1595.3	3329.3	629.9	1697.2	1445.8	62.3	22.9
2014	20650.7	12620.8	21564.6	1625.5	3336.4	617.8	1648.2	1477.2	63.0	23.1
2015	20822.5	13018.5	22463.2	1589.8	3326.1	560.3	1644.0	1493.1	64.0	21.1
年份	甘蔗	甜菜	烟叶	蚕茧	茶叶	苹果	柑橘	梨	葡萄	香蕉
2011	11443.5	1073.1	313.2	91.6	162.3	3598.5	2944.0	1579.5	906.7	1040.0
2012	12311.4	1174.0	340.7	90.6	179.0	3849.1	3167.8	1707.3	1054.3	1155.8
2013	12820.1	926.0	337.4	89.2	192.4	3968.3	3320.9	1730.1	1155.0	1207.5
2014	12561.1	800.0	299.4	89.5	209.6	4092.3	3492.7	1796.4	1254.6	1179.2
2015	11696.8	803.2	283.2	90.1	224.9	4261.3	3660.1	1869.9	1366.9	1246.6

6.1.2　利用现状

6.1.2.1　稻壳的利用

稻壳的利用主要有 3 个方面：

① 作为能源，生产稻壳煤气作为动力燃烧和稻壳蒸汽燃料，生产热能用于干燥作业和热源等；

② 作为畜牧饲料填充物、家畜厩的铺垫积肥、土壤调节物、食用菌培养基及苗床等；

③ 作为工业原料，如生产水玻璃、白炭黑、活性炭、钢水保温剂以及糠醛等。

6.1.2.2　米糠的利用

米糠的营养成分主要包括水分、蛋白质、脂肪、不饱和脂肪酸、碳水化合物、膳食纤维、灰分及生育三烯酚，此外，还包括维生素、矿物质、谷维素、二十八烷醇、神经酰胺及 γ-氨基丁酸等生理活性物质。米糠脱离糙米后会与空气接触，脂肪酶被激活后迅速将米糠包含的甘油三酯分解为脂肪酸，导致酸值快速升高，游离脂肪酸的含量在一开始的 24h 内迅速升高至 7%～8%，并且以每天 5%～10%的速度升高，导致米糠发生严重的酸败。在甘油三酯分解过程中作为酸败变化的中间产物脂肪酸在一定条件下会分解为过氧化物、醛类及酮类等物质，这些物质会使米糠产生刺激性气味，同时在人体中这些物质难以代谢，会加重肝脏的负担，醛类物质有显著的致癌毒性。因此，为了有效地利用米糠必须使米糠中的脂肪酶失活或使其活性被抑制。通过合理的方法控制酸败反应后的米糠叫稳定化米糠，是优良的蛋白质、脂肪、碳水化合物以及其他营养物质的来源。目前，米糠稳定化处理的主要方法包括加热处理、化学处理、微波处理及挤压膨化等方法，可使米糠中的酶失活（过氧化物酶残余活力小于5%，脂肪酶基本失活），同时可以杀死米糠中存在的真菌、细菌及昆虫，使米糠相对稳定，延长储藏时间。米糠中含有丰富的膳食纤维、不饱和脂肪酸、氨基酸、维生素以及多种天然的抗氧化物质，大量研究表明食用米糠可预防心脑血管疾病及结肠癌等。以稳定化米糠为原料制成的高营养米糠食品，有益于人的生理健康。将稳定化米糠开发为食品在国内外已经有广泛的报道，目前开发出的米糠食品主要包括米糠面包、米糠面条及米糠营养素等。国内米糠食品的深度研究处于起步阶段，市场空间很大，具有广阔的发展前景。在传统的物理方法处理米糠的基础上，加入微生物发酵或酶处理，往往可以改善米糠的理化性质，提高其营养价值。

目前，米糠资源在我国仍处于研究和起步阶段，没有得到合理和有效的利用。限制米糠利用的原因包括人们普遍对米糠资源的营养价值缺乏了解，将米糠进行深加工的研究与应用较少；由于米糠极易酸败导致大量米糠丧失了利用价值。为进一步提高米糠资源的利用率，首先需要研究如何控制米糠酸败，在此基础上对米糠资源进行合理和有效的开发。一方面可以通过物理、化学及生物方法对米糠进行前处理，改善其应用性能，转化为具有丰富的营养物质及显著的生理功能的食品或者优良的饲料原料；另一方面米糠中含有大量的油脂、蛋白质、植酸及谷维素等物质，可通过特定的提取方法进行分离后作为食品工业的添加组分，提高米糠的利用价值。

6.1.2.3 小麦麸皮的利用

作为制粉工业的主要副产品，小麦麸皮的产量每年有2000万吨左右，而其中85%以上用于酿造和饲料行业，极少有麸皮类保健食品上市，经济价值较低。麸皮中含有较丰富的酶系、蛋白质、碳水化合物、维生素和矿物质等，来源充足且价格低廉，如能够充分利用，将具有很高的经济效益和社会效益。

目前，小麦麸皮的利用方式包括加工饲料蛋白、制作麸质粉、加工食用麸皮、小麦麸皮蛋白的分离、小麦麸皮提取膳食纤维、小麦麸皮制备低聚糖、小麦麸皮制备戊聚糖、麸皮抗氧化物的制备、制备β-淀粉酶、分离麸皮多糖、从麸皮中提取植酸钙及植酸系列产品、生产丙酮和丁醇、提取谷氨酸、制取木糖醇、制取维生素E、提取麦皮胚油及制备麸皮面筋。

下面详细介绍小麦麸皮的利用情况。

（1）加工饲料蛋白

开发饲料蛋白具有较高的经济和社会价值。通过微生物发酵法制备的酵母是一种良好的饲料蛋白，小麦麸皮的水解液中含有五碳糖和六碳糖，可以被酵母菌代谢利用，因此利用小麦麸皮的水解液培养酵母能够获得优质的饲料蛋白。

（2）制作麸质粉

含麸量达50%～60%的麸质面粉，不是简单地向白面中掺入麸皮，而是通过改进面粉加工方式来提高面粉的含麸量。

（3）加工食用麸皮

为提高麸皮的食用性，可通过蒸煮、加酸、加糖及干燥等方法除掉麸皮的气味，使之产生香味，食感变好。

（4）小麦麸皮蛋白的分离

小麦麸皮中含有较多的蛋白质，质量分数在12%～18%，是一种丰富的植物蛋白质资源。小麦麸皮中的蛋白质组分主要包括清蛋白、球蛋白、醇溶蛋白和谷蛋白，四种蛋白质的分布比较均匀。提取小麦麸皮蛋白的常用方法包括化学分离法（碱法）、物理分离法（捣碎法）及酶分离法（利用胃蛋白酶或淀粉酶提取）。

（5）小麦麸皮提取膳食纤维

膳食纤维是不能被人体消化的多糖类与木质素的总称。小麦麸皮中约含40%的膳食纤维，具有重要的生理功能，如预防便秘、抗癌、降低胆固醇、调节血糖水平及预防胆结石等。从小麦麸皮中制备膳食纤维的方法包括酒精沉淀法、中性洗涤剂法、酸碱法及酶法等方法。其中利用酶法从小麦麸皮中提取膳食纤维具有简便易行、不需要特殊设备、投资小、污染少及膳食纤维的产率较高等优点，是比较合适的提取方法。从小麦麸皮中提取的膳食纤维被广泛应用于食品加工行业中，用来生产高纤维食品，如麦麸面包、麦麸饼干、麦麸香茶及麦麸花生乳等食品。

（6）小麦麸皮制备低聚糖

小麦麸皮中富含纤维素和半纤维素，是制备低聚糖的良好资源。低聚糖具有非常好的双歧杆菌增殖效果、低热性能及较高的表面活性，因此低聚糖可作为双歧杆菌的生长因子应用于食品中。另外，低聚糖所具有的表面活性可以吸附肠道中的有毒物质，提高抗疾病能力，还可用于医药和饲料工业。

（7）小麦麸皮制备戊聚糖

研究表明戊聚糖对面团性质具有明显的效果并影响面包的烘焙品质，小麦中的戊聚糖主要存在于小麦麸皮中，麸皮中约含20%的戊聚糖。因此，从小麦麸皮中制备戊聚糖，并将戊聚糖用作面包添加剂，具有良好的开发前景。此外，戊聚糖具有高黏度氧化胶凝的性质，还可作为增稠剂和保湿剂应用于食品行业。

（8）麸皮抗氧化物的制备

谷物中含有较多的抗氧化物质，这些物质主要是酚酸类或酚类化合物，主要存在于谷物外层，总量可达500mg/kg，其中最主要的抗氧化物质是阿魏酸。小麦麸皮中主要的抗氧化物质包括阿魏酸、香草酸和香豆酸。小麦麸皮中游离碱溶阿魏酸含量为0.5%～0.7%。将这些抗氧化物质提取出来可以作为天然的抗氧化剂，用于医药和保健领域。

（9）制备β-淀粉酶

β-淀粉酶广泛存在于谷物中，小麦、大麦及大豆等作物中含量较高。小麦麸皮中含有大量的淀粉酶系，其中β-淀粉酶的含量约为5×10^4U/g。从麸皮中提取β-淀粉酶可以用于啤酒、饮料等的生产，实现农作物副产品的有效增值。

(10) 分离麸皮多糖

小麦麸皮中的多糖主要是细胞壁多糖，它是小麦细胞壁的主要成分，质量分数约为 50%。小麦的细胞壁多糖集中在麸皮中，其在麸皮中的质量分数约 30%。整粒小麦中细胞壁多糖的质量分数约 9%，其对小麦的加工、品质及营养起着重要的作用。麸皮多糖的制备有两种常用的方法：一种方法是先从麸皮中分离出细胞壁物质，然后从中制备麸皮多糖；另一种方法是先从麸皮中制备纤维素，然后制备麸皮多糖。

(11) 从麸皮中提取植酸钙及植酸系列产品

植酸钙在工业上主要用作肌醇的原料。从麸皮中提取植酸钙原料来源非常充足，投资少，成本低。此外，加工后的麸皮由于去除了对动物有害的肌醇六磷酸酯，作为禽畜饲料其营养价值更高。

(12) 生产丙酮和丁醇

用麸皮可以代替玉米作为原料用于生产丁醇和丙酮。用麸皮代替玉米作为原料，C/N 更加合适，发酵可以顺利进行，在效果上可以达到添加玉米作为原料的发酵水平。

(13) 提取谷氨酸

麸皮中主要含有麦谷蛋白和麦胶蛋白，其谷氨酸含量达 46%，是味精的主要成分。

(14) 制取木糖醇

木糖醇是一种新兴的甜味剂，在食品、医药及化工等领域应用广泛。麸皮中含有较多的半纤维素和多聚戊糖，这些化合物经过一系列的生化反应即可制成木糖醇。

(15) 制取维生素 E

麦麸尤其是其中的麦胚含有较多的维生素 E，可用于提取维生素 E。

(16) 提取麦皮胚油

从小麦皮胚芽中提取的麦皮胚油，具有抗癌和延年益寿等功效。

(17) 制备麸皮面筋

每 100kg 小麦麸皮可生产湿面筋 11kg 和湿粗淀粉 13kg，麸渣还可用作禽畜饲料。

6.1.2.4 玉米芯的利用

玉米芯是玉米生产和加工的副产物，资源丰富。玉米芯通常被当作饲料和燃料使用或作为废弃物，未能充分利用。对玉米芯进行开发和综合利用，可提高农副产品的经济效益和社会效益。以玉米芯为原料生产还原糖、木糖、木聚糖、多酚、多糖、糠醛、黄原胶、生物质活性炭、木质素、丁醇、2,3-丁二醇及改性玉米芯为玉米芯的综合利用提供了新的发展方向。我国玉米芯主要有 4 个方面的用途：a. 工业原料；b. 食用菌基料；c. 生物饲料；d. 燃料。玉米芯是我国农产品加工剩余物中利用率最高的种类，其可收集利用率达 97%。

下面从工业原料化、基料化、饲料化及新型能源化 4 个方面讨论玉米芯的综合利用。

（1）玉米芯作为化工原料

玉米芯作为化工原料可生产木糖与木糖醇、L-阿拉伯糖、低聚木糖、糠醛及纤维素乙醇等工业产品，可用于食品、医药、保健、精细化工及能源等诸多领域。

1）玉米芯用于生产木糖与木糖醇。

木糖与木糖醇的生产主要利用含有多缩戊糖的农作物纤维废料，如玉米芯、棉籽壳及蔗渣。生产 1 吨木糖醇需要玉米芯 10～12 吨或棉籽壳 15～18 吨或甘蔗渣 25 吨左右。玉米芯资源集中，易于加工，作为原料用于生产木糖与木糖醇具有成本低及效益好的优势。木糖醇的生产方法包括化学法与生物法。目前，工业上生产木糖醇多利用化学催化加氢的传统工艺，富含戊聚糖的农作物纤维原料经酸水解及分离纯化可以得到木糖，再经过氢化可以得到木糖醇。

2）玉米芯用于生产低聚木糖。

低聚木糖是一种功能性聚合糖，其主要有效成分为木二糖和木三糖。与其他的功能性低聚糖相比较，低聚木糖具有用量少、酸和热稳定性好等优点，是目前半纤维素利用的高附加值产品之一。低聚木糖主要由富含木聚糖的木质纤维类原料通过生物法或化学法制备而成。玉米芯中的半纤维素主要是由 D-木糖为主链的木聚糖组成，在富含木聚糖的农产品加工剩余物中其木聚糖含量高达 35％～40％，高于甘蔗渣、稻壳、棉籽壳及油茶壳等，可作为生产低聚木糖的最佳原料之一。低聚木糖的生产方法主要包括酸水解法、高温降解法、酶解法及微波降解法。在低聚木糖的工业化生产中，酶解法是最常用的方法，具有成本低、环保及节约能源等优势。我国低聚木糖的生产已经完成了从起步到工业化和产业化的跨越。目前每 10～12 吨玉米芯可生产 1 吨低聚木糖含量为 70％的产品，生产成本为 2.8 万～3.5 万元/吨，售价为 12 万元/吨。

3）玉米芯用于生产糠醛。

糠醛是重要的有机化工原料，以糠醛为原料衍生出的化工产品多达 1600 多种。在我国生产糠醛的主要原料包括玉米芯、甘蔗渣、棉籽皮、稻壳、油茶壳、向日葵壳、高粱壳和棉麻秆等。其中，玉米芯中可用于生产糠醛的有效组分多缩戊糖含量高达 38％～47％，糠醛潜在的含量为 25％，是众多农产品加工剩余物中用于生产糠醛的较为理想的原料。富含半纤维素戊聚糖的农产品加工剩余物，在一定温度与催化剂的作用下，水解成戊糖，再脱水生成糠醛。国内从事糠醛生产的企业主要分布于黑龙江省、吉林省、辽宁省、山东省、河南省、河北省及陕西省等地区，在这些地区玉米的种植面积较为集中。目前，我国糠醛年生产能力超过 60 万吨，大部分用于出口。每 10～12 吨玉米芯可生产 1 吨糠醛。玉米芯制备糠醛后的废渣含有大量纤维素，加工后可用作锅炉燃料。

4）玉米芯用于生产纤维素乙醇。

利用玉米芯生产纤维素乙醇，要对玉米芯进行破碎预处理。玉米芯的预处理方法包括物理方法、化学方法、物理化学结合法及生物法。利用玉米芯直接分离纤维素来生产乙醇时，对原料进行破碎处理是必要的预处理环节。除破碎处理外，利用玉米芯生产纤维素乙醇时常见的其他预处理方式主要包括蒸汽爆破、氨纤维爆破、热水预处理、酸处理及酸催化有机溶剂处理等。目前，利用玉米芯生产乙醇时主要采用酸水解与酶水解的方法降解纤维素。酶水解具有反应条件温和、不生成有毒降解产物及糖得率高等优点。利用现有工艺条件每7～8吨玉米芯可以生产1吨纤维素乙醇产品，其生产成本远高于粮食乙醇产品。降低纤维素酶的成本与原料成本可以提高利用玉米芯生产纤维素乙醇产品的竞争能力。

5）利用玉米芯联产化工产品。

玉米芯作为工业原料用于生产木糖醇及糠醛等工业产品具有工艺成熟、附加值高等优点，但单一组分的利用存在利用率较低、能耗较大及成本较高等问题，多产品联产应成为玉米芯工业原料化利用的主导方向和未来趋势。玉米芯经预处理后，其组分主要包括半纤维素、纤维素和木质素。半纤维素可作为原料用于生产糠醛、木糖、木糖醇、L-阿拉伯糖及低聚木糖等产品。纤维素可用于生产纤维素乙醇。木质素可用于生产木质磺酸盐、酚醛树脂、燃料及肥料等产品。通过多产品联合，充分实现玉米芯作为工业原料的高值化利用。

（2）玉米芯作为生物发酵饲料

玉米芯经过加工，可以改变其物理特性，实现饲料化利用，减少动物对精饲料的依赖。玉米芯粉碎后经过生物发酵，是良好的动物粗饲料。玉米芯进行微生物发酵主要依靠乳酸菌发酵，发酵后的玉米芯变软，有酸甜味，可以提高动物的采食量，应用前景广阔。

（3）玉米芯作为原料用于生产食用菌

玉米芯富含纤维素和半纤维素，尤其是糖分含量较高，可作为配料用于制作多种食用菌的基质。据估算，目前全国的食用菌种植利用玉米芯的量已超过200万吨，且增长趋势较快。玉米芯用于栽培食用菌其关键在于筛选出对纤维素分解力较强的菌株以及更适合食用菌生长的玉米芯培养基配方。

（4）玉米芯的新型能源化利用

玉米芯通过气化、固化、炭化、液化及发电等生物质能源转化途径，能够生成生物质燃气、固体成型燃料、生物炭、纤维素乙醇及电力等多种形式的能源，是一种优良的生物质能源资源。

6.1.2.5 豆渣的利用

豆渣是生产大豆分离蛋白、豆粉、豆腐和豆浆等豆制品的副产物，产量非常大。但由于豆渣所含热能低且口感粗糙，一直以来未引起人们的高度重视，其大多作为家畜的饲料或废弃物倾倒，造成了资源的浪费和环境的污染[1]。将来，豆渣可以在如下几个方面进行深入的开发和应用：豆渣功能成分的提取、豆渣纤维的功效、豆渣发酵制品及豆渣在食品中的多种应用。

下面对豆渣以发酵豆渣的形式和直接添加的形式在饲料、食品和工业中的利用现状进行阐述。

（1）发酵豆渣的应用

豆渣富含膳食纤维、蛋白质、脂肪及维生素等多种组分，可以为微生物的生长提供丰富的营养物质。经过微生物发酵后，豆渣中的营养成分得以改善（新产生了多肽及功能性低聚糖等）。发酵豆渣可用于饲料及食品等行业。

1）发酵豆渣在饲料中的应用。

直接作为饲料的新鲜豆渣有很多成分不能被畜禽充分利用，还会造成环境污染。发酵活性豆渣饲料是以豆渣和少量麦麸为原料，利用腐乳生产用菌在适宜条件下进行发酵。由于发酵过程产生了大量的蛋白酶，因此可促进动物胃肠对有机化合物的消化吸收。此外，豆渣还可用于生产宠物食品。

2）发酵豆渣在食品中的应用。

经过发酵的豆渣具有抗氧化、抑制糖尿病、降血压及降低胆固醇等功能。发酵豆渣可用于制备霉豆渣、酱油、酱制品、调味品、面包、馒头制品及酸奶等食品。

（2）豆渣直接添加在食品中的应用

豆渣可以添加到饼干、糕点、面条、膨化和油炸食品、豆沙、饮料及乳制品及肉食制品等食品中。

（3）豆渣在工业中的应用

豆渣本身或者豆渣经过一定的处理后可用于工业领域。豆渣在工业中的应用包括用于制备吸附剂、缓蚀剂、胶合板、可食用纸、塑料、生物柴油、杀虫剂、面膜及微胶囊壁材等材料。

6.1.2.6　棉花壳的利用

棉花壳是农作物废弃物，大量排放不仅给环境带来了污染，而且造成了大量资源的浪费。在如今循环经济的社会，将污泥与棉花壳综合利用制备吸附剂，符合变废为宝及环境友好型社会的要求[2]。

6.1.2.7　花生壳的利用

花生壳是花生加工的副产物，资源非常丰富，除少部分被用作饲料及制造胶合板等外，其余大部分被丢弃或烧掉，造成资源的极大浪费和环境污染。以花生壳为原料生产水溶性膳食纤维、黄酮类化合物、白藜芦醇、还原糖、木聚糖、生物质活性炭、木质素及生物乙醇是未来综合利用花生壳的发展方向[3]。

6.1.2.8　油菜籽加工剩余物的利用

油菜籽加工剩余物数量众多，其中含有菜籽蛋白、菜籽多酚、植酸及菜籽多糖等多种成分，这些成分都具有较高的利用价值。然而，目前我国对油菜籽加工剩余物的利用相当有限，仅用作肥料或按少量比例添加作反刍类哺乳动物和淡水鱼的养殖饲料。

6.1.2.9　湿麻渣的利用

湿麻渣为芝麻加工剩余物，其是水代法提取小磨香油后的副产物。当前，湿麻渣除少量被加工后用作饲料外，绝大部分被当成废料丢弃或作为肥料使用，造成资源的严重浪费。湿麻渣是一种富含芝麻油脂和蛋白质的副产物，今后应该从蛋白质的提取、油脂的回收及湿麻渣脱水等方面，加强湿麻渣综合利用研究。

6.1.2.10 甘蔗渣的利用

由于甘蔗渣转化和利用技术的限制，目前大多数甘蔗渣被直接燃烧或者废弃不用，其利用率很低，不仅造成资源浪费，而且还带来环境污染。近年来，由于国家对农业废弃物利用的重视，甘蔗渣综合利用方面也获得了快速的发展。目前，甘蔗渣在生物发电、饲料生产、栽培基质、沼气、造纸、板材、功能性食品添加剂开发、化学物质合成、高性能吸附材料等领域获得了一些突破和进展[4]。

6.1.2.11 甜菜渣的利用

甜菜渣的传统利用方式除少量用作动物饲料供给周边农户外，大部分为就地堆放，处理不当会引起积压与霉烂，造成资源浪费的同时严重污染周边环境。甜菜渣含有26%的纤维素，将其转化制备为生物乙醇，能够实现资源充分利用，提高企业经济效益，减少环境污染，有利于糖业的可持续发展[5]。

6.1.2.12 苹果渣的利用

大量的苹果渣除少量用作燃料和饲料外，绝大部分被白白废弃。苹果渣含有大量的水分及营养物质，很容易发酵，从而引起一系列环境的问题。由于苹果渣中营养成分丰富，可以生产有机酸、酶、单细胞蛋白、乙醇及色素，具有极大的开发利用价值[6]。

6.1.2.13 柑橘渣的利用

柑橘渣含有丰富的维生素和矿物质，适合反刍动物日粮中优质青粗料的补充。柑橘皮渣营养丰富，含有大量的类胡萝卜素着色物质，其特质适合作为单胃动物（猪和禽等）的多功能饲料添加剂[7]。

6.1.2.14 梨渣的利用

目前，梨渣的利用主要包括梨渣可溶性膳食纤维的提取、制备果醋、梨渣与猪粪混合厌氧消化产气及梨渣发酵生产蛋白饲料等方面。

6.1.2.15 葡萄皮渣的利用

最初葡萄皮渣大多被当作肥料、饲料甚至垃圾处理，附加值很低。现在人们逐渐认识到葡萄皮渣中含有多种有益物质，如原花青素、白藜芦醇、葡萄籽油等，这些物质具有较好的医疗保健作用。从中提取的果胶、酒石酸、芳香物质、膳食纤维等，可应用于食品工业[8]。

6.1.2.16 香蕉皮的利用

经研究发现，香蕉皮中主要含有酚类、油脂、有机酸、缩合鞣质、蛋白质和糖类，还有多种维生素和无机盐等营养成分，Ca、Mg、P和K的含量也非常丰富。目前，香蕉皮的利用途径包括：a. 从香蕉皮中提取分离果胶；b. 用香蕉皮生产饲料添加剂；c. 从香蕉皮中提取膳食纤维；d. 从香蕉皮中提取多酚。

6.1.3 潜力分析

虽然我国每年产生的农业加工剩余物总量很多，但是，由于每一种具体的农业加工剩余物具有其各自独特性质，因此，对于不同的农业加工剩余物其最佳的利用方式往往差异很大。有些侧重于燃烧（例如稻壳），有些侧重于酿造和饲料（例如麸皮），有些侧重于饲料和燃料（例如玉米芯）。所以，为了实现农产品加工剩余物的综合利用，需要针对每一种具体的农产品加工剩余物分析其最佳的利用方式，而不是简单的一刀切。

6.2 生活垃圾

城市生活垃圾，是指在城市日常生活中或者为城市日常生活提供服务的活动中产生的固体废弃物以及法律、行政法规规定视为城市生活垃圾的固体废弃物。

6.2.1 资源量

6.2.1.1 资源种类

（1）可回收物

可回收物包括生活垃圾中未污染的适宜回收和可以资源循环利用的垃圾，如塑料、玻璃、金属和纸类等。

1）废纸类

报纸、杂志、货物等包装纸盒、纸袋、一次性纸餐具、电脑打印纸、复印纸、传真纸、便签条、挂历、笔记本等，约占发达城市生活垃圾总质量的 4.5%～6.5%[9]。

2）废塑料

塑料日用品、塑料薄膜、塑料容器、塑料凳椅、塑料文具、塑料玩具、有机玻璃制品、磁带光盘、泡沫塑料等，约占城市生活垃圾总质量的 10%～15%[9]。

3）废金属

金属饮料罐、罐头盒子、铁衣架，及金属的文具、玩具、餐具、工具、家具等生活用品用具。

4）废玻璃

玻璃器皿、玻璃桌面、玻璃茶几、玻璃窗户等有色、无色玻璃制品。

（2） 厨余垃圾

厨余垃圾包括生活垃圾中的餐饮垃圾、绿化垃圾和集贸市场有机垃圾等易腐性垃圾，如居民家庭饭后的剩菜剩饭、菜叶果皮以及家庭盆栽废弃的树枝，饭店、餐厅、酒店、饭堂产生的剩余残渣食品，市场销售过程中废弃的食物、菜叶、果皮（核）等，城市道路绿化植物落叶和枯草等。不同国家和城市，餐厨垃圾在生活垃圾中所占比例差异较大，我国餐厨垃圾所占的生活垃圾总质量比例较高，约为37%～62%[10]。

（3） 有害垃圾

包括生活垃圾中对人体健康或者自然环境造成直接或者潜在危害的物质，如废充电电池、废钮扣式电池、废灯管、弃置药品、废杀虫剂、废日用化学品、废水银产品等。

（4） 其他垃圾

包括除可回收物、有害垃圾和厨余垃圾之外的其他城市生活垃圾，如砖瓦、陶瓷、渣土、卫生纸、尿片以及其他污染、混合难分类的各类生活垃圾。

6.2.1.2 资源数量

根据《中国统计年鉴 2016》，2015 年我国全国生活垃圾清运量为 1.91 亿吨（见图 6-3）。各类无害化处理厂 890 座，包括卫生填埋厂 640 座，处理垃圾量 1.15 亿吨，占总量的 60%；垃圾焚烧厂 220 座，实际垃圾处理量 0.6 亿吨，占处理总量的30%；堆肥处理厂 20 座，处理垃圾 300 万吨，占处理总量的 1.5%[11]。我国城市生活垃圾主要还是依靠垃圾填埋方式进行处理。

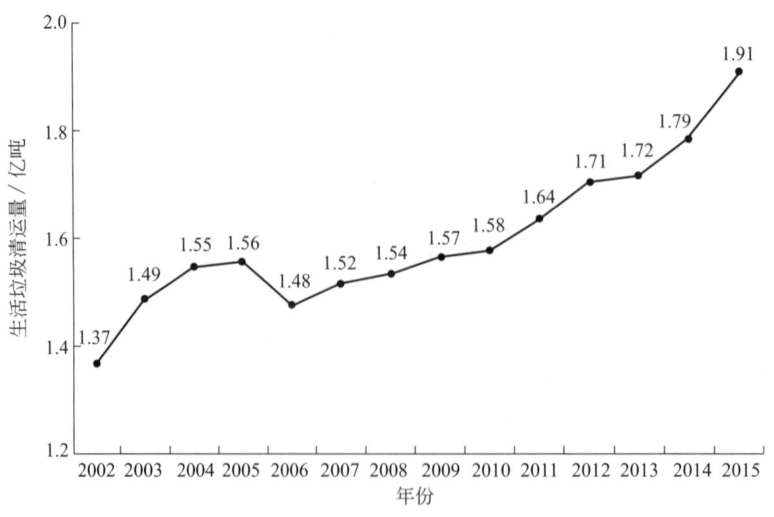

图 6-3　2002～2015 年生活垃圾清运量[11]

6.2.1.3 资源空间分布

全国 31 个省、市、自治区中，广东省以 2320.4 万吨/年的垃圾清运量位列首位，其次分别为江苏省、山东省、浙江省。经济发达地区的垃圾清运量远远高于经济不发达地区。全国各地区垃圾清运量见表 6-2。

表 6-2 全国各地区垃圾清运量[11]　　单位：万吨/年

地区	垃圾清运量	地区	垃圾清运量
广东省	2320.4	吉林省	490.3
江苏省	1456.1	山西省	447
山东省	1377.5	重庆市	440
浙江省	1332.6	广西壮族自治区	385.5
辽宁省	933.2	新疆维吾尔自治区	380
河南省	891.8	云南省	371
湖北省	832.2	江西省	329.3
四川省	823.6	内蒙古自治区	329.1
北京市	790.3	贵州省	268.3
湖南省	638.2	甘肃省	262.7
河北省	635.9	天津市	240.7
上海市	613.2	海南省	160.1
福建省	608.1	宁夏回族自治区	132.2
黑龙江省	523	青海省	82.2
陕西省	522.7	西藏自治区	32.9
安徽省	491.9		

6.2.1.4 生活垃圾理化性质

生活垃圾成分受城市经济发展水平、地区差异、生活水平、能源及天气等外部因素的影响，尤其是生活习惯的不同会造成生活垃圾性质的很大差异。我国城市生活垃圾的主要特点是数量大、成分复杂、变化快。由于我国垃圾分类还不完善，城市生活垃圾是多种废弃物的混合物，生活垃圾主要来自居民生活过程中遗弃的废弃物，包括有机物和无机物，有机物包括餐厨垃圾、废纸、木材、塑料、橡胶等，无机物有金属、玻璃、渣土等。因此，生活垃圾的理化特性亦不相同，以广州市生活垃圾为例[12]。

(1) 垃圾容重

生活垃圾容重变化范围为 286～357kg/m^3，均值为 306kg/m^3。

(2) 垃圾物理组分

有机（动植）物：长度大于 10mm、果叶生活垃圾中动植物类有机物（主要是厨余垃圾、果皮）的全市均值占 55.71%，是生活垃圾的主要成分。小于 10mm 混合物：生活垃圾中的长度小于 10mm 占的比例为 2.38%～13.93%。

（3）垃圾燃烧特性

① 生活垃圾含水率：生活垃圾平均含水率为53.74%。

② 生活垃圾热值及灰分：生活垃圾的干基灰分含量是33.31%，可燃物含量是66.69%，生活垃圾的可燃组分较高。发热量是生活垃圾焚烧处理的重要参数，从分析结果看，生活垃圾的干基高位发热量均值为15448kJ/kg，湿基低位发热量均值为5253kJ/kg。

③ 非金属元素含量：生活垃圾干基的碳、氢、氧含量占71.37%，其中碳元素的含量较高，占38.14%；而造成潜在焚烧烟气污染的氮、硫、氯元素含量分别为1.8%、0.32%、0.50%。

④ 生活垃圾的养分含量：生活垃圾中易腐有机垃圾干基养分含量调查结果显示，易腐有机垃圾干基的总氮的平均含量为1.91%，总磷的平均含量为0.83%，总钾的平均含量为2.86%，有机质平均含量为30.9%，均超过国家规定的最低限值。

⑤ 重金属含量：易腐有机垃圾的汞、砷、铬、镉含量均低于国家控制标准，而铅含量超过国家控制标准2.79倍。重金属汞、铬、镉含量均低于美国和德国标准，铅含量高于美国和德国标准。

6.2.2 利用现状

随着生活垃圾处理技术的日趋成熟，我国生活垃圾处理方式从过去的简易填埋为主逐步转向以卫生填埋、焚烧为主，生物处理等多种技术协同处理的格局。

6.2.2.1 填埋气能源化利用

填埋是我国城市生活垃圾的主要处理方式，垃圾填埋处理量大约占垃圾总量的80%。近10年来，城市生活垃圾填埋技术的进步比较显著：在填埋场防渗方面，广州、深圳等许多新建的垃圾卫生填埋场采用了先进的HDPE膜防渗技术；关于填埋气的处理问题，部分大型填埋场将产生的填埋气体进行收集，并用作发电等用途；垃圾填埋场渗滤液处理技术的相关研究也越来越多，其处理方法主要有物化处理、生化处理、土地处理等。由于一般渗滤液浓度高且难处理，水质不稳定，单一的处理技术难以满足达标的要求，因此，大部分填埋场采取了组合工艺，具体包括物化预处理（混凝沉淀、氨氮吹脱、化学氧化等）、生物主体处理（厌氧、缺氧、好氧等）、物化深度处理（吸附、反渗透、催化氧化等）。

目前我国最主要的垃圾处理方式为卫生填埋，截至2015年，我国垃圾填埋场有640座，垃圾日处理能力可达35万吨，垃圾实际处理量为1.15亿吨/年。我国城市垃圾采用卫生填埋方法处理的约占全部无害化处理量的78%[11]。

垃圾填埋后会发酵产生大量的气体，这些填埋气的主要成分是CH_4（45%～50%）、CO_2（40%～60%）等，其热值与城市煤气热值接近，是天然气热值的1/2。我国城市垃圾填埋气的典型成分和性质见表6-3[13]。可见垃圾填埋产生的沼气是一种巨大的资源，如果加以利用，将化害为利、变废为宝，其能源效益是巨大的。

表6-3 我国城市垃圾填埋气的典型成分和性质[13]

成分	体积分数/%	性质	特征
CH_4	45～60	温度/℃	37.8～48.9
CO_2	40～60	相对密度	1.02～1.06
N_2	2～5	含水率	饱和
O_2	0.1～1.0	高热值/(MJ/m^3)	14.9～20.5
H_2S	1～1.0		
NH_3	0.1～1.0		
H_2	0～0.2		
CO	0～0.2		
微量气体	0.001～0.006		

填埋气技术具有投资小、设备少、易于管理的优点，是填埋气能源化利用的基本方式。我国的垃圾处理方式主要是填埋，随着垃圾填埋场数量的不断增多，填埋气能源化利用在我国有广阔的前景。

20世纪80年代，国际上对填埋气综合利用刚刚起步，至20世纪90年代，美国等一些发达国家开始将研究成果推广应用至各种大型的生活垃圾填埋场。现阶段，已有20多年国家的270个垃圾填埋场安装了填埋沼气的回收利用装置。国外每年可从垃圾填埋气中回收约相当于200万吨的原煤资源的能量，其中55%用于发电，23%用于锅炉取暖，13%用于熔炉和烧窑，9%用于管道供气。我国对垃圾填埋气回收利用技术的研究起步较晚，直至20世纪90年代后期才陆续出台城市生活垃圾处理的政策和措施。目前，广州市、北京市、上海市、杭州市、济南市等地已建成填埋气处理设施，运行状况良好[14]。

垃圾填埋气的利用主要有如下几种途径：

① 直接利用或与城市煤气混合作为普通燃料供附近居民日常生活所需；

② 转化为其他能源形式利用，如用于发电，烧锅炉制造蒸汽、热水，转化为热能；

③ 分离加工后制作化工原料，如制造干冰等；

④ 净化后制汽车燃料。

根据实际情况，对填埋气进行利用。如填埋场在距离市区的路段中，如果方便架设输电线，可以将填埋气作为能源发电，如南京水阁垃圾填埋厂。如果架线不方便，填埋气可用于热水或蒸汽的制造，为宾馆、生活区、学校等提供热水和采暖等。填埋气经过净化、分离得到的CO_2、硫化氢等可以作为重要的化工原料，用于化工生产；而净化后得到的天然气通过压缩、分装到汽车，可作为汽车的绿色能源。重庆现有多座CNG（即压缩天然气）加气站，主要用于全市出租车的供气使用。

6.2.2.2 城市生活垃圾焚烧发电

焚烧是将生活垃圾进行高温热化学处理的技术，将垃圾作为固体燃料送入焚烧炉内燃烧，在助燃空气和850℃高温条件下，垃圾中的可燃成分发生燃烧的过程。焚烧时会发生剧烈的化学反应，释放热量和高温可燃性气体及少量固体灰渣。焚烧所产生的高温可燃性气体可作为能源进行回收利用，灰渣则进行其他利用或者直接填埋。焚烧技术可以使垃圾减重70%～75%，减量80%～90%，垃圾中的有毒、有害物质会被分解、破坏，产生的烟气以CO_2、水蒸气、氮气形式为主。焚烧技术可实现垃圾处理的减量化、无害化及资源化。

焚烧热的利用包括供热、发电与热电联供。供热是将焚烧产生的烟气余热转化为蒸汽、热水和热空气，向外界直接提供。这种形式热利用率高，适用于小规模垃圾焚烧设备，可满足焚烧厂自身生活和生产需要，也可向外界提供蒸汽和热水，进行供暖和制冷。

发电技术的原理则是利用焚烧产生的热量被未饱和水蒸气吸收，未饱和水蒸气吸收烟气热量转变成具有一定压力和温度的过热蒸汽，驱动汽轮发电机运行，热能转化成电能。热电联供则是将发电-区域性供热和发电-工业供热结合起来，这种方式可有效地回收焚烧厂的热量并进行二次利用。

由于垃圾焚烧炉的燃料为垃圾，物理成分包括餐厨垃圾和废弃物品类，其特征是水分高（一般为30%～60%）、热值低（一般为3000～8500kJ/kg），因此决定了焚烧炉炉箅选型并配置中温中压锅炉。焚烧炉选型时，需要考虑垃圾的水分、垃圾的热值和设备的性价比三个问题。我国垃圾一般含水分都很高，有的高达60%，焚烧炉炉箅必须具有很强的垃圾烘干功能，这就需要从炉箅的结构、烘干区面积和垃圾在烘干区的停留时间以及增强垃圾搅动强度等方面来加大焚烧炉炉箅的垃圾烘干功能，以便能燃烧高水分的垃圾。其次国内垃圾热值比较低，在生活垃圾的构成成分中，厨余、叶草占比约为60%以上，低位热值约为5000kJ/kg，焚烧炉燃烧区面积不宜过大，否则需要经常投油作为助燃剂，这样必然会加大运行成本，降低其经济效益。

垃圾焚烧炉有循环流化床炉、炉排炉，这两种也是现在焚烧垃圾发电中经常用到的设备。

① 循环流化床炉是一种比较有效的处理设备，可以将垃圾焚烧、热能转化、蒸汽发电供热等工艺集合起来。垃圾焚烧发电工作过程中，先在炉内铺一层床料，床料可以选用石英砂，或选用垃圾焚烧产生的炉渣。随后，对着布风板鼓入一定量的热空气将床料吹起来，过程中会有一些灰料从炉膛中吹出来，炉膛口有旋风分离器装置将灰料进行分离处理，处理之后的灰料被返料送回炉内，进行再次燃烧。循环流化床炉中的气体和固体发生反应十分激烈，垃圾和床料经过混合、搅拌之后，垃圾变得干燥、充分燃烧殆尽。

② 炉排炉的炉排分为三个部分，分别是干燥段、燃烧段和燃尽段，炉排沿着不同方向运动，垃圾随之运动送向下方，依次通过干燥、燃烧区域，直至烧尽。垃圾

在炉排翻动的过程中，高温一次风会持续吹向垃圾，炉内也有一定辐射存在，二者共同作用使垃圾在最短时间内变得干燥。持续干燥、持续加热，最终垃圾就会燃烧起来。干燥垃圾的高温一次风，是经过加热的抽气装置中的气体，穿过炉排达到炉膛中的。二次风可以为垃圾燃烧增加氧气，从垃圾燃烧炉上方吸取一定量的氧气，然后送至炉膛内，帮助垃圾充分燃烧。

随着科学技术的发展，垃圾焚烧工艺、设备不断完善，焚烧技术处理垃圾可从垃圾中回收大量的金属和热能。据测定，若措施得当，燃烧1吨城市生活垃圾可获得约300～400kW·h的电能。与传统填埋方式相比，生活垃圾焚烧处理方式具有改善环境、实现资源再利用、节约土地、经济效益显著和易于市场化运作等优点。截至2016年2月，我国已运行的生活垃圾焚烧厂有231座，浙江省、江苏省、福建省、广东省分别以40座、25座、19座、19座位列我国已运行垃圾焚烧厂省的前四位。在珠三角地区有代表性的广州李坑垃圾焚烧厂位于白云区太和镇永兴村，是广州市重点工程项目，由广州市政府投资7.25亿元、引进国际先进环保技术建设，厂区面积101788m^2[11]。

6.2.2.3 城市生活垃圾热解气化技术

生活垃圾热解气化技术是另一种高温处理垃圾技术，是将碳水化合物在高温缺氧条件下转化为气态混合物的过程，热解工艺主要产物有热解油和固体炭，产生的气体包含多种可燃气体，如CO、H_2、CH_4等。与焚烧相比，气化是在缺氧条件下进行的，反应中的氧气浓度水平较焚烧低，抑制二噁英的合成，气化得到的燃气量比焚烧气量大大减少，可燃气可先经过净化过程，变成相对干净的气体，大量减少后续燃烧污染物的合成，可以在发电效率高的内燃机设备内使用。

热解气化作用又可分为含氧气化和水蒸气气化。

① 含氧气化主要是指城市生活垃圾与空气、富氧气体的气化反应。含氧气化的热量来自原料自身燃烧放热，因此，氧气当量比（过量空气系数）和气化温度是比较重要的参数，可影响气化气的产量、成分及热值。空气气化得到的可燃气因含有大量氮气，热值较低；富氧气化得到的可燃气热值较高，但成本较高。产生的气化气中CO、CO_2的含量较高，CH_4、H_2的含量较低。气体的组成随气化温度的升高而有所变化。随气化温度的提高，气化气中CO、CH_4、H_2含量逐渐增加，而CO_2含量逐渐减少；随氧气流量的增加，CO含量有所增加，H_2和CH_4略有下降，而CO_2含量开始逐渐降低，后又升高。

② 水蒸气气化，城市生活垃圾水蒸气气化得到的可燃气中含有大量H_2，但需要其他设备提供热量维持气化反应的进行。水蒸气与城市生活垃圾质量之比（S/M）对气化气组分分布有重要影响，随着S/M的增加，H_2、CO_2含量增加，CO、CH_4含量急剧减小，此外气化温度的升高亦有利于增加气化组分中的H_2、CO含量。

目前国际上实现应用的垃圾热解气化技术主要是通过热解气化焚烧炉产生高温蒸汽发电，例如日本的藤泽市城市垃圾发电厂、界市垃圾焚烧发电厂、东京墨田垃圾发电厂，其采用的热解气化焚烧炉单台处理量分别为130t/d、230t/d、600t/d。

我国目前的垃圾热解气化项目多处于中试阶段，具有自主技术产权并投入运行的垃圾热解气化焚烧发电厂位于东莞厚街镇，单台处理量150t/d；深圳垃圾热解气化焚烧发电厂的3台热解气化焚烧炉为加拿大CAO技术，单台处理量为100t/d。佛山南海区的垃圾热解气化焚烧发电厂拥有两台美国Basic抛式炉排热解气化焚烧炉，单台处理量为200t/d[9]。

6.2.2.4 城市生活垃圾制备生物柴油

餐厨垃圾含有大量油脂，即通常所称的潲水油，是制备生物柴油的良好材料，不同餐厨垃圾生产生物柴油的量不同，一般每吨餐厨垃圾制取生物柴油的量在20～80kg之间，经过加工后可制成生物柴油。利用餐厨垃圾生产生物柴油价格便宜，而且具有良好的环保性，使用过程中SO_2的排放量减少约30%，而温室气体CO_2排放量可减少60%左右，对环境的影响较小。

以潲水油为原料，经适当的预处理后，再在酸或碱催化作用下进行酯化反应得到粗甲酯，然后经分离、水洗及高温蒸馏等技术手段处理，得到可替代石化柴油的生物柴油。利用餐厨垃圾生产生物柴油的方法还有超临界甲醇法和生物酶法。

(1) 超临界甲醇法

不需要使用催化剂，超临界状态的甲醇既作反应物又作催化剂，酯交换反应迅速，几分钟内即可完成，反应物油脂前处理简单，反应后没有副产物产生，处理也相对容易。超临界状态下的醇类物质的溶解度参数与油脂相近。反应过程中，甲醇和油脂互溶成一相，接触充分。所以，超临界甲醇法制备生物柴油的反应速率远快于均相催化法，产率也高于均相催化法。

(2) 生物酶法

生物酶法是加入酶作为催化剂，反应效率高，对环境友好，无污染。油脂与醇进行酯交换反应通常使用的酶催化剂为脂肪酶。脂肪酶在自然界中来源丰富，现已能从多种微生物中获取相应脂肪酶。目前商业化的脂肪酶种类繁多，主要包括Lipase A K、Lipase P S、Lipozyme RM IM、Lipase PS-30、Novozym 435等。

我国针对餐厨垃圾加工生物柴油的研究起步较早，技术相对成熟。近10年来，我国建成生物柴油加工厂2000余家，餐厨垃圾是众多生物柴油企业的生产原料之一。浙江工业大学利用水力空化、超重力精馏、多层蒸发等先进技术开发了生物柴油成套技术和装备，并在宁波杰森绿色能源技术有限公司和山东锦江生物能源科技有限公司实现了工业化生产。与杭州绿环废弃油脂回收有限公司等企业合作，建设400t/d餐厨废弃物处理装置。清华大学和苏州市洁净废植物油回收有限公司合作，采用湿热水解技术和生物处理相结合工艺，在常压条件下，利用专用的催化剂一步法生产生物柴油，使餐厨垃圾得到100%资源化利用，无二次污染[14]。

由于餐厨垃圾杂质较多，制备生物柴油时，必须采取有针对性的预处理措施和正确的工艺才能保证转化率和产品纯度不受影响。在生产中，保证酯交换反应完全，甘油等副产品彻底去除，否则会影响发动机的正常工作等问题。

6.2.2.5 生活垃圾厌氧发酵产沼气技术

随着城市生活垃圾中有机物含量的不断增加，近年来垃圾厌氧发酵产沼气技术在国内外得到重视。厌氧发酵主要用于处理不适宜燃烧的易腐性有机质，如餐厨垃圾、蔬菜市场垃圾、城市废水污泥等。厌氧发酵技术是在无氧环境下，厌氧微生物通过新陈代谢过程，将有机质自然降解成甲烷、二氧化碳及发酵残余物过程，从而达到消除污染、净化环境的目的。厌氧发酵产生的气体称为沼气，主要成分为甲烷。厌氧发酵可使大部分有机质转变为沼气，同时能杀灭垃圾中的寄生虫卵和病原微生物，发酵后产生的残液残渣可作为植物高营养有机肥。

餐厨垃圾与城市污泥混合厌氧发酵是处理餐厨垃圾的可行模式，它不仅利用了餐厨垃圾中丰富的碳水化合物作为厌氧微生物的养分来源，同时也利用了污泥作为厌氧发酵的菌种来源，除此之外，联合厌氧发酵的运行成本也要明显低于分别处理餐厨垃圾、城市污泥时的费用。

厌氧发酵产沼气的潜力主要取决于垃圾中有机物的含量及合适的 C∶N∶P 比例。一般条件下，对于含有机物较多的餐厨垃圾，在 20%左右固体含量情况下，高温发酵后，每吨有机物经厌氧发酵可生产腐殖质约 400kg，甲烷的产出率约为 100～150m^3/t 有机垃圾，产生的气体中甲烷含量在 50%～70%[15]。

产出的甲烷经沼气净化系统除杂后，可进行热电联产利用，剩余的发酵残余物稳定化后，可作为高品质的有机肥料或饲料，进行再利用。厌氧发酵的先期投资较大，投入运行后，能量平衡较好，经济效益较其他处理方法好，一个年处理 1.5 万吨垃圾的处理厂，能净产能量 240×10^4kW・h/a。

6.2.2.6　生活垃圾堆肥工艺

我国的生活垃圾主要以热值低的餐厨垃圾为主，这部分垃圾进行焚烧发电技术还不成熟，填埋处理浪费资源，且我国仍有 70%的中低产农田有待培肥改善，农业的可持续性发展需要含较高有机质的肥料。我国城市生活垃圾中有机物的含量一般为 40%，这些垃圾的堆肥化处理可应用于农田的肥化与再生。

堆肥是常见的餐厨垃圾资源化处理方式，其原理是：在可控条件下，利用自然界广泛分布的细菌、放线菌、真菌等微生物的降解作用，对有机垃圾中可被降解的有机物进行分解转化生成水、土壤腐殖质。堆肥处理可使废弃物减量 40%以上，同时为土壤提供大量生物有机质及氮、磷、钾等元素，部分实现资源循环利用。根据微生物的生长环境，堆肥处理可分为好氧堆肥和厌氧堆肥。好氧堆肥是指在有氧状态下好氧微生物对废弃物中的有机物进行分解转化过程，产物主要是 CO_2、H_2O、热量和腐殖质。通常所说的堆肥化一般是指好氧堆肥。

堆肥处理场主要利用餐厨垃圾、庭院废物、污水污染和粪便作为堆肥原料，由于这些废弃物中有机物含量高，如淀粉、纤维素、蛋白质和脂肪等，无机杂质含量低，常以 NaCl 为主，低分子水溶性物质多，C/N 值较低，同时含有多种钙、镁、钾、铁等营养元素，易被微生物利用。经过高温堆肥生物发酵处理后，有机废物转化为稳定性高的腐殖质，实现无害化和资源化。一方面，高温可有效杀死病原微生物及各种蠕虫卵，同时在腐殖化过程中，挥发性成分减少而臭味减少，重金属有效态含量也会降低。污泥堆肥可应用于园林绿地施肥，促进树木、花卉、草坪生长，改善土壤理化性状，同时对环境影响很小。

城市生活垃圾生物工程堆肥处理过程中，其要点是菌群的配制。当前较为有效的堆肥微生物是从日本引进的EM菌、酵素菌等，美国的B系列菌株（以芽孢杆菌为主），还有我国台湾省的PSB菌、澳大利亚的奥尔尼克生物菌种等。这些微生物菌株的选择，取决于垃圾中有机物成分组成[16]。垃圾中可降解的有机物一般主要包括纤维素、脂肪、蛋白质三大类，降解这些有机物常用的菌株有真菌、细菌、放线菌等，根据有机物组成比例不同，处理的菌群也会适当调整，关键目的在于每一种有机物都由降解能力最强、活性最大的微生物来作用。同时，亦会适时、适量地加入一些互不干扰的增肥菌群，如固氮菌、解磷菌、解钾菌等。

EM菌是由好氧菌和厌氧菌组成的混合菌群，其中好氧菌中含有光合菌群、酵母菌群和革兰氏阳性放线菌，厌氧菌中则有乳酸菌、丝状真菌等，这些菌群中起核心作用的是光合细菌。

EM菌液的培养，以米糠或麦麸为产酶诱导物，加入少量红糖水，混匀后装入干净密闭容器，经过4～10d厌氧发酵，此时会有酸甜的浓郁酒曲麦香，这样的菌群可用于垃圾前期发酵和后期处理。酵素菌是由固氮菌、解磷解钾菌、硝化细菌、光合细菌、枯草芽孢杆菌、酵母菌、乳酸菌、放线菌、霉菌、真菌等组成的混合菌群。它经过扩增繁殖、复壮复合后可制成一种快速腐熟剂。酵素菌与EM菌剂及光合细菌结合使用，对垃圾堆肥化处理的效果更佳。

6.2.3 潜力分析

6.2.3.1 利用原则

城市生活垃圾的成分范围大致为：厨余等易腐有机物50%左右，易燃有机物（塑料、废纸、纤维等）20%～40%，无机物（玻璃、金属、沙土等）20%以下，含水率通常在50%左右，平均热值4500kJ/kg以上。生活垃圾中可降解有机物部分约占50%，按35%的总固体（TS）含量和350m^3/t的产气量计算，沼气中甲烷含量按65%计算[13]。

城市生活垃圾中可降解有机物，按以下公式计算：

$$P_{gas}=P_{mw}\times R_{de}\times C_{TS}\times T_{g/mw} \tag{6-1}$$

式中　P_{gas}——沼气产量，万吨；

P_{mw}——城市生活垃圾产量，万吨；

R_{de}——可降解有机物比例；

C_{TS}——TS含量；

$T_{g/mw}$——产气率。

餐厨垃圾地沟油产量，按以下公式计算：

$$P_{d}=P_{mw}\times R_{fw}\times F_{oil/fw} \tag{6-2}$$

式中　P_d——地沟油产量，万吨；

P_{mw}——城市生活垃圾产量，万吨；

R_{fw}——厨余垃圾比例；

$F_{oil/fw}$——地沟油折算系数。

6.2.3.2　潜力分析

城市生活垃圾中的餐厨垃圾作为厌氧发酵产沼气的主要原料，2006～2015 年全国生活垃圾产沼气潜力见图 6-4。2015 年的生活垃圾可转化为沼气 117 亿立方米。

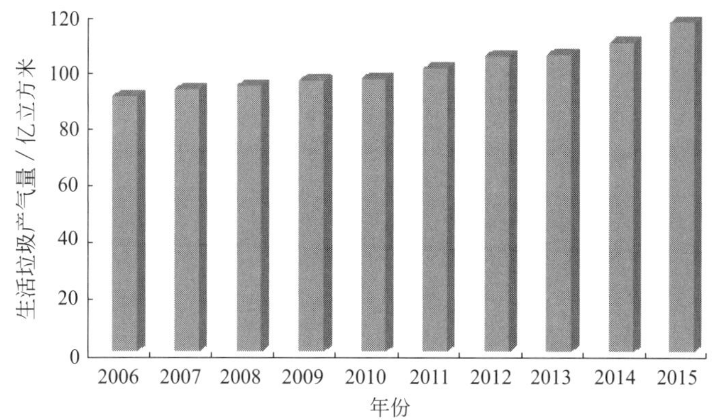

图 6-4　2006～2015 年全国生活垃圾产沼气潜力

城市生活垃圾可以通过焚烧发电，1 吨城市生活垃圾焚烧发电 356 千瓦时。图 6-5 显示 2006～2015 年全国生活垃圾焚烧发电潜力。2015 年的生活垃圾焚烧发电量可达 680 亿千瓦时。

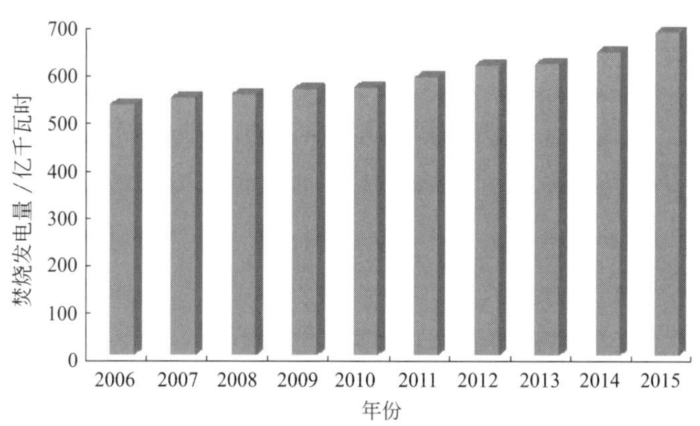

图 6-5　2006～2015 年全国生活垃圾焚烧发电潜力

餐厨垃圾中的地沟油的组成约为 15%，可转化成生物柴油。图 6-6 显示为 2006～2015 年地沟油产生物柴油潜力。粗略估计，2015 年的地沟油产生物柴油量为 1400 万吨。

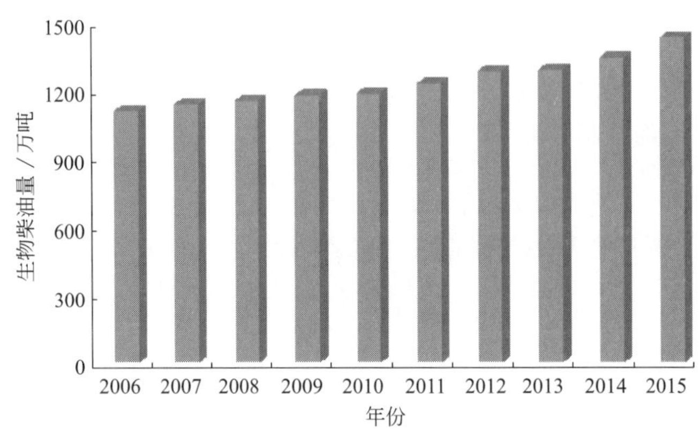

图 6-6　2006～2015 年地沟油产生物柴油潜力

6.3 工业有机废水

工业废水是在工业企业生产区一切生产生活废弃水的总称。工业有机废水为工业废水的一种，其成分复杂，以有机物质为主。生活污水、食品加工、饮料等工业废水含有的有机物主要成分为碳水化合物、蛋白质和油脂等。其他工业有机废水所含有机物种类繁多，主要有酚类、有机酸碱类、表面活性剂、有机农药和取代苯类化合物等。

废水中有机物含量指标通常用生化需氧量（BOD）、化学需氧量（COD）、总需氧量（TOD）和总有机碳（TOC）表示。生化需氧量是指在有氧条件下由微生物降解有机物所消耗的氧量，通常用 5 日生化需氧量（BOD_5）表示。化学需氧量是指在酸性条件下用强氧化剂把有机物氧化为 CO_2 和 H_2O 所消耗的氧量，以重铬酸钾为氧化剂测得的化学需氧量标记为 COD_{Cr}。总需氧量是指在高温燃烧下将有机物中的 C、H、N 和 S 等主要元素分别氧化为 CO_2、H_2O、NO_2 和 SO_2 等稳定氧化物所消耗的氧量。总有机碳是指在高温燃烧下通入含氧量已知的氧气将有机物中的 C 氧化成 CO_2，通过 CO_2 生成量折算出的 C 含量。工业有机废水因其丰富的有机物含量，可用作生物柴油、生物燃气等生物燃料的生产原料。

6.3.1 资源量

工业有机废水丰富的有机物含量，可以用来制取沼气，以获取能源。工业有机废水的种类很多，根据其中有机物含量不同，一般把 COD 浓度大于 5000mg/L 的有机废水称为高浓度有机废水，如酒精废水、啤酒废水、制糖废水等。把 COD 浓度小于 5000mg/L 的有机废水称为低浓度有机废水，如造纸废水、制革废水、肉类加工废水等。

据《中国统计年鉴2016》显示，2015年我国工业用水总量为1334.8亿吨。工业废水排放总量为199.5亿吨，占废水排放总量的27.1%；工业废水COD排放总量为293.5万吨，占废水COD总排放量的13.2%；工业废水氨氮排放总量21.7万吨，占废水氨氮总排放量的9.4%。2014年我国工业分行业的废水、废水COD和废水氨氮排放量见表6-4。

表6-4　2014年我国工业分行业的废水、废水COD和废水氨氮排放量

行业	废水排放量/万吨	废水COD排放量/吨	废水氨氮排放量/吨
煤炭开采和洗选业	144826	115424	4150
石油和天然气开采业	6146	9824	544
黑色金属矿采选业	19712	11751	332
有色金属矿采选业	47971	42086	2037
非金属矿采选业	6253	6627	368
开采辅助活动	254	356	40
其他采矿业	225	80	2
农副食品加工业	139166	440584	18774
食品制造业	57109	109090	8495
酒、饮料和精制茶制造业	68899	187102	8323
烟草制品业	2177	2207	155
纺织业	196145	239410	16878
纺织服装、服饰业	17777	18894	1527
皮革、毛皮、羽毛及其制品和制鞋业	22628	48556	3704
木材加工及木、竹、藤、棕、草制品业	5343	15258	430
家具制造业	888	780	73
造纸及纸制品业	275501	478190	16319
印刷和记录媒介复制业	1578	2051	160
文教、工美、体育和娱乐用品制造业	1991	1841	133
石油加工、炼焦和核燃料加工业	84019	90328	15850
化学原料和化学制品制造业	263665	335976	66535
医药制造业	55700	96013	7449
化学纤维制造业	39846	139272	3432
橡胶和塑料制品业	12324	15089	1075
非金属矿物制品业	28333	36299	1894

续表

行业	废水排放量/万吨	废水 COD 排放量/吨	废水氨氮排放量/吨
黑色金属冶炼及压延加工业	85751	74470	5587
有色金属冶炼及压延加工业	30986	28960	12088
金属制品业	33385	33659	2677
通用设备制造业	10336	10977	657
专用设备制造业	7949	7765	608
汽车制造业	17853	18265	1380
铁路、船舶、航空航天和其他运输设备制造业	11493	15630	914
电气机械和器材制造业	10020	8470	703
计算机、通信和其他电子设备制造业	52013	37245	3190
仪器仪表制造业	2434	2267	139
其他制造业	7092	9212	520
废弃资源综合利用业	2077	2422	191
金属制品、机械和设备修理业	1357	1388	88
电力、热力生产和供应业	95868	33696	2374
燃气生产和供应业	559	3410	244
水的生产和供应业	30	33	0
其他行业	1942	14862	432
合计	1869621	2745819	210471

从表 6-4 中可以看出，造纸及纸制品业、化学原料和化学制品制造业、纺织业、煤炭开采和洗选业、农副食品加工业的废水排放量达到 13 亿吨以上，在工业各行业位列前五，而废水 COD 排放量达到 10 万吨以上的行业由高到低依次为造纸及纸制品业，农副食品加工业，化学原料和化学制品制造业，纺织业，酒、饮料和精制茶制造业，化学纤维制造业，煤炭开采和洗选业，食品制造业。

6.3.2 利用现状

工业有机废水来源广，成分复杂，行业不同，所产生废水的有机物成分、浓度及种类等均有所不同。通常将工业有机废水分为有毒类和耗氧类两类。有毒类包括石油化工废水、造纸废水、农药废水、纺织印染废水、合成染料废水等；耗氧类包括食品加工废水、酿酒废水、味精生产废水等，其 BOD 值较高，比较容易进行生物氧化。在实际生产中，为降低工业有机废水处理成本，通常将废水处理和资源化技术结合。工业有机废水来源不同，其清洁化处理和资源化利用方式也不相同。

6.3.2.1　味精行业

味精生产废水主要有 3 种，分别为降温废水、稀污水和浓污水[17]。降温废水经过简单处理和降温后可以回用，稀污水经过生化处理可达到排放标准，浓污水又称为发酵母液或离交尾液，含有大量的有机物，包括菌体蛋白（20%～35%）、残糖（约 1%）、氨基酸（1%～1.5%谷氨酸及约 1%其他氨基酸）、有机酸和 0.05%～0.1%的核苷酸类降解产物等，COD 达到 30000～70000mg/L，pH 值为 1.8～3.2，氨氮含量为 500～7000mg/L，SO_4^{2-} 或 Cl^- 为 8000～9000mg/L。味精生产废水处理投资大、治理费用高，不利于味精行业的健康发展。目前，已发展出多种味精生产废水资源化途径，如提取谷氨酸、菌体蛋白作为饲料添加剂，生产肥料和作为培养基发酵生产油脂、沼气、多糖、农药、饲料蛋白、生物絮凝剂等，其中提取谷氨酸、菌体蛋白和生产肥料已在工业生产中得到应用。

6.3.2.2　柠檬酸行业

柠檬酸生产主要以薯干、玉米等为原料，经发酵、精制等工序制得，其生产废水中的有机污染物主要为糖类、有机酸和部分残留柠檬酸等。行业统计数据表明，每生产 1 吨柠檬酸可产生 10～15m^3 废水，其 COD 浓度达到 10000～40000mg/L。目前，对柠檬酸工业废水的资源化利用主要有以下两个方面：

① 采用厌氧-好氧的方法处理柠檬酸废水，一方面可以生产沼气，另一方面获得的污泥可用作肥料；

② 利用柠檬酸废水培养光合细菌，不仅可以降低废水 COD，还可获得菌体用作饲料添加剂[18]。

6.3.2.3　赖氨酸行业

我国每年产生含大量硫酸盐的高浓度赖氨酸生产废水约 400 万吨，主要含有悬浮蛋白质和高浓度的 $(NH_4)_2SO_4$，COD 可达 40000mg/L。工业上通常采用厌氧联合好氧法处理赖氨酸生产废水后排放，有的企业在厌氧-好氧工艺处理过程中接种酵母菌，在处理废水的同时获取酵母菌以制作饲料。

6.3.2.4　食品行业

食品行业废水主要有水果蔬菜罐头厂生产废水、淀粉加工废水、制糖废水、酿酒废水、乳制品加工废水等。

（1）罐头生产废水

由于生产工序的不同，罐头生产各工序排放的废水量及其有机物含量差别较大。以柑橘罐头生产为例[19]，其生产过程中排放的废水包括以下几种：

① 清洗热烫废水，仅占废水总量的 2%左右，果胶和 COD 浓度均不高；

② 浸泡废水，约占废水总量的 8%，果胶和 COD 浓度比清洗热烫废水略高；

③ 传输废水，约占废水总量的 20%，COD 浓度介于以上两种废水之间；

④ 酸碱处理废水，约占废水总量的20%，果胶浓度达到3000mg/L左右，COD浓度为1500～3000mg/L；

⑤ 分级废水，约占废水总量的20%，COD浓度约为500mg/L；

⑥ 检验废水，约为废水总量的10%，COD浓度与浸泡废水相当；

⑦ 消毒和空罐清洗废水，约占废水总量的5%，COD浓度为100mg/L左右；

⑧ 糖罐清洗用水，约占废水总量的5%，但COD含量很高。

因此针对不同工序产生的废水，其清洁化处理和资源化利用方式也不相同。对于有机质含量不高的废水，采用比较简单的处理方式就能达到排放标准或者回收利用；对于有机质含量较高的废水，除了较为复杂的清洁化处理外，提取果胶和培养螺旋藻制备高附加值产品是罐头生产废水资源化利用的新途径。

（2）淀粉加工废水

淀粉加工原料有玉米、小麦、木薯、甘薯、马铃薯等，其加工过程会产生大量的高浓度有机废水，废水产生量及其有机物含量会随着原料的不同而有差异。以玉米为原料生产淀粉时，其产生的废水中含有大量的淀粉、糖类等，COD浓度能达到40000～50000mg/L，固体悬浮物浓度能达到8000～10000mg/L；而以甘薯为原料生产淀粉，其产生的废水主要含有水溶性多糖、蛋白质等有机物，COD浓度为7000～9000mg/L。因原料不同，淀粉加工废水的资源化利用方式也不相同。通常淀粉加工废水被用于产沼气和氢气[20]，马铃薯淀粉加工废水被用于灌溉农田或回收蛋白，甘薯淀粉加工废水可回收多糖，小麦淀粉加工废水可提取阿拉伯木聚糖，近年来也有研究把淀粉加工废水用于生产微生物油脂等。

（3）制糖废水

制糖废水产生量及其污染物含量一般随着生产工艺管理水平的不同而不同。通常来自糖压榨和澄清等工艺的废水COD浓度为2000mg/L左右，多含糖类和固体悬浮物。制糖废水已被用于灌溉农田、生产沼气和氢气等。

（4）酿酒废水

酿酒废水主要来源于酿酒发酵液蒸馏和清洗阶段，有机物浓度高、悬浮颗粒多，BOD/COD比值大，氮、磷含量为30～100mg/L。通常酿酒废水先经过物理法和化学法去除悬浮物、胶状物后，再选择生物法进行后续处理。好氧生物处理是在好氧微生物的作用下将废水中的有机物转化为无机小分子化合物，如CO_2、NH_3和水等，使得废水达到排放标准或者回收利用。厌氧生物处理是在厌氧微生物的作用下将废水中的有机物转化为沼气，其中含有55%～75%（体积分数）甲烷、25%～40%CO_2和少量的硫化氢气体，甲烷可作为燃料提供热、电能源。

（5）乳制品加工废水

乳制品包括液态奶、奶粉、奶酪、免疫奶等，在加工过程中，以生产液态奶产生的废水量居多。乳制品加工废水通常呈乳黄色，COD浓度达800～25000mg/L，BOD_5浓度为600～1500mg/L，可生化性较好，其中含有蛋白质、乳糖、乳脂肪、洗涤剂等成分。根据乳制品生产工艺的不同，其废水来源也不尽相同，一般情况下，1/2以上的废水来自生产过程中可循环利用的冷凝水和冷却水，其他则来自加工容器、管道、地面清洗和员工生活污水。由于乳制品加工废水可生化性好，通常较多采用生物技术处理。有研究采用低压纳滤膜法将乳制品加工废水过滤后回收利用，还有研究采用超滤和纳滤技术回收乳制品加工废水中的蛋白质和乳糖。

6.3.2.5　造纸行业

每生产1t纸浆会产生60～100m^{3}废水，主要有黑液、中段废水和纸机白水三类。黑液是制浆和漂洗过程中产生的洗涤废水，占造纸废水总量的90%。中段废水是纸浆洗涤、筛选和漂白过程中产生的废水。纸机白水是在抄纸车间生产过程中产生的废水。通常情况下，造纸废水中含有树皮颗粒、可溶木质材料、松脂酸、脂肪酸、溶解的木质素、碳水化合物、氯酚和卤代烃等，其化学组成特性与原料、产品和生产工艺等有着重要关系。例如非脱墨工艺产生的废水COD_{Cr}浓度为800～1500mg/L、BOD_5浓度为150～350mg/L，脱墨工艺废水的COD_{Cr}浓度约为200mg/L、BOD_5浓度为300～900mg/L。采用物理化学法处理造纸废水为过去20年常用的方法，包括沉降气浮、絮凝沉淀、过滤、反渗透、吸附、湿氧化、臭氧氧化及其他先进的氧化方法[21]。与物理化学法相比，采用生物法处理造纸废水不仅成本低、环保，且适合降低废水BOD和COD，包括真菌处理、好氧处理和厌氧消化。近年来，采用物理化学法结合生物法处理造纸废水日益受到重视，处理后的废水可达到国家二级标准。在生物法处理阶段，根据接种微生物种类的不同，可收获真菌菌体蛋白、微藻蛋白及活性物、沼气、生物塑料等高附加值产品。废水处理后的沉淀污泥通常被焚烧或外运堆肥。另外，以食品加工废水、造纸废水等作为微生物燃料电池的基质不仅可以产生电能，还能降低废水COD和BOD，成为近年来人们研究的热点。

6.3.2.6　化工行业

化工行业废水中的有机物以酚、石油类、有机磷等为主要种类，包括含酚废水、丙烯腈生产废水、石油裂解生产废水、合成橡胶与酚醛树脂生产废水、纤维板生产废水、有机磷制剂生产废水和有机氮生产废水等。

(1) 含酚废水

含酚废水来源于焦化厂、化工厂、炸药厂、树脂厂、炼油厂、铸造厂、聚丙烯厂、橡胶回收厂、纺织厂和玻璃纤维厂等。根据废水中酚浓度的含量可分为高浓度含酚废水（>500mg/L）、中浓度含酚废水（5～500mg/L）和低浓度含酚废水（<5mg/L）。对于高浓度含酚废水，通常采取溶剂萃取回收酚或者利用活性炭吸附、液膜分离技术将酚浓度降低后达到排放标准。对于中浓度含酚废水，通常采用生物法处理，利用微生物的代谢活动将酚转化为CO_2和H_2O，从而降低酚浓度；还可采用化学氧化法脱除酚。对于低浓度含酚废水，通常采用化学法或物化法处理。处理后的含酚废水常被用作工业冷却水或直接排放。

(2) 丙烯腈生产废水

常用碱性水解、燃烧和湿式氧化处理，其中燃烧处理为国外企业较多采用的方法。

(3) 石油裂解生产废水

石油裂解生产中的废水包括含有油和焦油的急冷水、蒸汽锅炉排污水、压缩机的含油冷却水、干燥器排水、废碱液和绿油等，其中有机物含量较高的为急冷水、废碱液和裂解冷凝水。急冷水主要有害成分为油类、芳烃和低分子烯烃聚合物等，其中油含量约为2400～6500mg/L。每生产1t乙烯排放的废碱液COD浓度为100～500mg/L，还含有2.5%氢氧化钠、1%硫化钠和6.6mg/L酚。裂解冷凝水含有酚类和一些溶解性烃，BOD较高。急冷水通常经萃取获得石油后，再经进一步处理直接排放。废碱液常用汽提、氧化和碱法再生后获得的水回收用作冷却水。裂解冷凝水通常经汽提脱除部分酚后，与新鲜进料直接接触脱除大部分酚，不含酚的冷凝水进一步脱除残留的挥发烃后作为锅炉补给水。

(4) 合成橡胶与酚醛树脂生产废水

合成橡胶生产废水BOD高，臭味大，通常采用曝气、加氯氧化及生物等方法处理达标后排放。酚醛树脂生产中产生的缩合水有93%可循环利用。

(5) 纤维板生产废水

该废水通常实行全封闭处理并循环使用。

(6) 有机磷制剂生产废水

有机磷化合物主要包括磷酸酯、磷酸铵、亚磷酸酯、焦磷酸酯和次磷酸酯等，有机磷废水主要产生于农药生产过程，可分为含高浓度酚有机磷废水（几千到几万毫克/升）和含低浓度酚有机磷废水，通过酚的回收或脱除以及有机磷的脱除处理后，废水直接排放。

(7) 有机氮生产废水

有机氮主要以蛋白质形式存在，包括含氨基和不含氨基的化合物。有机氮生产废水根据氨氮浓度可以分为高浓度含氨氮废水、中浓度含氨氮废水和低浓度含氨氮废水。通常采用离子交换、反渗透、电渗析、氨吹脱、焚烧、催化裂解、电化学处理和生物硝化等方法脱除氨氮后再经进一步处理达到排放标准。对于有害物质含量较少的有机氮生产废水，通常被用于土壤灌溉和养殖藻类等。

6.3.2.7 制革行业

制革废水主要来自湿操作准备工段和鞣制工段，包括脱脂废水、浸灰脱毛废水、铬鞣废水、加脂染色废水和洗涤废水等，其中前三种废水约占废水总量的50%，含有废水总污染物中80% COD、75% BOD、70%固体悬浮物、93%硫化物、50%氯化钠和95%铬化合物[22]。制革废水具有水质水量波动大、污染负荷重、可生化性好、悬浮物浓度高、含无机有毒化合物的特点，其处理工艺可分为一级和二级处理，必要时进行更深层次的处理。一级处理可回收S^{2-}、铬和油脂，此时废水COD浓度为200～4000mg/L、BOD浓度为1200～2000mg/L、固体悬浮物浓度为200～3000mg/L、S^{2-}含量为30～80mg/L，二级处理通常采用物化和生化处理相结合的方法，基本能使废水达到排放标准或回收利用。

6.3.2.8 农药行业

我国每年大约排放 3 亿立方米农药废水，总化学需氧量超过 10 万吨。农药废水按其化学性质可分为苯类、苯胺类、烃类、酚类、石油类以及含有机磷、氨氮、重金属的废水，其有机物浓度高、难降解物质较多、毒性大、成分较复杂，且无机盐浓度较高。通常采用萃取、吸附、离子交换和膜分离等物理方法回收农药废水中的主要有机物后，再经氧化、水解、焚烧、混凝、电解、超声降解、光催化氧化等化学法和好氧、厌氧等生物法进一步处理达到排放标准[23]。

6.3.2.9 油脂行业

油脂废水含有脂和各种油类，最主要来源为石油工业、金属工业和食品加工业。石油工业和金属工业通常采取废油回收的方式处理含油废水。食品加工业的含油废水成分复杂，pH 值不稳定，除含有高浓度油脂外，还含有磷脂、皂等有机物和酸、碱、盐、固体悬浮物，其 COD_{Cr} 和 BOD_5 都较高，可生化性好，一般通过预处理隔油、破乳结合絮凝、气浮等方法去除悬浮物和大部分油，再经生化处理法去除剩余的有机物，通常可以达到排放要求和回收利用。生化处理之前分离获得的油脂可作为生物柴油生产原料。

6.3.2.10 染料行业

染料行业废水主要来自各种产品及其中间体结晶的母液、生产过程中流失的物料和各种冲洗废水，有氯化或溴化废水、含有微酸微碱的有机废水、有色含盐的有机废水、含金属离子的有色废水和含硫的有机废水。染料、颜料生产中的高浓度有机废水，COD 浓度高达数十万毫克/升，有机磷达数百到数千毫克/升，废水量大，成分复杂，毒性大，色度深，有机物和无机盐含量很高，且含有对微生物有抑制作用的中间体，通常先采用吸附法、膜分离技术、超声气振法、高能物理法、萃取法等物理法初步处理后，再经絮凝沉淀法、化学氧化法、电化学法、光化学氧化法等化学法和真菌、细菌脱色等生物法处理后排放或回收利用。

6.3.2.11 纺织染整行业

纺织染整废水是纤维织物在染色、印花、整理过程中产生的废水，其中含有的有机物主要分为天然有机物和人工合成有机物。天然有机物主要来自纤维本身，人工合成有机物主要为染料和各种化学助剂。印染废水水质成分十分复杂，色度深，COD_{Cr} 浓度可达数千甚至上万毫克/升，其中有相当数量属于难生物降解的物质，BOD_5 与 COD_{Cr} 比值低，可生化性差。目前由于技术的发展，该类废水经过物理、化学和生物处理后再采用光化学或电化学等深度处理工艺，实现回收利用[24]。

6.3.3 潜力分析

据《中国统计年鉴 2016》《全国环境统计公报 2015》等资料显示，全国工业用水总量由2005年的1285.2亿吨上升到2011年的1461.8亿吨，随后下降到2015年的1334.8亿吨，工业废水排放总量由2005年的243.1亿吨逐渐下降至2015年的199.5亿吨，COD排放总量由2005年的554.7万吨逐渐减少到2015年的293.5万吨，氨氮排放总量也由2005年的52.5万吨减少到2015年的21.7万吨，2005～2015年间工业用水总量、废水排放总量、COD及氨氮排放总量见图6-7。

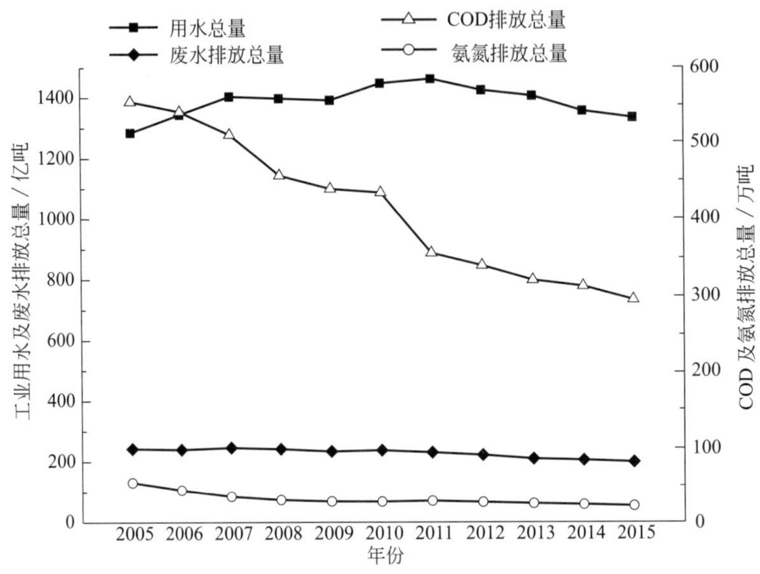

图6-7　2005～2015年间工业用水总量、废水排放总量、COD及氨氮排放总量

基于2005～2015十年间的数据、工业科技的进步以及国家对环境保护的重视，可以估计在今后10年内，工业用水总量基本维持在1300亿吨左右，工业废水排放总量依然呈现逐年下降的趋势，以平均每年减少4.4亿吨排放量计算，到2025年工业废水排放量为155.5亿吨，以COD排放量为废水排放量的0.015%计算，工业废水COD排放量为233.3万吨。按照每吨COD可转化为500立方米沼气计算，将会有11.7亿立方米的沼气生产潜力。

表6-5　不同行业废弃物产量换算系数/COD产污系数、废液及废渣产气率和标煤折算参数

<table>
<tr><th>行业</th><th>废弃物</th><th>COD产污系数</th><th>废液产气率</th><th>废渣产气率</th><th>折标煤</th></tr>
<tr><td>酒精</td><td>13～16吨酒精糟/吨酒精</td><td>1632230克/千升产品</td><td>500立方米/吨COD</td><td>产量少，可忽略</td><td rowspan="4">0.7kg标煤/立方米沼气</td></tr>
<tr><td>白酒</td><td rowspan="2">1吨废渣(绝干)/吨酒精</td><td>390500克/千升产品</td><td rowspan="2">400立方米/吨COD</td><td rowspan="2">20立方米/立方米废渣</td></tr>
<tr><td>啤酒</td><td>6000克/千升产品</td></tr>
<tr><td>饮料</td><td></td><td>70992克/吨产品</td><td>500立方米/吨COD</td><td>统计在废液中</td></tr>
<tr><td>食用植物油</td><td>油脂废渣约占精炼油质量的20%</td><td>513.1克/吨原料</td><td>500立方米/吨COD</td><td></td><td>1.3kg标煤/kg生物柴油</td></tr>
</table>

续表

<table>
<tr><th>行业</th><th>废弃物</th><th>COD 产污系数</th><th>废液产气率</th><th>废渣产气率</th><th>折标煤</th></tr>
<tr><td>制糖</td><td>1.0 吨/吨产品</td><td>30198 克/吨产品</td><td>500 立方米/吨 COD</td><td>1 立方米
/立方米废渣</td><td rowspan="12">0.7kg 标煤
/立方米
沼气</td></tr>
<tr><td>乳制品</td><td></td><td>8656 克/吨产品</td><td>600 立方米/吨 COD</td><td>产量少，可忽略</td></tr>
<tr><td>罐头</td><td>400 千克/吨产品</td><td>43400 克/吨产品</td><td>265 立方米/吨 COD</td><td>500 立方米/吨 VS</td></tr>
<tr><td>酱油</td><td>0.26 吨/吨产品</td><td>796 克/吨产品</td><td>470 立方米/吨 COD</td><td>530 立方米/吨 VS</td></tr>
<tr><td>中密度或高
密度纤维板</td><td>27 吨/立方米产品</td><td>10620 克/立方米产品</td><td rowspan="3">93 立方米/吨 COD</td><td rowspan="3">60 立方米/吨 VS</td></tr>
<tr><td>刨花板</td><td></td><td>68.75 克/立方米产品</td></tr>
<tr><td>胶合板</td><td></td><td>3 克/立方米产品</td></tr>
<tr><td>纸浆</td><td>0.06 吨污泥/吨产品</td><td>45000 克/吨产品</td><td>430 立方米/吨 COD</td><td></td></tr>
<tr><td>机制纸及
纸板</td><td>0.12 吨污泥/吨产品</td><td>20000 克/吨产品</td><td>430 立方米/吨 COD</td><td></td></tr>
<tr><td>化学原料药</td><td></td><td>1485000 克/吨产品</td><td>300 立方米/吨 COD</td><td></td></tr>
<tr><td>中成药</td><td>3.4 吨药渣/吨产品</td><td>345000 克/吨产品</td><td></td><td>238 立方米/吨 VS</td></tr>
<tr><td>市政污水
污泥</td><td>7～10 吨污泥
/万吨污水</td><td>8 吨/万吨污水</td><td>225 立方米/吨 VS</td><td></td></tr>
</table>

注：1. 数据参考《第一次全国污染源普查工业污染源产排污系数手册》第二、三、四、六分册。

2. 空格表示没有获得相关数据，VS 为挥发性固体总量。

不同工业行业产生的有机废水成分及 COD 均有所不同，表 6-5 给出了不同行业废弃物产量换算系数/COD 产污系数、废液及废渣产气率和标煤折算参数，根据这些参数结合式(6-3) 和式(6-4) 即可估算出相应行业的有机废水的能源转化潜力。

工业行业废弃物可转换成沼气按式(6-3) 计算：

$$P_{gas}=T_{COD}\times P_{i}\times T_{g/l}+P_{w}\times T_{g/s} \tag{6-3}$$

式中 P_{gas}——沼气产量，万吨；

T_{COD}——COD 产污系数；

P_{i}——各工业产品产量，万吨；

$T_{g/l}$——废液产气率；

P_{w}——废渣产量，万吨；

$T_{g/s}$——废渣产气率。

可转换成生物柴油按式(6-4) 计算：

$$P_{BDF}=P_{w}\times R_{oil}\times T_{oil} \tag{6-4}$$

式中 P_{BDF}——生物柴油产量，万吨；

P_{w}——油脂废渣，万吨；

R_{oil}——中性油比例；

T_{oil}——转化率。

6.4 市政污泥

市政污泥是指污水处理过程中产生的絮状体，含有大量的水分、丰富的有机物及氮磷钾等营养物质，具有较高的热值，可作为一种优质的“二次资源”，同时市政污泥也富集了大量的重金属离子及少量病原微生物、寄生虫卵等有害固体物质，若不加处理任意排放，将成为二次污染源，造成严重的生态风险。

6.4.1 资源量

6.4.1.1 资源种类

污泥的种类很多，按来源分主要有生活污水污泥、工业废水污泥及给水污泥三类。

按分离过程分，可分为沉淀污泥（如初沉污泥、混凝沉淀污泥、化学沉淀污泥等）和生活污泥（如腐殖污泥、剩余活性污泥、生物膜法污泥等）。城市污水处理厂污泥主要是沉淀污泥和生活污泥的混合污泥。

按污泥的成分和某些性质可分为：有机污泥和无机污泥；亲水性污泥和疏水性污泥。

按污泥在不同的处理阶段又可分为：生活泥、浓缩污泥、消化污泥（亦称熟污泥）、脱水污泥、干化污泥等。

生活污水处理产生的混合污泥和工业废水产生的生物处理污泥是典型的有机污泥，其特性是有机物含量高（6.0%～8.0%）、颗粒细（0.02～0.2mm）、密度小（1.002～1.006g/cm^3），呈胶体结构，系亲水性污泥。

6.4.1.2 污泥的组成和性质

污泥是污水处理的产物，成分很复杂，包括混入生活污水或工业废水中的泥沙、纤维、动植物残体等固体颗粒及其凝结的絮状物，由多种微生物形成的菌胶团及其吸附的有机物、重金属元素和盐类，少量的病原微生物、寄生虫卵等综合固体物质。

图 6-8 给出污泥的主要组成部分[25]。

污泥的相态特征首先是固液混合，即污泥是固体和液体的混合物，且所含的固体和液体依然保持各自的相态特征。其次，污泥的固液组成比有一定的稳定性，在无外加作用力的条件下，其固液比例能保持相对的稳定。污泥的主要特性是含水率高（可达 99%以上），有机物含量高，容易腐化发酵，并且颗粒较细，密度较小，呈胶状液态。污泥中含有植物生长所需的氮、磷、钾等营养元素，维持植物正常生长

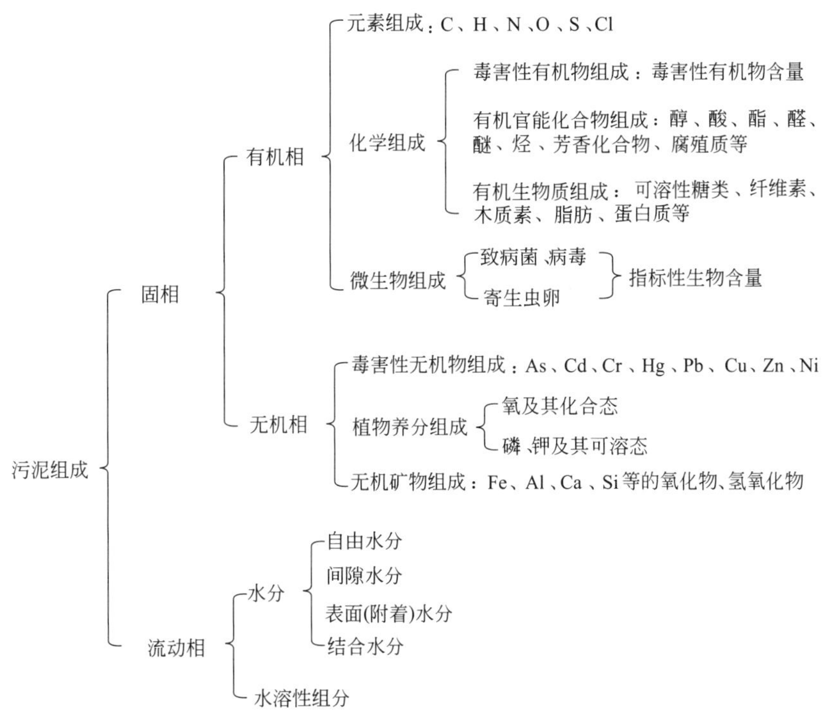

图 6-8　污泥的主要组成部分

发育的多种微量元素，以及能改良土壤结构的有机物及腐殖质，所含的有机物和腐殖质也是一种有价值的有机肥料，同时也含有多种病原菌、寄生虫卵、重金属及某些难降解的有机物。由于污水来源、污水处理工艺及季节的不同，污泥的组成差异较大。

表 6-6 给出了城市污水厂污泥的基本理化成分[26]。

表 6-6　城市污水厂污泥的基本理化成分

项目	初沉污泥	剩余活性污泥	厌氧消化污泥
pH 值	5.0～6.5	6.5～7.5	6.5～7.5
干固体总量/%	3～8	0.5～1.0	5.0～10.0
挥发性固体(以干重计)/%	60～90	60～80	30～60
固体颗粒密度/(g/cm^3)	1.3～1.5	1.2～1.4	1.3～1.6
容重/(t/m^3)	1.02～1.03	1.0～1.005	1.03～1.04
BOD/VS	0.5～1.1		
COD/VS	1.2～1.6	2.0～3.0	
碱度(以 $CaCO_3$ 计)/(mg/L)	500～1500	200～500	2500～3500

6.4.1.3 资源量估算

一般城镇污水处理厂处理1万吨污水约产生7吨湿污泥（含水率80%）。根据统计年鉴，2015年全国废水排放总量为735亿吨，约产生湿污泥量5145万吨（含水率80%）、干污泥量1029万吨。表6-7给出了2015年全国各地区污泥资源量，可以看出污泥资源量丰富的地区主要集中在广东省、江苏省、山东省、浙江省等东部和经济较发达地区，仅广东省产生的污泥量就占到全国污泥产量的12%。

表6-7　2015年全国各地区污泥资源量

地区	废水排放总量/亿吨	湿污泥量/万吨	干污泥量/万吨
广东省	91.1	637.7	127.5
江苏省	62.1	434.7	86.9
山东省	56.0	392	78.4
浙江省	43.4	303.8	60.8
河南省	43.3	303.1	60.6
四川省	34.2	239.4	47.9
湖北省	31.4	219.8	44.0
湖南省	31.4	219.8	44.0
河北省	31.0	217	43.4
安徽省	28.1	196.7	39.3
辽宁省	26.0	182	36.4
福建省	25.7	179.9	36.0
上海市	22.4	156.8	31.4
江西省	22.3	156.1	31.2
广西壮族自治区	22.0	154	30.8
云南省	17.3	121.1	24.2
陕西省	16.8	117.6	23.5
北京市	15.2	106.4	21.3
重庆市	15.0	105	21
黑龙江省	14.8	103.6	20.7
山西省	14.5	101.5	20.3
吉林省	12.7	88.9	17.8
贵州省	11.3	79.1	15.8
内蒙古自治区	11.1	77.7	15.5
新疆维吾尔自治区	10.0	70	14
天津市	9.3	65.1	13.0
甘肃省	6.7	46.9	9.4
海南省	3.9	27.3	5.5
宁夏回族自治区	3.2	22.4	4.5
青海省	2.4	16.8	3.4
西藏自治区	0.6	4.2	0.8

6.4.2 利用现状

污泥处理处置过程应当遵循以下几个原则。

（1）减量化

剩余污泥含水率通常大于95%，其体积巨大，十分不利于运输和储存。研究表明，当污泥含水率下降至85%、65%、20%时，其体积仅为原来的1/3、1/7、1/16，污泥体积大大减小，从而降低后续处置成本费用。

（2）稳定化

污泥有机质含量丰富，这为厌氧菌提供了很好的代谢基质，所以容易发生厌氧发酵而产生臭气，通过稳定化处理使污泥中的有机物最终降解稳定可以有效避免二次污染。

（3）无害化

污水处理过程中大量病原菌、寄生虫卵以及重金属等有毒有害物质被富集在污泥絮体中，通过无害化处理后的污泥才可以进一步利用或处置。

（4）资源化

像其他固体废弃物一样，市政污泥也可以作为一种资源被加以利用，例如污泥厌氧消化产甲烷等都是十分具有发展前景的。

传统的污泥处置方法有卫生填埋、焚烧、土地利用等几种方法。表6-8列出了各种污泥处置方式的优缺点。

表6-8　各种污泥处置方式的优缺点

处置方式	优点	缺点
卫生填埋	成本较低，简单易行，技术成熟	渗滤液污染地下水，散发臭气，占用填埋空间大
焚烧	能量回收，迅速实现稳定化、减量化	投资高，废气难处理，运行困难
土地利用	提供养分，减少化学肥料的使用	重金属、病原菌容易在植物中富集

卫生填埋操作简单、投资低，对技术、管理要求低，但占地面积大，未实现污泥资源化，而且容易渗漏对地下水源和土壤造成二次污染，需要进行后期监测。目前欧美等发达国家逐渐减少了污泥的填埋，但卫生填埋仍是我国目前主要的污泥处置技术。

污泥焚烧是众多污泥处理方式中最彻底的减量化和无害化处理工艺，既解决了污泥的出路问题，又充分地利用了蕴含在污泥中的能源，焚烧产生的能量可以用于发电或者供热。当污泥产量及人口密度较大，土地利用有限时，污泥焚烧技术是最佳选择。但是该技术成本较高，而且焚烧过程还会产生二噁英等有害气体，因此必须经过合理处理符合相关排放标准后排放，避免处理不当造成二次污染。

土地利用是污泥肥料化利用的形式，污泥中富含大量有机质和营养元素，是很好的有机肥料，施入土壤中可以提高土壤肥力，增加土壤酶活性，促进植物生长，防止水土流失。目前主要应用于城市园林绿地建设和农田林地施肥。但是污泥土地利用需要注意加强病原菌和寄生虫的控制，对其进行稳定化处理以降低重金属等有毒有机物质对土壤的危害性，合理规划施用量以及盐分和氮磷养分控制。

目前，我国污泥的处置用于填埋占 63%，农用占 13.5%，焚烧只占据了相当小的比例。我国处理污泥各种方法所占比例见图 6-9。在美国有超过 16000 座污水处理设施在运行，年产干污泥约 710 万吨，其中大约 60%用于农业利用、17%用填埋法处理、20%采用焚烧法处理、3%用于矿山恢复的覆盖。在丹麦，每年约有 25%的污泥在 32 座焚烧厂中处理。在日本城市污泥大多采用焚烧法，将焚烧灰用作建材等加以利用。日本的污泥处置技术主要集中在污泥的再生利用方面，占污泥处置比例的 56%，包括污泥制砖、制集料、制燃料和熔渣 4 种[27]。总体上，国内外的市政污泥处置都在朝着资源化利用的方向发展。

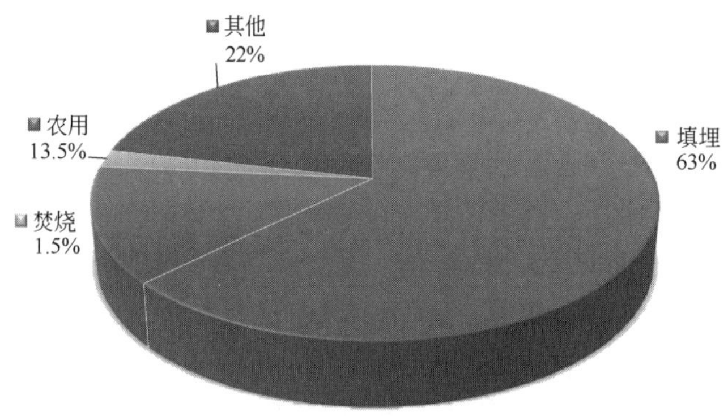

图 6-9　我国处理污泥各种方法所占比例

6.4.2.1　污泥肥料化利用

污泥中含有大量的有机质、氮、磷、钾等植物需要的养分，其含量高于常用牛羊猪粪等农家肥，可以与菜籽饼、棉籽饼等优质的有机农肥相媲美。但是污泥中往往也含有有害成分，因此在土地利用之前，必须对污泥进行稳定化、无害化处理，其中污泥堆肥是较多采用的一种方法。

堆肥是利用污泥中的微生物进行发酵的过程。在污泥中加入一定比例的膨松剂和调理剂（如秸秆、稻草、木屑或生活垃圾等），利用微生物群落在潮湿环境下对多种有机物进行氧化分解并转化为稳定性较高的类腐殖质。污泥经堆肥化后，病原菌、寄生虫卵等几乎全部被杀死，重金属有效态的含量也会降低，营养成分有所增加，污泥的稳定性和可利用性大大增加。堆肥化过程有好氧堆肥和厌氧堆肥 2 种，目前好氧堆肥是应用最普遍的方法，它是利用好氧菌和氧气，使污泥经过高温发酵后，其中的有机有害物彻底分解，该方法具有堆肥周期短、臭味小、好控制等优点。堆肥化过程常分为中温阶段、高温阶段和腐熟阶段 3 个阶段：中温阶段结束的标志是堆温升至 45℃；高温阶段耗氧速率高、温度高、挥发性有机物降解速率高、臭味浓；腐熟阶段则耗氧速率低、空隙率增大、腐殖质增多且稳定化。污泥堆肥除可施用于农田、园林绿化、草坪、废弃地等外，还可用作林木、花卉育苗基质，能降低育苗成本。但是在污泥肥料化利用时，应注意其中的重金属和有机污染物的问题，还要控制污泥的施用量，这样才能产生良好的经济效益、环境效益和社会效益。

6.4.2.2 污泥能源化利用

污泥的各种成分中，有机质约占固态物质的70%，其中含有大量的碳、氮成分，具有向能源转化的潜能。当前污泥的能源转化利用主要包括对污泥中化学能的直接利用，将其转化为热能，以及将污泥转化为更易利用的形式，包括化学能品位更高的燃料和电能。

市政污泥能源转化利用的主要途径如图6-10所示。

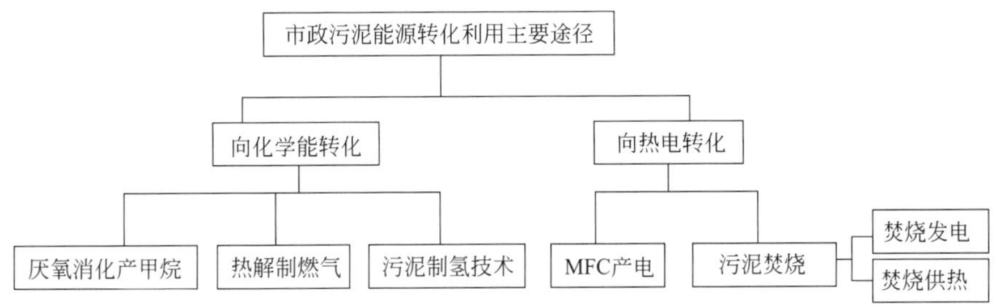

图6-10 市政污泥能源转化利用的主要途径

(1) 厌氧消化产甲烷

厌氧消化是指在无氧条件下，可生物降解的有机物被厌氧细菌分解，生成水、二氧化碳、甲烷等物质，使污泥得到稳定的过程。剩余污泥进入消化设施后，通过对工艺参数的控制可实现污泥的稳定化和甲烷等燃料气体的产生。消化过程中能够使污泥体积减小40%～50%，灭杀大部分病菌、寄生虫卵，消化完全时更可消除恶臭。传统的污泥厌氧消化为低含固厌氧消化，含固率为1%～5%，存在占地面积大、产气量低等技术缺陷，由于处理效率相对较低，整体处理成本较高。近年来，高含固厌氧消化（含固率高于10%）被认为更具发展前景，由于整体工艺可以接纳高浓度污泥，设施体积相对较小、水耗和能耗较低，并具有更高的单位产气效率。然而，当前污泥厌氧消化领域仍有诸多技术问题亟待解决。当进料污泥含固率较高时，大量蛋白质类物质的消解、转化引起系统内氨氮的积累，如果浓度过高将对微生物的生存造成毒害；污泥中大量的有机质主要存在于细胞壁内，污泥细胞的破碎是厌氧消化中水解酸化阶段的限速步骤，诸多学者采用低频超声、臭氧、高能电子束、碱溶等理化处理提高厌氧消化效率和产气率，均取得良好效果。

厌氧消化在欧洲国家是实现污泥稳定化的主要方式。目前，在整个欧洲共有超过36000座厌氧消化反应器，对污泥的处理量占欧洲总污泥量的40%～50%。美国有16000座城镇污水处理厂，其中有3500座的污泥处理工艺采用厌氧消化工艺，占污水处理厂总数的21.9%[28]。随着污泥厌氧消化技术的商业化运行，在世界各地范围内污泥厌氧消化项目也开始涌现，如美国都柏林圣达蒙污水处理厂污泥处理工程、荷兰斯鲁斯耶第克污泥处理厂以及英国的安格利安水务 Cotton Valley 污泥处理中心和泰晤士水务 Chertsey 污泥处理中心等。总体来讲，厌氧消化技术因其在污泥稳定、经济、环保、减排效益等方面成效显著，已经成为国外污水处理厂污泥处理的主要方法。

与国外相比，厌氧消化工艺在我国污泥处理中应用明显偏少。调查表明，污泥处理工艺中含有厌氧消化系统的污水处理厂占被调查污水处理厂总数的 10%～11%。污泥厌氧消化系统正常运行的污水处理厂占建有污泥厌氧消化系统的污水处理厂的比例为 40%～53%。此外，工艺在设计运行与管理维护上也同国外有很大的差距。我国多数采用中温厌氧消化，这主要是受我国经济条件和高温消化的高能耗限制。近几年，国内相继出现了一些具有代表性的污泥厌氧消化项目，如上海白龙港污水处理厂污泥处理工程（国内领先的大型污泥厌氧消化处理系统）、北京高碑店污水厂污泥高级消化项目、河南安阳中丹大型车用生物燃气工程（亚洲首座以城市有机固体废弃物为原料的大型商业化运营车用沼气工程）、平顶山污泥处置项目（污泥高浓度厌氧消化＋电热联产＋智能阳光干化）、浙江省宁海县污泥处理处置工程［分级分相厌氧消化＋深度脱水＋土地利用（园林绿化）］和湖南省长沙污泥处置项目（污泥高温厌氧消化＋脱水＋干化工艺）。

（2）污泥热解制燃气

污泥热解能带来直接的污泥量削减，同时将污泥中的有效物质转化为燃气。目前利用污泥热解制备燃气的研究主要包括干污泥制备燃气和湿污泥制备水煤气两方面。通常情况下，经过干化的污泥在高温（400℃以上）发生热解反应，产生炭黑（热解炭）、焦油和气体混合物。通常认为，热解温度越高，气态产物的产率越大，但同时也提高了制备燃气的成本。有研究指出，1000℃下、升温速率 100℃/min 的热解条件下，含水率为 84%的湿污泥的一氧化碳和氢气的体积分数和体积比达到最大值，能够作为优质燃气加以利用。

虽然污泥热解制备燃气具有理想的热值转化潜能，但当前也存在技术瓶颈未能妥善解决。首先，热解温度较高，将造成污泥中重金属的气化和逸散。Gascoa 等[29]通过对污泥酸化处理来去除其中的重金属，从而降低重金属的风险。同时，污泥热解的成本与产率之间未能实现良好的匹配。诸黄清等利用先热解再将热解炭和挥发分在同温下接触重整的方式进一步促进了焦油向气态产物的转化，产气率增加 20%～30%。然而，目前仍未能实现良好的规模化应用。

（3）污泥制氢技术

氢气作为一种可再生的清洁燃料已在环保业界得到广泛重视，污泥因其含有大量有机质可以作为获取氢的来源。目前污泥制氢技术主要有污泥生物制氢和热化学法制氢[30]。

1）污泥生物制氢

污泥生物制氢是利用微生物在常温常压下进行酶催化反应可制得氢气的原理进行的。根据微生物生长所需能源来源，污泥生物制氢有光发酵制氢和暗发酵制氢两种途径。光发酵制氢是不同类型的光合细菌以光为能量来源，通过发酵作用将有机

基质转化为 H_2 和 CO_2 反应。光合细菌有多种不同种类，如类球红细菌、沼泽红假单胞菌、荚膜红细菌和深红红螺菌。光合细菌属于原核生物，催化光合细菌产氢的酶主要是固氮酶。暗发酵制氢又称厌氧发酵制氢，在厌氧条件下，利用厌氧化能异养菌将有机废物转化为有机酸进行甲烷发酵，氢作为副产品而被获得。暗发酵细菌包括专性厌氧菌和兼性厌氧菌，如丁酸梭状芽孢杆菌、大肠埃希氏杆菌、产气肠杆菌、褐球固氮菌、白色瘤胃球菌、根瘤菌等。与光合细菌一样，发酵细菌也能够利用多种底物在固氮酶或氢酶的作用下将底物分解制取氢气。一般认为发酵细菌的发酵类型是丁酸型和丙酸型，如葡萄糖经丙酮丁醇梭菌和丁酸梭菌进行的丁酸-丙酮发酵，可伴随生产 H_2。

产氢量低一直是制约污泥生物制氢的重要因素。为了提高产氢效率，目前研究主要集中在产氢菌富集、基质污泥预处理及污泥与其他基质共消化产氢等方面。产氢菌富集主要是污泥作为接种物产氢时，通过对污泥采用一定预处理方法，抑制嗜氢菌和产甲烷菌活性，提高产氢菌的活性，从而提高产氢量。基质污泥预处理中应用最为广泛的为物理预处理，主要有灭菌、微波、超声、热处理。这些预处理方法可以提高水解速率和破坏污泥细胞结构，提高产氢量。此外，污泥与其他基质联合产氢，可改善系统碳氮比等，有效提高氢气产量。目前共消化基质主要为城市固体废弃物和农业固体废弃物，其中餐厨垃圾占主导[31]。总的来说，生物产氢目前还只限于实验室研究，大部分基于间歇培养实验，而连续产氢是实现污泥生物制氢工业化的基础，如何提升污泥连续产氢能力及产氢稳定性是今后污泥生物制氢研究的关键。

2）污泥热化学法制氢

污泥热化学法制氢包括热解、气化等。超临界水因具有极强的氧化力和融合力等特性被用于污泥的气化产氢研究中。污泥超临界水气化制氢是在水的温度和压力均高于其临界温度（374.3℃）和临界压力（22.05MPa）时，以超临界水作为反应介质与溶解于其中的有机物发生强烈的化学反应。超临界水能与空气、氧气和有机物以任意比例混溶形成均一相，即气-液相界面消失，也就消除了相间传质阻力，反应速度不再受氧的传质控制，因此加快了反应速度而缩短了反应时间。

日本三菱水泥公司将污泥添加到超临界水氧化反应器中，在 650℃、25MPa 的条件下反应，生成以 H_2 和 CO_2 为主的气体。通过设在反应器内的 H_2 分离器将生成的 H_2 分离并输出收集。H_2 以外的生成气体经第一气液分离器分离出气体和水，得到以 CO_2 为主的气体再经过第二气液分离器分离出少量的 CH_4，得到液化 CO_2。此种方法可得到纯度为 99.6% 的 H_2，H_2 占发生反应气体约 60% 的体积[30]。

通常当污泥固体浓度高于 15%时，进行超临界水气化制氢的工业应用才具有实际意义。超临界水气化制氢是一种很有发展前景的污泥能源化技术，但现阶段仍需加强试验研究，优化反应条件，研制高效催化剂，提高产氢效率的同时降低运行能耗。

(4) 微生物燃料电池

微生物燃料电池(microbial fuel cell,MFC)是利用产电微生物的代谢过程,将蕴含在有机物中的化学能部分地转化成电能的装置,早期的微生物燃料电池的产电底物主要为生活污水、有机废水和垃圾渗滤液等富含有机污染物的废水,以及自然水体的底泥部分,均能成功收集产生的电能。随着研究的深入,以微生物聚集体为主要存在形式、同时附着有机污染物的剩余污泥成为微生物产电的新原料。以剩余污泥为燃料,利用 MFC 的微生物产电过程,实现污泥厌氧处理、污染物进一步去除和电能转化,成为当前污泥能源化的新兴方向。然而相比于有机废水,污泥中固态物质含量高,主要以微生物细胞相互交联聚集而形成的絮体形式存在,污泥中微生物细胞含碳量与含氮量分别约占干重的 50%和 12%～15%,然而,这些物质主要以细胞的形式存在,难以被产电微生物利用。污泥细胞的破碎、胞内物质的释放是利用其中关键有机成分产电的前提,也是提高剩余污泥电能转化效率的关键。酶水解技术、微波预处理、超声预处理等基于不同机理的预处理均被用于以剩余污泥为原料的微生物产电研究[32]。

MFC 产电单元主要包括电极、离子交换膜和反应室三部分结构,随着技术的不断推进,目前已经成型的 MFC 结构包括单槽式、双槽式和上流式等。已有研究表明,离子交换膜种类、电极材质、反应器尺寸和构型等均与电池产电能力密切相关,而采用的材料成本往往较高,导致 MFC 整体造价较高。同时,MFC 产电对电极间距有要求,导致单个产电单元产电量较低,如果想实现广泛的用途,供给常规用电需求的供电成本较高。尽管 MFC 有成本、产电效率、技术操作难度等诸多问题未能妥善解决,但仍然被看作是利用废弃生物质如污泥进行能源转化的一条创新途径。

(5) 污泥焚烧

污泥焚烧是一种高温热处理技术,利用高温氧化燃烧反应,在过量空气的条件下,使污泥的全部有机质、病原体等物质在 850～1100℃下氧化、热解并被彻底破坏。采用焚烧法处理污泥可最大程度实现"减量化、稳定化和无害化",是污泥处理最彻底的方法,一般污泥经焚烧处理后,其体积可以减少 85%～95%,质量减少 70%～80%。高温焚烧还可以消灭污泥中的有害病菌和有害物质。污泥焚烧主要可分为两大类:一类是将脱水污泥直接用焚烧炉焚烧;另一类是将脱水污泥先干化再焚烧。污泥焚烧要求污泥有较高的热值,因此污泥一般不进行消化处理。一般当污泥不符合卫生要求,有毒物质含量高,不能被农副行业利用时,或污泥自身的燃烧热值高,可以自燃并可利用燃烧热量发电时,可考虑采用污泥焚烧。焚烧最大的优点是可以迅速和较大程度地使污泥减容,并且在恶劣的天气条件下不需存储设备,能够满足越来越严格的环境要求和充分地处理不适宜于资源化利用的部分污泥。污泥的焚烧处置不仅是一种有效降低污泥体积的方法,设计良好的焚烧炉不但能够自动运行,还能够提供多余的能量和电力,因此几乎所有的发达国家均期望通过焚烧处置污泥来解决日益增长的污泥量和以前通过填埋处置的部分污泥。

采用流化床作为燃烧设备的研究和应用较多,是污泥燃烧处理的主要设备。如德国汉堡污水处理厂采用流化床焚烧炉进行污泥焚烧,不需要外加热源,可以为污水厂提供所需电量 60%～100%的热量。我国如杭州七格的 100 吨/天焚烧示范工程、常州热电的掺烧发电等均采用流化床设备。

污泥焚烧需要关注以下几个问题。

1）污泥的含水率

污泥的含水是其能源化利用的主要瓶颈。高含水率使得燃烧过程无法实现热平衡，产生的热量不足以蒸发水分及维持燃烧进行。因此如何能不增加成本而降低含水率是一个现实问题。

2）污染物问题

污泥所含的硫氮有可能造成 SO_2 和氮氧化物排放的增加。呋喃、二噁英、重金属尤其是汞的排放也应给予关注。燃烧后产生灰渣的处置应进行相关评估。

6.4.2.3 污泥建材化利用

随着城市化进程的加快，建筑材料的需求量逐步加大，而可塑性强、细颗粒的城市污泥恰恰能满足这方面的需求。

（1）制砖

利用市政污泥制砖主要可以分为污泥焚烧灰制砖和干化污泥直接制砖两种方式。日本污泥焚烧厂较多，多利用污泥焚烧灰制砖。我国则多用干化后的污泥。干化后的污泥的组成与很多建筑材料相类似，污泥中有机物的比例占到 40%以上，而有机物在烧制的过程中不但会起到助燃的作用，而且散失掉后会产生微孔，因此污泥是制造低密度轻质砖的优质原料。同时微生物、细菌等有害物质会被杀死，从而也实现了无害化。但是污泥制砖存在企业成本太高、污泥难以稳定消化运行、烧制过程容易造成环境污染等问题。

（2）制水泥

城市污泥泥质成分复杂，含有大量有毒有害物质，但其具有较高的烧失量和热值，扣除烧失量后的主要化学成分与黏土质原料基本相同，因此污泥不仅能提供热值，残渣还可部分替代黏土作为水泥原料。与石灰石等生料经过粉碎、煅烧等工序生产熟料。

（3）制陶粒

在日本，以焚烧后污泥为原料，加上污泥干粉或粉煤灰等可燃性粉料，在链式烧结机上烧成轻集料，其焙烧温度为 1000～1100℃，烧结时间为 25～30min，得到的轻集料筒压强度为 3～4MPa，吸水率为 16%～18%。污泥与原料混合烧制陶粒，大大节省了黏土的用量，经过了高温烧结之后，污泥中的重金属形成了金属化合物被固定在了陶粒中。生产出来的陶粒在建材、环保、化工等领域得到广泛应用，具有很大的经济效益和环境效益。但是，污泥在制陶粒工艺使用量较少，一般不超过 30%，处理的市政污泥量有限。

6.4.2.4 污泥材料化利用

污泥经过适当处理，可以加工生产为多种复合材料。污泥热解产生的衍生物具有吸附性，若控制一定的热解条件和经过化学处理，可以把污泥转化为有用的吸附剂。制得的吸附剂有较高的COD去除率，是一种性能优良的有机废水处理剂，吸附饱和后若不能再生，可用作燃料在控制尾气条件下进行燃烧，这样也使原污泥中的有害因子被彻底氧化分解，但其经济性值得深入探讨。

自20世纪70年代以来，国内外就开始有关用污泥作为生物吸收剂的研究。利用活性污泥和剩余活性污泥的胞外吸附或胞内吸收作用，能非常有效地去除废水中的重金属，并分离出抗金属菌，研究了吸附等温线及其影响因子范围。也有人将活性污泥驯化提取，制成微生物絮凝剂，可去悬浮物、脱色及进行油水分离，并能改善污泥的沉淀性能，降解有机物，但尚处于实验室研究阶段。

6.4.3 潜力分析

我国市政污泥来自工业废水和生活污水处理厂生物处理工艺。一般来说，处理1万吨污水约产生7吨湿污泥（含水率80%），因此根据统计年鉴可以通过每年废水排放总量估算出污泥产生量。图6-11显示了2006～2015年我国废水排放总量和湿污泥（含水率80%）产生量的变化趋势，可见我国废水和污泥的排放量呈缓慢线性上升趋势。近十年我国废水排放量每年增长约22亿吨，湿污泥产生量每年增长150万吨。按照这个增长速度，预计到2025年，我国废水排放量可达约955亿吨，市政污泥产生量约为6650万吨（含水率80%）。

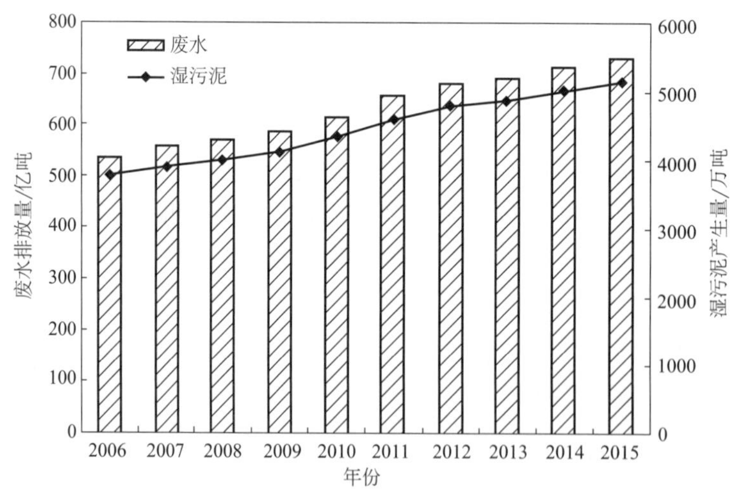

图6-11 2006～2015年我国废水排放总量和湿污泥产生量

表6-9列出了各类污泥的燃烧热值[26]。可见污泥中潜在的能量巨大，应该作为可再生能源加以利用。污泥的热值是通过氧弹热量计进行测量的，在热量计中，污泥在含压氧气中被点燃。这种氧弹在燃烧前被浸入一定量的水中，燃烧后通过测量水温的变化，可以计算出污泥的热值。大部分污泥的高位热值（绝干污泥的发热量）相当于褐煤热量的50%，具有燃烧价值。

表 6-9　各类污泥的燃烧热值

污泥种类		燃烧热值(以干泥计)/(kJ/kg)
初次沉淀污泥	生污泥	15000～18000
	消化污泥	7200
初次沉淀污泥与腐殖污泥	生污泥	14000
	消化污泥	6700～8100
初次沉淀污泥与活性污泥混合	生污泥	17000
	消化污泥	7400
生污泥		14900～15200

污泥含有机物多，可通过厌氧消化使其中的潜能转变为生物气（甲烷）而得到回收。市政污泥中挥发性有机成分 VS 占总干污泥的 60%，干污泥的产气率约为 $225m^3/tVS$。因此可以按照式(6-5）计算我国市政污泥的沼气转化潜力。

$$P_{gas}=T_w\times P_w\times T_s\times T_{vs}\times T_{g/vs} \tag{6-5}$$

式中　P_{gas}——沼气产量，万吨；

T_w——湿污泥产生系数；

P_w——废水排放量，万吨；

T_s——固含率；

T_{vs}——VS 产生系数；

$T_{g/vs}$——产气率。

按照式(6-5）计算得出 2015 年我国市政污泥的转化沼气的潜力为 14 亿立方米，折合标准煤 98 万吨。

图 6-12 显示的是 2006～2015 年我国市政污泥产沼气的潜力。

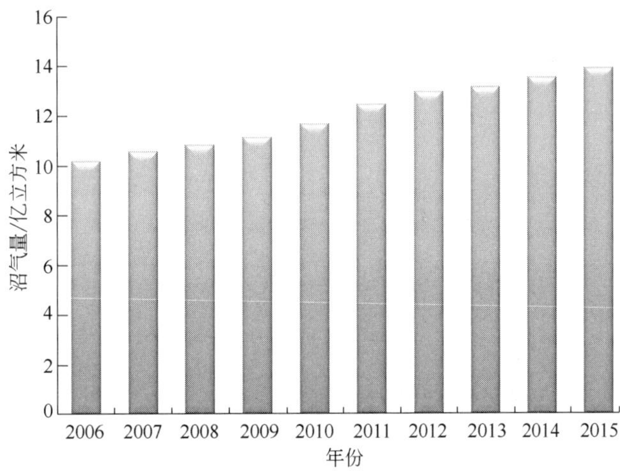

图 6-12　2006～2015 年我国市政污泥产沼气的潜力

按照图 6-12 的潜力趋势，预测到 2025 年我国市政污泥产沼气的潜力约为 18 亿立方米，折合标准煤 126 万吨。

参考文献

[1] 陈晓柯，常虹，郭卫芸，等. 豆渣的综合利用现状及其研究进展 [J]. 河南农业科学，2015，44（12）：1-5.

[2] 张惠灵，卢雪丽，俞琴，等. 污泥棉花壳吸附剂处理亚甲基蓝的研究 [J]. 环境科学与技术，2015，38（10）：124-128.

[3] 岳青. 花生壳综合利用研究进展 [J]. 油脂加工，2013，21（5）：40-42.

[4] 刘洋，洪亚楠，姚艳丽，等. 中国甘蔗渣综合利用现状分析 [J]. 热带农业科学，2017，37（2）：91-95.

[5] 李丹，苑琳，李猛，等. 甜菜渣纤维素乙醇研究进展与展望 [J]. 生物工程学报，2016，32（7）：880-888.

[6] 于滨，吴茂玉，朱凤涛，等. 苹果渣综合利用研究进展 [J]. 中国果菜. 2012，（12）：31-32.

[7] 杨广源. 苹果渣和柑橘渣在饲料中的应用 [J]. 猪业观察，2012，（20）：41.

[8] 刘军，李进，曲健，等. 葡萄皮渣的综合利用 [J]. 中外葡萄与葡萄酒，2006，（3）：51-53.

[9] 袁浩然，鲁涛，熊祖鸿，等. 城市生活垃圾热解气化技术研究进展 [J]. 化工进展，2012，31（2）：421-427.

[10] 陈锷，顾向阳. 餐厨垃圾处理与资源化技术进展 [J]. 环境研究与监测，2012，（3）：57-61.

[11] 中华人民共和国国家统计局. 中国统计年鉴（2016）[M]. 北京：中国统计出版社，2016.

[12] 罗宇东. 广州市南沙新区生活垃圾分类处理问题研究 [D]. 广州：华南理工大学，2014.

[13] 袁振宏. 生物质能高效利用技术 [M]. 北京：化学工业出版社，2015.

[14] 翁史烈，罗永浩. 大型城市生活垃圾可持续综合利用战略研究 [M]. 上海：上海科学技术出版社，2016.

[15] 宋立杰，陈善平，赵由才. 可持续生活垃圾处理与资源化技术 [M]. 北京：化学工业出版社，2014.

[16] 魏自民，席北斗，赵越. 生活垃圾微生物强化堆肥技术 [M]. 北京：中国环境科学出版社，2008.

[17] 李文锋，崔兆杰，韩峰. 味精行业废水资源化利用研究现状及展望 [J]. 再生资源与循环经济，2014，7（12）：34-38.

[18] Xu J，Su X，Bao J，et al. A novel cleaner production process of citric acid by recycling its treated wastewater [J]. Bioresource Technology，2016，211：645-653.

[19] 黎想. 盐析法和黄孢原毛平革菌处理柑橘罐头废水的研究 [D]. 长沙：湖南大学，2014.

[20] Sánchez A S，Silva Y L，Kalid R A，et al. Waste bio-refineries for the cassava starch industry：New trends and review of alternatives [J]. Renewable and Sustainable Energy Reviews，2017，73：1265-1275.

[21] Hubbe M, Metts J R, Hermosilla D, et al. Wastewater treatment and reclamation: A review of pulp and paper industry practices and opportunities [J]. Bioresources, 2016, 11: 7953-8091.

[22] 夏宏，杨敏德. 制革废水及其处理现状综述 [J]. 皮革与化工，2014，31：25-29.

[23] 董殿波. 农药废水处理研究进展 [J]. 污染防治技术，2015，28：6-10.

[24] Raman C D, Kanmani S. Textile dye degradation using nano zero valent iron: A review [J]. Journal of Environmental Management. 2016, 177: 341-355.

[25] 张光明，张信芳，张盼月. 城市污泥资源化技术进展 [M]. 北京：化学工业出版社，2006.

[26] 朱开金，马忠亮. 污泥处理技术及资源化利用 [M]. 北京：化学工业出版社，2006.

[27] 黄野，董兴. 城市污泥的处理及资源化利用探讨 [J]. 新农业，2016，(21)：43-46.

[28] 王刚. 国内外污泥处理处置技术现状与发展趋势 [J]. 环境工程，2013，(S1)：530-533，593.

[29] Gascoa G, Cuetoa M J, Mendezb A. The effect of acid treatment on the pyrolysis behavior of sewage sludges [J]. Journal of Analytical and Applied Pyrolysis, 2007, 80 (2): 496-501.

[30] 张钦明，王树众，沈林华，等. 污泥制氢技术研究进展 [J]. 现代化工，2005，25(11)：29-32.

[31] 王园园，张光明，张盼月，等. 污泥厌氧发酵制氢研究进展 [J]. 水资源保护，2016，32(4)：109-116.

[32] 王强，张晓琦. 基于能源利用的市政污泥处置技术的发展研究 [J]. 环境科学与管理，2016，41(12)：46-49.

附录 农作物秸秆含水量试验方法

1. 试验仪器

试验仪器、设备见表1。

表1 试验仪器、设备

序号	名称	测量范围与精度	数量
1	台秤	测量范围(0～10)kg,感量0.005kg	1台
2	筛网	筛孔大于30mm	1台
3	破碎机		1台
4	工业天平	感量0.1g	1台
5	恒温干燥箱		1台

2. 采样

秸秆样品由人工从每一批采样中随机抽取。

3. 样品的制备

(1) 首先使用30mm筛网将样品分离为粗粒级（未通过30mm筛网）和细粒级（通过30mm筛网），然后使用破碎机加工粗粒级样品使其能通过30mm筛网，再将样品混合均匀。

注：在制备样品时，应做好防范措施以防止水分损失，如慢速旋转式研磨机、手锯、斧子等。

(2) 采用锥形四分法取样。将整个样品放在干净、坚硬的表面上，用铁锹将样品铲起堆成圆锥体，将每锹样品洒在前一锹样品上，使样品从锥体的周围均匀落下，不同粒度的样品充分混合。如此重复堆参三次，每次形成一个新的圆锥体。反复、竖直地用铁锹深入第三次形成的圆锥体顶部将其摊平，并使其厚度和直径一致且高度不超过铁锹的铲高。将铁锹垂直插入扁平锥体的顶部，沿两条合适角度的对角线将其分成四份，去掉相对的两份。重复上述过程，直至采取样品量不小于500g的样品。

4. 试验步骤

(1) 称取洁净的空干燥容器重量，精确到0.1g，将样品从容器或袋中移至干燥容器内。若在袋子或容器的内表面上残留有水分，则这些水分应包括在含水量计算中。在干燥箱中烘干样品的包装（袋子、容器等），并在干燥的前后称取包装的重量。如果包装材料不能承受105℃的温度，将其在实验室中展开并在室温下干燥。

注：由于物料的干燥时间取决于盛放样品容器的厚度，避免使用太深的容器。

（2）称取干燥容器和样品的重量，将其放入温度控制在（105±2)℃的恒温干燥箱中。加热容器直到其重量达到恒量。

注：干燥箱不能过载，在样品层上方以及干燥容器间要有足够的空间。

（3）秸秆具有吸湿性，取出后应尽快称量样品和容器的重量，精确到0.1g，称重过程在10～15s内完成，以避免吸收水分。在天平盘上放置耐热盘以避免热态干燥容器与天平直接接触。质量恒量是指在进一步60min（105±2)℃的加热过程中，其质量变化不超过总质量损失的0.2％。所需干燥时间取决于样品粒度、气体流速、样品盘厚度等。

注：为避免不必要的挥发分损失，干燥时间一般不超过24h。

5.结果计算

计算公式为：

$$M_{ar}=\frac{(m_2-m_3)+m_4}{(m_2-m_1)}\times 100 \quad (1)$$

式中　m_1——空干燥容器的质量，g；

m_2——干燥前容器和样品的总质量，g；

m_3——干燥后容器和样品的总质量，g；

m_4——包装上的水分质量，g。

6.重复性

每个试样，应取两个平行样进行测定，以其算术平均值为结果。两个平行样测定值相差不得超过0.2％，否则重做。

索　　引

A

阿拉伯半乳聚糖　3
阿拉伯聚糖　3

B

半乳聚糖　3
半纤维素　3，7，16，80，129，141

C

餐厨垃圾　200，202，205
层燃炉　15
产污系数法　58
超临界甲醇法　202
超声预处理　224
成型固体燃料　6
城市生活垃圾　12，195，201，204
城市有机垃圾　5
重金属　225
抽提物　130
臭氧氧化法　86
厨余垃圾　5，15，196
畜禽废弃物　101，102
畜禽粪便　3，5，58，78，85，98
畜禽粪污　94，96
畜禽粪污肥料化　82
畜禽粪污资源化　105
畜禽养殖废弃物　101
畜禽养殖污染物　72
BOD 传感器　15
催化光合细菌　223
催化裂解　212
萃取法　213

D

低聚木糖　191
低聚糖　189
低品位能源　2
低压纳滤膜法　211
地沟油　5，30，205
电导率　80
电渗析　212
淀粉　4
豆渣　192
堆肥　13，82，103，203
堆积密度　42

E

二次污染　219
二次污染源　216
二次资源　216
二噁英　219，225
二级发酵　85

F

发酵槽堆肥　87
发酵法　7
反渗透　212
芳香性高聚物　3
废弃动植物油脂　5
废弃物资源化　106
废食用油脂　29，30
沸石　86
焚烧　13
浮萍　160，161，177
腐殖质　82，203，221
富氧气化　201

G

甘露聚糖　3
泔水油　5
固体成型燃料　3，38，138，192
固体悬浮物　213
固体氧化物燃料电池　14
光发酵制氢　222
光合作用　2，95
光化学氧化法　213
光生物反应器　170
硅藻　169
锅炉燃料　191

H

好氧堆肥　203
好氧发酵　82
好氧微生物　83
黑液　211
化石能源　2，5
化石燃料　148
化学分离法　189
化学合成法　7
环境承载力　102
环境污染　186
活性炭　86，133
活性污泥　226

J

基质污泥预处理　223
减量化　13，81，219
减水剂　6
秸秆干馏　50
秸秆工业原料化　38
秸秆固化成型燃料　50
秸秆还田　53
秸秆能源化　50
秸秆气化　38

秸秆热解气化　50
秸秆饲料化　38
秸秆沼气　38，50
秸秆综合利用　53
菊芋　179

K

糠醛　192
可持续发展　107
可再生能源　5
可再生资源　81
矿物能源　2

L

垃圾发电　139
垃圾焚烧发电　13，200
垃圾焚烧炉　200，200
垃圾渗滤液　224
垃圾填埋场　198
离子交换　212
林地生长剩余物　118
林木加工剩余物　121
林木生物质能源　148
林木生物质资源　122
林业生产剩余物　118
林业生物柴油　136
林业生物质　129，142
林业生物质资源　126
林业剩余物　118，123
零排放　81，101，105，173
流化床焚烧炉　224
流化床锅炉　15
炉排炉　200
绿藻　169
螺旋搅拌器　88

M

酶分离法　189
米糠稳定化　188
PPP 模式　105，107
HDPE 膜防渗技术　198
膜分离技术　213
木聚糖　3
木葡聚糖　3
木薯　25，160，177
木糖醇　192
木质复合材料　133
木质燃料发电技术　139
木质剩余物　142
木质素　3，6，16，80，129，141，189
木质纤维素　3，6，7，15

N

能源　2
能源油料植物　136
能源藻类　169
能源植物　154，176
能源植物油　136
农村固体废物　5
农林废弃物　138，154
农林加工剩余物　137
农林生物质发电　139
农林生物质工程　136
农业废弃物　3，184，185，194
农业面源污染　101
农业清洁生产　101
农作物秸秆　3，16，17，34，35，39，112，126，184

P

平均生物量法　118
平台化合物　10

Q

气化剂　12
气化燃料电池　6
禽畜粪便能源化　107
青储　99

R

燃料电池　6，13
燃料乙醇　4，6，7，17，24，123，137，160，176
热化学转化　17
热化学转化法　112
热解　5，94
热解气化　201
热解炭　222
热气净化　14
热值　79
熔融碳酸盐燃料电池　14

S

生活垃圾　89，196，197，198
生活垃圾热解气化　201
生活垃圾填埋场　199
生态农业　85
生态修复　156
生物柴油　5，6，7，8，24，132，134，136，148，158，170
生物发酵法　82
生物发酵塔　90
生物化学转化　16
生物基化学品　17
生物降解　141
生物量因子转换法　118
生物酶法　8，202
生物能源　81，161
生物燃料　5，10，17
生物燃料油　136
生物燃气　5，6，15，15
生物饲料　190
生物炭　192
生物吸收剂　226
生物乙醇　132，138，194
生物油　12
生物质　2，9
生物质成型燃料　147
生物质发电　5，12，139
生物质固体成型技术　139
生物质固体成型燃料　139
生物质固体燃料　139
生物质活性炭　190
生物质能　2，5

生物质能源 5，112，120，142，161，190
生物质气化 5，12，14，140
生物质气化发电 140
生物质气化气 13
生物质燃料 5，6，173
生物质燃气 192
生物质压缩成型 16
生物质压缩成型技术 139
生物质液体燃料 4，5，6
生物质资源 2，3，5，18，118，120，125
剩余活性污泥 226
石油裂解 212
石油植物 5
食用菌基料化 186
市政污泥 216
熟堆肥 86
数学模型法 58
水肥一体化 103

T

太阳能 2
太阳能加热发酵 96
碳水化合物 2，4，201，206，211
碳循环 2
碳源 2
糖类生物质 4
填埋 13
填埋气发电 13
烃类化合物 5，13，97
烃类能源植物 5

W

微波预处理 224
微生物发酵 7
微生物降解腐熟 82
微生物燃料电池 14，224
微纤维 3
微藻 179
微藻生物 179
卫生填埋 219
温室气体 148
温室效应 15，176
稳定化 219
稳定化米糠 188
沃土工程 84
污泥焚烧 219，224
污泥热化学法制氢 223
污泥热解 222
污泥生物制氢 222，223
污泥厌氧消化 221
污泥制氢 222
污染土壤修复 15
无害化 13，81，219
物理分离法 189

X

吸附法 213
吸附剂 193
下吸式固定床气化炉 140
纤维类能源植物 155
纤维素 3，7，10，16，129，141，191
纤维素能源植物 176
纤维素生物质 176
纤维素乙醇 10，191，192
新能源 107
新型能源化 186
新型能源植物 154
絮凝沉淀法 213
循环经济 133，193
循环流化床炉 200
循环流化床气化炉 140

Y

压缩成型 13
厌氧堆肥 203
厌氧发酵 20，80，92，94，108，202
厌氧微生物 83
厌氧消化 15，221
一次发酵 85
乙醇汽油 7
异位发酵床 103，104
油料植物 132
有机肥 101
有机废弃物资源化 14
有机废水 3
有机垃圾 3
有机污染物 224
玉米秸秆 186
玉米芯 190，191

Z

沼气 6
沼气发酵 5
沼气工程 96
沼液 92
沼渣 92，98
振动堆积密度 45
质子交换膜 14
中纤维素 80
资源化 81
自然堆积密度 45